앤틱 샵에서 찾아낸
달콤한 베이킹 레시피

오래전 달콤한 레시피

2015년 6월 10일 1판 1쇄 인쇄
2015년 6월 15일 1판 1쇄 발행

지은이	정재은
발행인	최한숙
펴낸곳	BM 성안북스
주소	121-838 서울시 마포구 양화로 127 첨단빌딩 5층(출판기획 R&D 센터)
	413-120 경기도 파주시 문발로 112(제작 및 물류)
전화	02)3142-0036
	031)950-6300
팩스	031)955-0510
등록	1978.9.18 제406-1978-000001호
출판사 홈페이지	www.cyber.co.kr
이메일 문의	heeheeda@naver.com
ISBN	978-89-7067-285-4 (13590)
정가	16,800원

이 책을 만든 사람들

책임	전희경
편집 진행	소풍
교정교열	전남희
스타일링	정재은
사진	정재은
본문 디자인	정재은
표지 디자인	정재은
홍보	전지혜
마케팅	구본철, 차정욱, 나진호, 이동후, 강호묵
제작	김유석

* 재은's advice

이 책에서 제가 소개해 드린 레시피들은 식물성 단백질이 풍부하고 영양가가 높은 다양한 종류의 견과류, 비타민 C가 풍부한 생과일과 건과일, 섬유질이 풍부한 오트밀이나 통밀 등을 이용한 건강한 레시피들이 많아요. 그런데 가끔 오래된 레시피들 중에는 칼로리는 염두에 두지 않고 달콤함을 추구한 디저트들도 있어요. 그래서 혹시 살찔까봐 '살짝' 칼로리가 부담스러운 분들이 계시다면, 제시된 재료들을 선택적으로 다양한 아이디어를 동원해서 만드셔도 좋아요. 제 경우에는 칼로리 걱정을 하기 보다는 제가 좋아하는 달콤한 맛을 즐기면서 생활 속에서 분주히 몸을 움직이는 것으로 해결하고 있지만 말이죠.

베이킹을 할 때 빼놓을 수 없는 재료인 설탕, 버터나 계란, 밀가루는 가급적 유기농 제품을 사용하면 좋아요. 유기농 설탕은 화학적 공정을 거치지 않아 미네랄이 풍부하고, 트랜스 지방이 들어있지 않은 유기농 버터는 콜레스테롤 수치가 낮아요. 유기농 밀가루는 약간 거친 느낌이 있고 색깔도 조금 노르스름하지만 유기농으로 재배된 밀을 제분해 만들고 표백 과정을 거치지 않아요. 디저트 종류에 상관없이 많이 사용되는 견과류나 다크 초콜릿은 맛도 있으면서 우리 몸에 필요한 영양분을 가지고 있다는 거 아시죠? 요즘은 식탁 위의 건강한 바람으로, 홈베이킹에서도 채소 베이킹이나 오가닉 베이킹, 버터나 계란이 들어가지 않은 베이킹을 추구하는 책들도 있잖아요. 사실 홈베이킹은 어떤 재료로 만드느냐에 따라 그 맛이나 영양 등이 달라질 수 있거든요. 그것을 결정하는 것은 손으로 조물조물 만드는 창조적인 작업인 홈베이킹을 사랑하는 우리들이라고 생각합니다. 그럼 여러분만의 달콤한 레시피 상자를 만들어 보시고, 이웃들과 함께 나누는 소박한 행복을 즐기시길…….

앤틱 샵에서 찾아낸 달콤한 베이킹 레시피

오래전
달콤한
레시피

정재은

쓰고 굽다

BM 성안북스

PROLOGUE

나의 달콤한 상자를 열기 전에

맨해튼의 웨스트 빌리지에는 'Bonnie Slotnick Cookbooks'라는 중고 요리책 전문 책방이 있다. 그 곳에 들어서면 빈 공간을 전혀 찾을 수 없을 만큼 빼곡히 꽂혀 있는 오래된 요리책들은 제각각 길고 짧은 이야기들을 담고 있다. 어느 누군가가 소장했던 책 한권 한권에는 시간이 담겨 있고 흔적이 남아 있다. 오래된 요리책 사이에는 간혹 직접 쓴 메모가 꽂혀 있기도 하고, 어떤 책은 표지를 열면 '딸에게 주는 선물'이라는 따뜻한 멘트가 쓰여 있기도 하다. 책방 주인인 보니(Bonnie) 아줌마의 책상에는 손으로 직접 쓴 장부들이 책방의 역사를 알 수 있을 만큼 높이 쌓여 있고, 책을 사면 구입한 책의 제목과 가격을 직접 손으로 적어주신다. 아줌마의 책장에 꽂혀 있는 대부분의 책들은 행여나 더 낡을까봐 얇은 비닐로 정성스럽게 싸여 있다. 나는 이곳이 참 좋다. 낡았다고 헌 책이 되는 게 아니라 오래되었기 때문에 더욱 가치가 있어지는 곳.

옛날 베이킹 책에서 '레이디 볼티모어 케이크', '스니커두들 쿠키' 등의 재미있는 단어가 붙어 있거나 지역명이 붙은 디저트 메뉴를 처음으로 본 순간, 내가 그동안 모르고 있었던 새로운 세상이 숨어 있는 것만 같았다. 그때의 설렘은 호기심으로 이어져 재미있는 이름 뒤에 숨겨진 이야기가 궁금해 도서관에 가서 자료를 찾아보거나 밤새 인터넷을 뒤져 검색하기도 했다. 미국의 베이킹 역사는 매우 오래되었고, 복합적인 인종과 문화를 배경으로 그들 전통 디저트와 이민자를 통해 들어온 세계 각국의 디저트가 함께 만나 독특한 디저트를 탄생시키기도 했다. 그래서 메뉴의 종류도 다양할 뿐 아니라 재료와 레시피에 대한 정보의 양이 한없이 많다.

이 책은 순전히 그동안 내가 경험하고 배운 것들과 수집해온 디저트 레시피를 함께 나누고 싶은 마음에서 시작되었다. 나는 전문 베이커도 아니고, 미국의 베이킹 역사에 정통한 학자도 아니다. 그저 달콤한 간식을 좋아하다 보니 직접 구워보기 시작했고, 관심은 또 다른 관심으로 이어져 다양한 미국의 베이킹 레시피에 도전하고 알아가는 중이다. 그래서 이 책은 완벽함으로 무장한 책이 아니라, 함께 배워가는 마음으로 하나씩 쌓인 나의 지식과 경험이 담겨 있는 책이다.

내가 미국에서 만난 많은 사람들은 집안 대대로 내려오는 특별한 요리 레시피나 본인이 직접 모은 레시피를 담아놓는 레시피 상자를 가지고 있었다. 본인의 레시피를 직접 기록해 작은 상자에 하나하나 모아 자신만의 레시피 상자를 만든 것이 그렇게 부러울 수가 없었다. 나의 달콤한 레시피 상자는 그렇게 시작되었다. 앤틱 샵이나 벼룩시장에 가면 요리책으로 가득 채워진 곳에서 시간 가는 줄도 모르고 내 마음을 사로잡은 레시피를 베끼기도 했고, 친구의 집에 초대받아 특별한 홈메이드 디저트를 먹게 되면 항상 호스트에게 레시피를 적어달라고 부탁하기도 했다. 그렇게 한장 한장 나의 레시피 상자에 모으다 보니 그 양은 눈에 띄게 늘어났고 이 레시피들과 그 안에 담긴 재미있는 이야기를 관심 있는 사람들과 나누고 싶어졌다. 내가 처음 레시피를 선물받고 설레었던 것처럼, 나의 달콤한 상자에 담긴 레시피를 나누고 싶은 마음. 이 책은 이렇게 시작되었다.

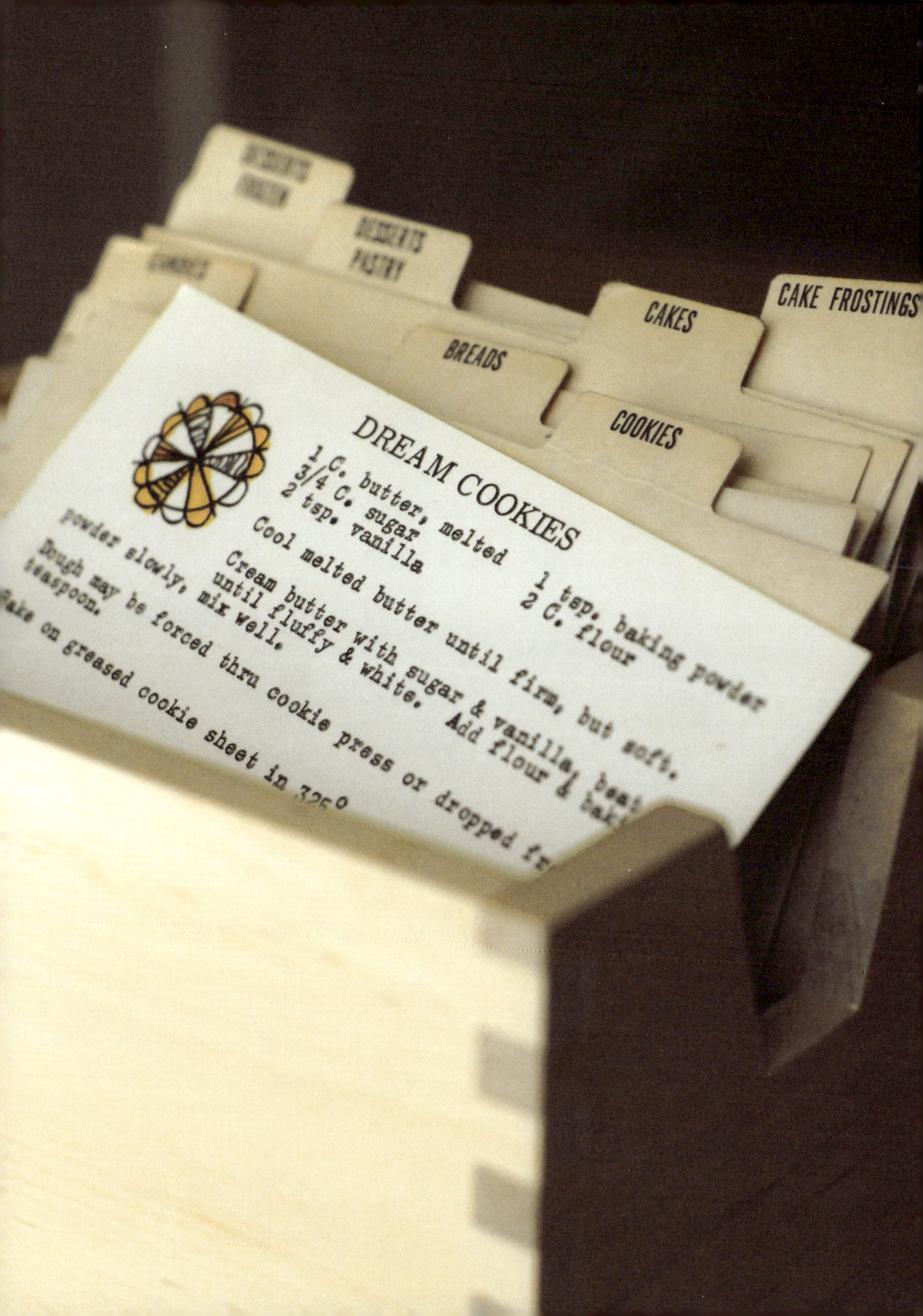

DREAM COOKIES

1 C. butter, melted   1 tsp. baking powder
3/4 C. sugar   2 C. flour
2 tsp. vanilla

Cool melted butter until firm, but soft.
Cream butter with sugar & vanilla; beat
until fluffy & white. Add flour & baki
mix well.

powder slowly;
Dough may be forced thru cookie press or dropped fr
teaspoon.
Bake on greased cookie sheet in 325°

DESSERTS
FROZEN

DESSERTS
PASTRY

COOKIES

BREADS

CAKES

COOKIES

CAKE FROSTINGS

CONTENTS

03
cake 케이크

04
pie 파이

FROM
WILMA'S KITCHEN

05
bread 브레드

06
bar candy cracker
바, 캔디, 크래커

07
pudding cobbler
푸딩, 코블러

저의 달콤한 상자를 열기 전에
이것만은 알아두세요.

* 이 책에 실린 모든 레시피는 미국에서 쓰는 온도 단위를 한국식으로 변환했어요.
오븐 온도의 표기는 이렇게 변환되었습니다.

475℉	240℃
450℉	230℃
425℉	220℃
400℉	200℃
375℉	190℃
350℉	180℃
325℉	170℃
300℉	150℃
275℉	140℃
(미국식)	(한국식)

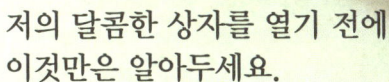

* 달걀은 모두 미국 달걀 크기 중 'Large'를 사용했어요. 일반 달걀의 중량으로는 57~60g 정도의 크기랍니다.
* 가루 재료는 레시피에서 제시된 것만 체 처 사용합니다.
* 케이크 팬에 기름칠하는 버터나 오일의 양, 그 위에 살짝 뿌리는 밀가루의 양, 빵을 반죽할 때 작업대에 뿌리는
밀가루의 양은 재료 용량에 포함하지 않았어요. 별도로 준비하세요.
* 계량 테이블스푼은 Ts, 계량 티스푼은 ts로 표기했습니다.
* 영어 레시피의 콘 시럽(corn syrup)은 물엿으로 표시했습니다.
* 일부 외래어는 외래어표기법에 준하지 않고 귀에 익은 발음에 따라 표기했습니다.

182   18⁰⁰
HAMMERED COPPER

나의 부엌에는

베이킹을 할 때 주로 쓰이는 기구들이 여러 가지 있는데 나의 부엌에서 나와 항상 함께하는 베이킹 도구들을 소개한다.

• **계량 스푼**은 정량을 계량할 수 있는 기본이 되며 티스푼(ts)/테이블스푼(Ts)/컵(Cup) 단위로 이루어진 계량 스푼만 있다면 어떤 레시피든 정확하게 계량할 수 있다. 나는 계량 컵보다는 계량 스푼을 선호하는 편이고, 1컵 이상인 분량은 1컵짜리 계량 스푼으로 여러 번 떠서 숫자에 맞게 계량한다. • **계량 컵**은 계량 스푼처럼 재료를 계량할 때 편리하게 이용하는데 특히 수평으로 높이를 맞추기 쉬운 액체류를 계량할 때 편리하다. 계량 컵을 이용할 때에는 수치가 표시된 부분에 눈높이를 맞추어 정확히 계량한다. • **전자 저울** 또한 재료를 계량할 때 쓰이며 수치를 정확히 읽기 위해서는 디지털 저울이 편리하다. 미국의 많은 베이킹 레시피는 그램 단위의 무게보다는 주로 티스푼/테이블스푼/컵 단위의 부피로 표시되어 있다.

• **고무 주걱**은 다용도로 쓸 수 있기 때문에 크기에 따라 여러 가지가 있으면 좋고 손으로 잡을 때 두께감이 느껴지는 것일수록 사용하기 편하다. 끝이 지나치게 말랑한 고무 주걱보다는 유연하면서도 힘이 있어 반죽을 지탱할 수 있는 정도가 좋다. • **나무 주걱**은 단단한 반죽을 저을 때 편리하다. 뜨거운 것을 저을 때 고무 주걱의 고무 부분이 염려된다면 나무 주걱을 대신 쓸 수 있다. • **믹싱 볼**은 크기별로 두세 가지 정도가 있으면 좋다. 나는 우연히 세트로 구성된 세 가지 크기의 믹싱 볼을 샀는데, 크기별로 모두 골고루 쓰임이 있어 좋다. 대부분의 레시피에서 마른 가루만을 믹싱 볼에 섞어놓고 다른 볼에서 반죽을 시작하는 경우가 많기 때문에 기본적으로 믹싱 볼 2개를 가지고 있으면 편리하게 사용할 수 있다. 특히 레이어가 많은 케이크나 밀가루의 양이 많은 빵의 경우에는 큰 믹싱 볼을 사용해야 섞는 중간에 재료가 넘치지 않는다.

• **거품기**는 보통 달걀을 푸는 기본형의 거품기면 충분하다. • 반죽을 할 때 가장 많이 사용하는 도구 중의 하나가 **핸드 믹서**다. 거품기와 같이 재료를 젓는 역할을 하지만 거품기에 비해 힘이 세기 때문에 팔 힘을 크게 들이지 않고 사용할 수 있는 것이 장점이다. 그러나 핸드 믹서는 글루텐이 많이 형성된 반죽을 저을 때 반죽에 밀려 힘이 잘 들어가지 않고 단단한 머랭을 만들 때 시간이 오래 걸린다는 단점이 있다. • 핸드 믹서에 비해 **스탠드 믹서**는 빵을 만들 때 편하게 쓸 수 있다. 힘이 센 모터로 만들기 때문에 믹서가 과열되지 않아 오랜 시간 이어서 작동할 수 있다는 장점이 있다. 또 갈고리 모양의 훅을 이용해 단단한 반죽을 치대며 반죽할 수 있다. 물론 가격이 만만치 않고, 덩치가 크기 때문에 부담스럽기도 하지만 홈메이드 빵을 자주 만드는 경우 충분히 투자할 만한 가치가 있는 기구다. • 내가 사용하는 **그라인더**는 주로 커피를 갈아 먹는 것이 주 목적이지만 넛멕이나 클로브, 시나몬 등의 향신료 종류를 갈 때도 유용하게 쓸 수 있다. 향신료는 이미 갈아서 '파우더'로 파는 것을 써도 되지만 바로 갈아서 사용하는 것이 향이 가장 좋기 때문에 바로 갈아서 쓰는 것을 추천한다.

• **베이킹 팬**은 쿠키나 빵을 구울 때 주로 사용한다. 크기별로 3개 정도 있으면 쿠키 반죽을 한번에 모두 올려 굽기에 편리하다. 베이킹 팬은 가장자리 부분이 올라와 있거나 평평한 두 가지 형태의 베이킹 팬이 있는데 개인적

으로 가장자리 부분이 올라와 있는 베이킹 팬을 추천한다. 필링이 가득 담긴 파이나 푸딩을 구울 때 베이킹 팬을 받쳐 오븐에 넣으면 필링이 흘러내려 오븐 내부가 엉망이 되는 상황을 막을 수 있다. • **원형 케이크 팬**은 기본 크기(지름 23cm)를 1~2개 가지고 있으면 레이어 케이크를 만들 때 좋다. 기본 크기의 팬이 부담스럽다면 작은 크기의 원형 케이크 팬을 이용하는 것도 방법. 팬 크기 변환표(22페이지 참고)를 참고해 레시피의 양을 조금씩 조절하거나 오븐의 굽는 시간을 유연하게 조절하면 같은 레시피로 작은 크기의 케이크를 만들 수 있다. • **튜브 팬**은 튜브 모양의 케이크 팬으로 엔젤 푸드 케이크 팬이라고도 불린다. 지름 23cm의 튜브 팬을 기본적으로 사용한다. • 튜브 모양의 팬에 세로로 홈이 파인 **번트 팬** 역시 케이크를 만들 때 사용한다. 모양이 독특해서 별도로 장식을 하지 않아도 예쁜 케이크를 만들 수 있기 때문에 기본 파운드 케이크의 반죽도 번트 팬에 넣고 구우면 색다른 느낌이 든다. • **로프 팬**은 기본 식빵 크기(23×13cm)를 가지고 있으면 다양한 식빵류나 파운드 케이크를 구울 때 유용하게 쓸 수 있다. • 이 책의 레시피 중에는 큰 **직사각형 케이크 팬**(33×23cm)을 사용한 레시피가 많다. 직사각형 팬은 바를 굽거나 큰 직사각형 형태의 케이크를 굽기에 편리하고 롤 형태의 빵 반죽을 팬닝할 때에도 유용하다. 또한 작은 푸딩 그릇을 넣고 물을 담아 오븐에 넣어 쓰기에도 좋다. • **정사각형 케이크 팬**은 브라우니나 바, 푸딩 등을 구울 때 유용하게 사용하기 좋은 팬이다. 철제로 된 팬을 사용해도 좋지만 유리로 만든 투명한 오븐용 접시를 사용하면 굽는 동안 접시 안을 확인할 수 있는 장점이 있다. • **머핀 팬**은 12구 머핀 팬을 기본으로 사용한다. • 대부분의 파이 반죽의 레시피는 지름 23cm 반죽을 기본으로 하기 때문에 지름 20~23cm의 **파이 접시**가 필요하다. 철제 파이 팬보다는 파이 접시를 선호하는데 파이는 굽고 나서 접시에 그대로 담아 대접하는 경우가 많기 때문에 마음에 드는 파이 접시 한 개쯤은 투자할 만하다.

• 케이크에 장식할 때나 케이크를 보관할 때 사용하는 **케이크 스탠드**는 뚜껑이 있는 것이 이상적이다. 케이크를 굽고 프로스팅을 바를 때 스탠드에 올려놓고 바르면 안정적이고, 그대로 케이크 스탠드의 뚜껑을 닫아 보관할 수 있는 장점이 있다. • **유산지**는 베이킹을 할 때 다용도로 쓰이는데, 큰 롤로 된 유산지를 사서 필요한 만큼씩 잘라 쓰면 꽤 오래 쓸 수 있다. 주로 베이킹 팬 위에 깔아 반죽이 팬에 들러붙지 않게 하는 역할을 하며 케이크를 구울 때 유산지를 케이크 팬 바닥에 깔면 오븐에서 굽고 난 케이크를 팬에서 수월하게 꺼낼 수 있다. 또한 파이 반죽을 유산지에 싸서 냉장고에 넣어 휴지시키면 끈적임 없이 깨끗하게 보관할 수 있고, 유산지를 반죽 양쪽에 댄 상태에서 밀대로 밀면 반죽이 들러붙지 않기 때문에 작업대에 밀가루를 뿌리지 않고 편리하게 밀 수 있다. • 와이어 모양의 **식힘망**은 공기 순환이 잘 되기 때문에 오븐에서 꺼낸 팬이나 접시는 바로 식힘망 위에 올려 식힌다. 쿠키를 여러 개 구울 경우에는 식힘망의 크기가 클수록 편리하다. • **타이머**는 베이킹을 할 때 기본으로 갖추어야 할 기구 중 하나로 타이머가 장착되어 있지 않은 오븐을 사용할 경우에는 오븐에 팬을 넣는 순간 타이머를 켜서 시간을 확인해야 한다. 또한 굽고 난 후에 팬에서 식히는 시간을 확인할 때와 발효하는 시간, 휴지하는 시간을 확인할 때 유용하게 쓰인다.

• 밀가루 **시프터**(Shifter)는 4컵짜리 계량 컵만 한 크기가 한번에 마른 가루를 함께 체 칠 수 있어서 편리하다. • **체**는 입자가 고운 슈거 파우더를 체 칠 때나 멍울을 거를 때 편리하게 쓰인다. • **밀대**는 손잡이가 달린 밀대

를 가지고 있는데 손잡이가 없는 밀대에 비해 반죽을 밀 때 팔의 힘이 일정하게 밀대에 전달되고 반죽의 높이를 일정하게 밀기에 좋다. 개인적으로 반죽을 밀 때 힘이 덜 들어가는 무게감 있는 나무 밀대를 선호한다. • **패스트 리 나이프**는 반죽을 자를 때 쓰며 기호에 따라 무늬가 나타나는 나이프나 무늬가 없는 나이프를 사용한다. • **패 스트리 블렌더**는 5년 넘게 같은 제품을 쓰고 있는데도 여전히 튼튼하다. 패스트리 블렌더는 주로 버터나 쇼트닝 을 자를 때 쓰기 때문에 손에 쥐었을 때 편하게 잡히는 크기가 좋다. • **메탈 스크래퍼**는 반죽을 자르거나 케이크 또는 바를 팬닝한 후에 반죽의 윗면을 정리할 때 주로 쓰인다. 또한 작업대의 가루나 끈적이는 반죽을 정리할 때 쓸 수 있고, 패스트리 블렌더처럼 반죽을 자르며 반죽할 때 쓰기에도 좋다. • **베이킹 붓**은 반죽 위에 달걀물 이나 글레이즈를 바를 때 주로 쓰인다. 또한 큰 크기의 베이킹 붓을 이용해 팬에 유지류로 기름칠을 할 때에도 편리하게 사용할 수 있다. 베이킹 붓을 쓰고 난 후에는 깨끗이 닦아 완전히 건조시켜야 하며 붓을 아무리 깨끗 이 닦아도 향이 남을 수 있기 때문에 다른 요리를 할 때와 구분해 베이킹용 붓을 따로 준비하는 게 좋다.

• **조리용 온도계**는 온도의 범위별로 여러 종류가 있다. 나는 주로 캔디용 온도계를 사용해 베이킹을 할 때 뿐만 아니라 캔디류를 만들거나 시럽을 끓일 때도 사용한다. • **오븐용 온도계**는 잘 구워진 디저트를 위해 필수적으로 필요한 것으로 항상 오븐 안에 달거나 세워두고 오븐 안의 온도를 확인한다. • **오븐용 장갑**은 양손에 한 개씩 낄 수 있도록 두 개를 가지고 있는데 방향 상관없이 장갑의 양면이 같은 디자인을 선호한다. 오븐에서 무거운 팬이 나 큰 팬을 꺼낼 때는 양손에 장갑을 껴야 안전하게 꺼낼 수 있다. • 메탈로 된 **케이크 테스터**는 케이크의 내부 가 오븐에서 잘 구워졌는지 확인할 때 이쑤시개 대신 사용하는데 하나쯤 가지고 있으면 좋다.

• **메탈 스패출러**는 크기별로 가지고 있는 게 좋다. 작은 컵케이크를 장식할 때에는 작은 스패출러를 사용하고, 큰 레이어 케이크에 프로스팅을 바를 때는 큰 스패출러를 사용한다. 스패출러는 메탈 부분의 모양이 일자로 되 어 있는 것이 있고, 계단형으로 되어 있는 것이 있는데 직접 손에 들었을 때 편한 모양을 고르면 된다. • **짤주 머니**는 일회용보다는 두꺼운 플라스틱 비닐로 만들어져 있어 쓰고 난 뒤 닦아서 다시 쓸 수 있는 것을 사용한 다. • **팁**(깍지)은 케이크를 장식하는 종류에 따라 모양과 크기별로 다른 것을 가지고 있으면 경우에 따라 유용 하게 쓸 수 있다. • **커터**는 반죽을 모양에 따라 자를 수 있는 도구로 쿠키 커터와 원형 비스킷 커터는 기본적으 로 사용하며 파이 반죽을 장식할 때는 아주 작은 크기의 커터를 사용한다.

• **강판**은 레몬, 오렌지, 라임의 껍질을 잘게 갈 때 주로 쓰인다. • **레몬 제스터**는 레몬 껍질을 갈거나 벗겨낼 때 주로 사용한다. 반죽 안에서 과일이 약간 씹히는 것을 선호한다면 입자 크기가 큰 레몬 제스터를 선택하고, 아 닐 경우에는 강판을 이용해 잘게 간다. • 레몬이나 오렌지, 라임 즙이 필요한 경우에는 시중에서 파는 제품을 사 용하기보다는 **레몬 스퀴저**를 이용해 생과일을 즙 내면 더욱 신선하고 향이 좋다. 레몬 스퀴저는 중간에 층이 있 어 레몬 씨를 거를 수 있는 형태를 사용하면 즙을 낸 후에 따로 레몬 씨를 골라내는 수고를 줄일 수 있다. • **톱니 모양 나이프**는 레이어 케이크를 굽고 나서 볼록하게 올라온 부분을 자르거나 빵을 자를 때 유용하게 쓰인다.

나의 음식 창고에는

베이킹을 할 때 가장 중요한 것은 신선한 재료를 사용하는 것이다. 베이킹 재료를 보관하는 찬장은 나의 보물 창고다. 재료의 특성에 따라 찬장에 두거나 냉장고 또는 냉동실에 넣어두어 언제든 베이킹을 할 수 있게 준비한다. 사실 마음먹고 베이킹을 하는 것보다는 먹고 싶을 때 즉흥적으로 만들 때의 즐거움이 더 크다. 재료를 개봉하고 나면 그 후에 어떻게 보관하느냐가 굉장히 중요한데 주로 밀폐 용기나 지퍼 백에 담아 공기와 접촉을 막아야 수명이 길다. 나의 보물 창고를 들여다보면 다음과 같은 것들이 있다.

• 베이킹의 대표적인 유지류인 버터, 쇼트닝, 카놀라 오일(식용유) – 버터는 베이킹의 기본 재료 중 하나로 버터의 신선도는 디저트의 맛에 큰 영향을 미친다. 베이킹을 할 때에는 항상 무염 버터를 사용하고, 파이 반죽이나 크림을 제외한 대부분의 디저트는 실온에서 말랑해진 일반 버터를 사용한다. 실온이란 20℃ 정도의 온도를 의미하며 반죽을 시작하기 1~2시간 전에 실온에 꺼내두어 말랑해진 상태의 버터를 사용한다. 시간이 없을 때에는 냉장고에서 꺼낸 버터를 큐브 모양으로 잘게 잘라 실온에 두면 녹이는 시간을 줄일 수 있다. 버터는 베이킹을 할 때 가장 많이 쓰이기 때문에 대량으로 구입하는 것이 경제적이다. 나는 항상 슈퍼마켓에서 세일중인 버터를 발견하면 기회를 놓치지 않고 많이 구입해서 냉동실에 보관한다. 한 달 이상 보관할 경우에는 공기가 들어가지 않게 비닐 랩으로 포장한 후 쿠킹호일로 한 번 더 단단히 싸서 냉동실에 넣어둔다. **쇼트닝**은 냉장고에 넣거나 실온에서 보관할 수 있다. 반죽 안에 들어가는 쇼트닝은 오븐 안에서 녹으면서 반죽 안에 공기를 가득 채워 바삭한 질감을 낸다. 그래서 파이 반죽을 버터와 쇼트닝을 섞어 만들면 버터만 넣어서 반죽할 때보다 질감이 바삭하다. **카놀라 오일**은 부드럽고 촉촉한 반죽을 위해 사용한다. 빵이나 케이크를 만들 때 다른 재료에 비해 버터의 맛이 강할 때에는 카놀라 오일을 사용하면 좋다.
팬에 들러붙지 않게 하기 위해 유지류로 기름칠을 할 때 디저트의 종류에 따라 선택할 수 있다. 버터는 쇼트닝이나 오일류에 비해 맛과 향이 좀 더 강하다. 또한 버터는 표면이 노릇해질 수 있게 도와주는 역할을 하지만 베이킹 시간이 길어지거나 온도가 높은 경우에는 니저트가 될 염려가 있다. 레시피에 따라 유지류를 사용해 팬에 기름칠을 한 후 밀가루를 뿌리기를 권장하는 이유는 살짝 뿌린 밀가루가 얇은 막을 한 번 더 형성하기 때문에 굽고 난 후에 팬에서 꺼내기 수월하기 때문이다.

• 달걀 – 달걀은 베이킹에 빠질 수 없는 재료로 유지류와 다른 재료가 부드럽게 섞일 수 있게 도와주어 디저트에 풍부한 질감과 색깔, 맛을 형성하는 데에 중요한 역할을 한다. 또한 달걀물을 반죽 위에 바르면 노릇한 색깔과 바삭한 질감을 낸다. 달걀을 고를 때에는 표면에 금이 갔는지 확인하고 구입한다. 따뜻한 곳에 보관한 달걀에 금이 가 있을 경우 박테리아가 빠르게 확산될 위험이 있다. 달걀은 냉장고 안에 보관하고, 달걀을 깨며 손에 접촉했을 때에는 살모넬라균에 전염될 위험이 있으므로 비누를 사용해 손을 깨끗이 씻는다. 이 책의 모든 레시피에는 껍질째로 중량을 쟀을 때 57g 정도, 껍질을 깨서 중량을 쟀을 때 50g 정도의 달걀을 사용했다.

• 우유와 휘핑크림 – 베이킹을 할 때에는 저지방 우유보다는 일반 **우유**를 사용해야 더 풍부한 맛과 부드러운 질감을 낼 수 있다. 액체 상태의 **휘핑크림**을 거품기나 핸드 믹서를 이용해 거품을 내면 부피가 커지며 우리가

흔히 먹는 생크림이 된다. 휘핑크림은 우유와 마찬가지로 항상 냉장고에 보관해야 하고 크림이 차가울수록 거품을 내기 쉽다.

• **사워 크림과 크림 치즈** - **사워 크림**은 의외로 많은 디저트에 사용되는데, 톡 쏘는 상큼함과 부드러운 맛을 가미해 디저트의 풍부한 맛을 내는 역할을 한다. 시큼한 맛이 나는 **크림 치즈**는 케이크를 만들 때나 프로스팅을 만들 때 넣는다. 사워 크림처럼 풍부한 맛과 부드러운 질감을 낸다.

• **견과류** - 호두, 피칸, 아몬드, 피스타치오, 헤이즐넛, 캐슈너트 등 고소한 맛을 지닌 견과류는 디저트의 맛을 풍부하게 하고, 독특한 질감을 내며, 장식적인 역할을 한다. 견과류는 잘못 보관하면 산화되어 맛과 향이 변하기 때문에 눅눅해지지 않도록 밀폐 용기나 지퍼 팩에 담아 건조한 곳에 보관한다. 한 달 이상 보관할 때에는 냉동실에 넣어두고 베이킹을 하기 전에 꺼내 실온에 둔다.

• **밀가루** - 이 책에서 주로 쓰이는 밀가루는 대부분 중력분(다목적 밀가루)이고, 레시피에 따라 박력분(케이크용 밀가루), 강력분(빵용 밀가루)을 사용한다. **중력분**(다목적 밀가루)은 단백질을 10% 정도 함유하고 있고, 대부분의 베이킹에 가장 널리 이용한다. 쿠키나 파이 반죽을 만들 때 주로 사용하며 밀가루의 특성상 모양을 잘 잡아주지만, 반죽이 과도하게 될 경우에는 모양이 거칠어지니 주의해야 한다. **강력분**(빵용 밀가루)은 단백질 함유량이 높기 때문에 반죽하면 강한 글루텐을 형성한다. 그런 이유로 오븐에서 굽는 동안 반죽 안의 이스트가 팽창해 가스가 형성되어도 빵의 모양이 무너지지 않는다. 글루텐이 많이 형성될수록 빵이 쫄깃하고 탄력이 있다. **박력분**(케이크용 밀가루)은 아주 낮은 양의 단백질을 함유하고 있기 때문에 중력분이나 강력분만큼 글루텐이 형성되지 않는다. 부드럽고 표면이 매끈한 케이크를 만들 수 있고 반죽을 빨리 굳게 해 굽는 동안 무너지지 않게 해준다. 호밀은 주로 추운 온도에서 자라기 때문에 날씨가 추운 북유럽이나 동유럽에서는 호밀빵의 전통이 깊다. **호밀가루**는 단독으로 글루텐을 형성할 수 없기 때문에 밀가루와 섞어 빵 반죽을 만든다. **통밀가루**는 영양가가 높고 맛이 깊다. 밀을 껍질째 빻기 때문에 질감이 거칠고 색깔이 어둡다. 빵을 구울 때 통밀가루만 넣어서 반죽하면 질감이 매우 거칠어지기 때문에 레시피에서 제시하는 대로 밀가루와 혼합해서 쓰는 게 좋다. 통밀가루는 냉장고나 냉동실에 보관하는 것이 좋다.

• **세 가지 설탕(백설탕, 황설탕, 흑설탕)과 슈거 파우더** - 베이킹을 할 때 설탕은 달콤한 맛을 내는 가장 기본적인 재료로 반죽이 부드러운 질감을 형성하는 데에도 영향을 미친다. 우리가 보통 설탕이라고 하는 것은 주로 **백설탕**을 의미하며, 당을 정제하여 만드는 설탕의 제조 과정 중 맨 처음으로 만들어진다. 백설탕이 농축되고 열이 가해져 **황설탕**이 되고, 열이 좀 더 가해지면 마지막 과정으로 **흑설탕**이 된다. 그래서 흑설탕의 입자는 백설탕에 비해 곱고 입자 사이에 공기를 흡수하려고 하는 경향이 있다. 백설탕을 계량할 때와 흑설탕을 계량할 때 설탕 입자의 느낌이 다른 것이 바로 이 때문이다. 황설탕이나 흑설탕은 보관할 때 공기와 접촉하면 설탕이 건조해지고 단단해지기 때문에 반드시 밀폐 용기에 담아 보관해야 한다. 만약 설탕이 단단하게 굳었다면 전자레인지에

서 몇 초간 돌리거나 설탕과 약간의 물을 볼에 담고 쿠킹호일로 덮은 후 120℃로 예열된 오븐에 넣고 5분 정도 녹인다. **슈거 파우더**는 아주 곱게 간 백설탕과 옥수수 전분을 섞어 만든 설탕의 종류이다. 슈거 파우더는 반죽 할 때 직접 넣기보다는 주로 케이크나 쿠키 위에서 체에 내려 장식을 하는 용도로 많이 쓰인다. 또한 액체에 잘 녹기 때문에 물이나 우유와 함께 저어 아이싱이나 글레이즈를 만든다. 입자가 매우 곱지만 액체와 섞이면 덩어 리가 생길 수도 있으니 아이싱이나 글레이즈를 만들 때는 슈거 파우더를 체에 내려 넣는 게 좋다.

• **코코아 파우더** – 코코아 파우더에는 설탕이 들어 있지 않기 때문에 씁쓸한 맛이 난다. 반죽에 넣어 색깔을 내 며 파우더를 체에 내려 케이크를 장식할 때도 사용한다. 가루의 입자가 곱고 액체에 잘 녹는 것이 좋은 품질이 다. 이 책에서는 '더치 코코아 파우더'를 사용했는데 네덜란드에서 만든 더치 코코아 파우더는 일반 코코아 파 우더보다 색깔이 진하고 깊은 초콜릿 맛을 낸다.

• **소금** – 베이킹에 쓰는 소금은 입자가 너무 굵은 바다 소금보다는 일반적으로 쓰는 작은 입자의 소금이 좋다. 소금은 반죽에 들어가 맛이 더욱 풍부해지게 도와주기 때문에 소금이 들어가지 않은 쿠키는 맛이 매우 밋밋하 다. 설탕을 많이 넣은 반죽이라도 소금을 소량 넣으면 달콤한 맛이 더 잘 살아난다. 빵을 반죽할 때 넣는 소금 은 글루텐을 강력해지게 도와주어 반죽 내부의 단백질을 단단히 조이는 역할을 한다. 그렇기 때문에 반죽이 팽 창해도 무너지지 않고 모양이 잘 유지된다.

• **베이킹 파우더와 베이킹 소다** – 쉽게 말해 **베이킹 소다**는 반죽을 옆으로 부풀게 하고 **베이킹 파우더**는 위로 부풀게 하는 역할을 하는데 베이킹 소다는 베이킹 파우더보다 4배 정도 강력한 힘을 가지고 있다고 한다. 베이 킹 소다는 화학적인 효모로 레몬즙이나 사우어 크림과 같은 산성 재료를 만나면 가스를 발생해 반죽이 부풀어 오르게 한다. 하지만 산성 재료를 쓰지 않는 경우에는 베이킹 소다 대신 베이킹 파우더를 넣어 반죽을 부풀린 다. 베이킹 파우더는 수분과 열이 없으면 부풀어 오르지 않기 때문에 재료를 섞은 뒤 오븐에 넣고 구워야만 반 죽이 부풀어 오른다.

• **바닐라 익스트랙** – 바닐라 익스트랙은 잘게 자른 바닐라 빈을 알코올과 물을 섞은 용액에 넣고 불려 만든 것 으로 반죽이 풍부하고 깊은 맛을 내며 맛의 균형을 맞춰주는 역할을 한다. 바닐라 익스트랙을 고를 때에는 본 래의 깊은 맛과 향이 살아 있는 100퍼센트 순수한 바닐라 익스트랙을 사야 한다. 작고 어두운 병에 담긴 순수 한 바닐라 익스트랙은 1년 정도까지는 보관이 가능하다.

• **옥수수 가루와 옥수수 전분** – **옥수수 가루**는 옥수수를 건조시킨 후 갈아서 만든 것으로 노란색을 띤다. 밀가 루와 함께 반죽에 넣어 고소한 맛과 약간 거친 질감을 내며 냉장고에 넣어 보관하는 것이 좋다. **옥수수 전분**은 옥수수에서 전분을 분리해서 만든 것으로 입자가 곱고 하얀색을 띠며 크림이나 필링, 소스를 만들 때 넣어 끈 기 있게 만들거나 굳히는 역할을 한다. 옥수수 전분은 밀가루처럼 단백질을 함유하고 있지 않기 때문에 밀가루

보다 빠르게 액체를 끈적이게 만들 수 있다.

• **주석산** – 타타르산이라고도 불리는 **주석산**은 알칼리성인 달걀흰자를 중화시키는 역할을 하여 머랭을 만들 때 단단하고 안정적으로 부풀어 오를 수 있게 도와주고 거품의 색깔을 뽀얗게 만든다.

• **드라이 이스트** – 이 책에 사용된 이스트는 모두 가루로 된 인스턴트 **드라이 이스트**로 수분이 많은 생이스트보다는 발효 시간이 길지만 유통기한이 길고 사용하기 편리하다는 장점이 있다. 인스턴트 드라이 이스트는 레시피에서 제시한 대로 보통 35~40℃ 정도의 미지근한 물이나 우유에 넣어 녹인 후에 다른 재료와 섞어 사용한다.

• **꿀, 물엿, 메이플 시럽, 당밀** – 액체로 된 꿀, 물엿, 메이플 시럽, 당밀과 같은 감미료는 설탕과 함께 달콤한 맛을 내는 목적으로 쓰이며 끈적한 농도가 디저트에 부드러운 질감을 내는 데에 도움을 준다. 단풍나무 수액을 졸여 만든 달콤한 **메이플 시럽**은 그 자체만으로도 특별한 향을 가지고 있기 때문에 베이킹 반죽에 넣어 달콤한 맛뿐만 아니라 풍부하고 깊은 향을 낸다. **당밀**은 사탕수수를 정제하는 과정에서 추출하여 만들며 깊고 어두운 황색을 띤다. 풍부하고 강한 향과 맛을 지니며 과자나 잼의 원료로 쓰이기도 한다.

• **오트밀** – 디저트의 종류와 레시피에 따라 입자가 크거나 작은 오트밀을 사용한다. 과일과 함께 사용할 경우에는 오트밀의 고소한 맛이 과일의 맛을 더 좋게 만들어주고, 오트밀의 거친 질감은 과일즙에 의해 디저트가 축축해지지 않게 도와준다.

• **코코넛 슬라이스** – 코코넛을 길게 잘라 건조해 만든 코코넛 슬라이스는 디저트에 특별한 맛과 향을 가미하며 살짝 구워 사용하면 맛이 더 깊고 고소해진다. 입자가 큰 슬라이스일수록 씹히는 질감이 좋고 케이크나 바 위에 뿌려 장식할 수 있다.

• **초콜릿** – 이 책의 레시피에는 주로 **다크 초콜릿, 밀크 초콜릿, 초콜릿 칩**을 사용했다. 초콜릿 맛을 내는 대부분의 디저트는 카카오 함량이 높고 깊은 향을 가진 다크 초콜릿을 녹여 사용한다. 우유와 설탕이 첨가되어 부드럽고 달콤한 밀크 초콜릿을 다크 초콜릿과 함께 섞어 사용하기도 한다. 초콜릿 칩은 녹여서 반죽에 넣거나 토핑으로 뿌리면 씹히는 맛이 좋다.

• **건포도를 포함한 건과일** – 베이킹을 할 때 주로 쓰이는 건과일로는 건포도, 건크랜베리, 건무화과, 건살구 등이 있다. 건과일은 반드시 개봉한 후에 밀폐 용기나 지퍼 백에 담아서 건조하고 시원한 곳에 보관해야 실온에서 보관할 때보다 오래 보관할 수 있다. 만약 건과일이 많이 건조해진 경우에는 체에 담은 후 끓는 물을 담은 냄비 위에 걸쳐두어 2~3분간 증기를 쏘여 부드럽게 한다. 키친 타월을 절반으로 접어 부드러워진 건과일을 올려 덮은 뒤 손바닥으로 살살 눌러 물기를 없애서 사용한다.

향신료 탐험

향신료는 음식에 맛과 색깔을 낼 때 소량 사용하는 건조된 씨앗, 과일, 뿌리, 나무껍질 등에서 추출해낸 것을 통틀어 의미한다. 셀 수 없이 다양한 종류의 향신료 중에서 베이킹에 주로 사용되는 향신료 몇 가지를 소개한다. 향신료를 갈아서 만든 파우더는 향이 쉽게 날아가기 때문에 구입할 때는 한번에 적은 양을 구입해야 한다. 밀폐된 작은 병에 담아 이름표를 붙이고 시원하고 건조한 곳에서 보관해야 향을 오래 유지할 수 있다.

• **시나몬**(파우더) – 시나몬은 향신료 중에서 가장 오래된 종류 중의 하나로 상록수계 나무의 바깥 껍질을 벗겨내고 안 껍질에서 추출해서 만든다. 깨끗하게 긁어낸 것을 돌돌 말아 건조시킨 것이 시나몬 스틱이고 가루로 만든 것이 시나몬 파우더다. 시나몬은 향이 강하지만 달콤한 맛과 잘 어울리기 때문에 많은 베이킹 레시피에 광범위하게 사용되는 향신료다.

• **생강**(파우더) – 생강 가루는 생강을 건조해서 갈아 만든 향신료다. 생강 가루가 들어간 레시피에 생강을 날것 그대로 갈아 넣거나 잘게 잘라 넣으면 더욱 풍부한 생강 향을 느낄 수 있다.

• **넛멕**(파우더) – 넛멕은 육두류과 나무 열매의 씨앗으로 다양한 디저트 메뉴에 광범위하게 쓰인다. 소량만 넣어도 향이 굉장히 강한 넛멕은 바로 갈아서 쓰기가 쉬우며 갈아져 나온 넛멕 파우더보다 그 향이 훨씬 더 좋고 신선하다.

• **클로브**(파우더) – 정향이라고 불리는 클로브는 독특하게 '꽃으로 만든 향신료'로 유명하다. 꽃봉오리가 피기 직전 핑크색으로 변할 때 바로 수확한 후 말려서 만들며 주로 인도네시아에서 좋은 품질과 많은 양의 클로브가 생산된다.

• **올스파이스**(파우더) – 시나몬, 클로브와 약간의 넛멕을 섞은 듯한 향을 지녀 올(all)스파이스라는 이름이 붙었다. 올스파이스는 디저트뿐만 아니라 바비큐 소스나 소시지 요리 등 다양한 음식에 고루 쓰이는 향신료다.

• **바닐라** – 바닐라는 재배하는 데 많은 노력이 필요하기 때문에 유난히 비싼 향신료로 유명하다. 베이킹을 할 때 달콤하고 깊은 맛을 내기 위해 흔히 쓰는 바닐라 익스트랙은 바닐라 빈을 냉침해서 만든 것이다. 바닐라 익스트랙 중에는 맛이 가볍고 가격이 현저하게 싼 것이 있는데 이것은 순수한 바닐라 익스트랙이 아니다. 이 책에 소개한 레시피의 대부분은 재료에 바닐라 익스트랙이 포함되어 있고 모두 '순수한(pure)' 바닐라 익스트랙을 사용한다. 품질 좋은 순수한 바닐라 익스트랙과 그렇지 않은 바닐라 익스트랙의 맛은 차이가 크다.

재료를 계량할 때에는

베이킹을 할 때 재료의 정확한 계량은 무엇보다도 중요하다. 계량 스푼, 계량 컵, 저울 중 자신에게 맞는 적절한 계량 방법으로 정확하게 계량하고 믹싱 볼로 옮길 때 쏟지 않도록 주의한다.

• **마른 가루류를 계량할 때** 밀가루, 슈거 파우더 등 마른 가루류를 계량할 때에는 계량 컵보다는 계량 스푼을 추천한다. 계량 스푼으로 마른 가루를 뜨고 손바닥이나 손가락으로 윗면을 쓱 밀어 높이를 정리한다. 마른 가루가 계량 스푼에 넘치는 경우를 제외하고는 스푼을 여러 번 흔들지 않는다. 마른 가루 사이의 공간이 채워져 분량보다 많아질 수 있기 때문이다. 마른 가루류는 체 치기 전 무게와 체 친 후 무게의 차이가 크다. 이 책에서는 마른 가루의 무게를 주로 체 치기 전의 분량으로 제시했다. 재료 부분에 명시한 경우를 제외하고는 분량을 계량한 후에 체 친다.

• **액체류를 계량할 때** 우유, 물, 꿀 등의 액체류를 계량할 때에는 계량 스푼, 계량 컵 모두 편리하다. 단, 계량 컵을 이용할 때에는 수치가 표시된 부분에 눈높이를 맞추고 수평으로 정확히 계량한다.

• **버터 계량 단위** 이 책에서는 버터의 용량을 대부분 테이블 스푼(Ts)이나 컵(Cup)으로 표기했다. 버터를 전자 저울을 이용해 계량하는 경우에는 아래의 그램(g)으로 표시된 변환표를 참고한다.

1Ts	2Ts	4Ts	6Ts	8Ts	12Ts	16Ts	32Ts
		1/4컵		1/2컵	3/4컵	1컵	2컵
15g	29g	57g	86g	115g	170g	227g	454g

팬 크기 변환하기

각 팬에 반죽이 담기는 부피를 알고 있으면 레시피에 제시된 팬과 같은 부피의 팬을 교체해서 사용하거나 팬 교체 시 부피를 참고해서 양을 가늠하기에 좋다.

원형 팬 – 지름 15.5 × 높이 5cm	4컵
원형 팬 – 지름 20 × 높이 5cm	6컵
원형 팬 – 지름 23 × 높이 5cm	8컵
정사각형 팬 – 사방 20 × 높이 5cm	8컵
정사각형 팬 – 사방 23 × 높이 5cm	10컵
직사각형 팬 – 가로 23 × 세로 33 × 높이 5cm	14컵
튜브 팬 – 지름 23cm	12컵
튜브 팬 – 지름 25cm	16컵
번트 팬 – 지름 25cm	10~12컵
로프 팬 – 가로 11.5 × 세로 21.5 × 높이 6cm	6컵
로프 팬 – 가로 13 × 세로 23 × 높이 8cm	8컵

나의 오븐과 친해지기

베이킹을 할 때는 나의 오븐과 친해져야 한다. 최종 단계라고 할 수 있는 오븐 안에 들어간 빵 반죽의 옆구리가 터지거나, 쿠키가 부풀어 오르지 않거나, 케이크의 겉이 까맣게 타는 등 예기치 못한 상황이 발생하면 그것처럼 속상한 일이 없다. 오븐에 대한 일반적인 정보는 누구나 알고 있겠지만 일반 오븐이 아닌 '나의' 오븐의 특징을 잘 알고 상황에 따라 어떻게 반응하는지 친밀하게 살펴보는 것이 중요하다.

한국에서는 팬 크기에 따라 가스레인지에 달린 큰 오븐과 미니 컨벡션 오븐 두 가지를 번갈아 사용했었고(큰 머핀 팬이나 케이크 팬 여러 개를 함께 넣을 때에는 아무래도 큰 오븐이 유용하다) 미국에 와서는 큰 가스 오븐만 사용하고 있다. 일반 전기 오븐이나 가스 오븐은 오븐 안에 열선이 있어 열선과 가까운 곳에 있는 반죽이 더 빨리 구워지기 때문에 팬을 넣고 확인해보며 위치를 바꿔야 한다. 그에 반해 컨벡션 오븐은 오븐 내부에 팬이 뜨거운 바람을 일으키면서 전체적으로 열을 일정하게 전달해 색이 고르게 구워진다.

현재 우리 집 가스 오븐은 190℃를 유지하지 못한다. 190℃로 예열을 시작하면 어느새 200℃가 되어 있고 혹시 몰라서 180℃로 줄여놓으면 그대로 180℃를 유지한다. '거 참 이상하다' 하며 갖은 애를 써봐도 오븐 온도계가 190℃를 정확히 가리키는 일이 절대 없다. 조금 웃돌거나 조금 밑돌거나…. 또한 내 오븐은 굉장히 힘이 강해서 그걸 항상 염두에 두고 굽는다. 레시피에서 제시하는 온도보다 조금 낮추기도 하고 굽는 시간을 1~2분 정도 줄이기도 한다. 물론 굽는 동안에는 오븐 안에 달아놓은 오븐 온도계의 온도를 자주 확인한다.
오븐에 따라 차이는 있지만 기본적으로 오븐을 다루는 몇 가지 정보를 기억해두고 민감한 오븐을 섬세하게 다루면 오븐에서 팬을 꺼내는 순간 활짝 웃을 수 있다.

• 오븐은 팬을 넣기 15~20분 전에 예열을 시작한다. 오븐 안의 온도를 확인하고 오븐이 완벽하게 예열된 상태에서 준비한 팬을 넣고 굽는다. 오븐이 균일하게 예열되지 않은 상태에서 팬을 넣고 굽는다면 반죽의 질감이나 모양이 달라질 수 있다.

• 베이킹을 하다 보면 시간이 지날수록 예열 온도가 높아지거나 예열해놓은 온도보다 최종 온도가 높아지는 경우가 있다. 오븐 랙이나 천장에 오븐용 온도계를 달아놓으면 오븐 안의 온도를 정확하게 확인할 수 있다.

• 오븐 안의 열선은 세기와 방향이 조금씩 다를 수 있기 때문에 팬의 위치를 바꿔가면서 구우면 전체적으로 고르게 구울 수 있다. 물론 내 오븐의 열선이 어느 쪽에 있는지, 어느 쪽의 열선이 더 강한지 알고 있으면 좋다. 내 오븐의 경우에는 항상 오븐의 오른편 안쪽의 반죽이 가장 먼저 구워지는데 그 자리에 열선이 있는 것이다. 1개의 베이킹 팬을 넣고 굽더라도 오븐 안에서 구워지는 온도의 차이가 있기 때문에 앞, 뒤, 오른쪽, 왼쪽으로 위치를 바꿔가며 구우면 고르게 구울 수 있다.

• 미국의 베이킹 레시피는 대부분 메뉴에 따라 오븐 랙의 위치를 정확하게 알려준다. 미국 사람들은 대부분 큰 오븐을 사용하기 때문인 듯하다. 보통 케이크나 빵, 쿠키를 구울 때에는 오븐의 중간이나 위쪽에 랙을 고정하고 굽는다. 파이나 타르트처럼 아랫부분이 잘 구워져야 하는 종류는 오븐의 아래쪽에 랙을 고정하고 굽는다.

🍴 견과류를 구울 때에는

견과류는 구우면 본래의 향보다 더 깊어지고 풍부한 맛을 내기 때문에 디저트에 들어가는 견과류는 대부분 구워서 준비한다. 견과류 굽기는 언뜻 간단해 보이지만 처음 베이킹을 접하는 사람들에게는 어떤 방법으로 구워야 할까 하는 물음이 생긴다. 나 역시 처음에는 멋도 모르고 비싼 유기농 피칸을 오븐에 넣고 굽다가 태워 당황한 경험이 있다. 어떻게 하면 견과류를 태우지 않고 예쁜 색깔을 띨 정도로 구울 수 있을까? 아래의 네 가지 기본적인 방법을 알아두면 견과류나 씨앗, 코코넛을 구울 때 도움이 될 것이다.

• **프라이팬을 이용할 경우** 프라이팬에 버터나 기름을 두르지 않고 견과류를 활짝 펼쳐 넣는다. 견과류가 층층이 겹치지 않도록 팬 바닥에 일정하게 자리 잡게 한 후 중간 불에 구우며 가끔씩 프라이팬을 흔든다. 견과류에서 고소한 향이 나고 색깔이 갈색으로 변할 때까지 5분간 굽는다. 단, 타지 않도록 자리를 비우지 말고 지켜보면서 굽도록 한다.

• **버터나 기름을 두르고 프라이팬을 이용할 경우** 소량의(1ts보다 약간 적게) 버터나 기름을 두르고 같은 방법으로 굽는다. 이 경우에는 견과류가 보다 깊은 색깔을 띠며 전체적으로 고르게 구워지는데, 구운 견과류가 유지류 때문에 조금 반짝이게 되니 데커레이션용으로 견과류를 이용할 경우에는 이를 염두에 두도록 한다.

• **오븐을 이용할 경우** 오븐용 팬에 견과류를 올리고 180~200℃ 정도로 예열된 오븐에 넣어 굽는다. 견과류 크기에 따라 5분에서 10분 정도 시간이 걸리며, 이때 역시 견과류가 타지 않도록 중간에 팬을 꺼내 흔들어준다. 오븐에서 구울 경우 프라이팬을 이용할 때보다 굽는 시간은 조금 더 걸리지만, 기름기 없이 전체적으로 균일한 색깔을 띠게 된다.

• **전자레인지를 이용할 경우** 전자레인지용 접시에 견과류를 올린 후 전자레인지에 넣고 3분에서 5분 정도 돌린다. 이 경우 주의할 점은 견과류 내부의 기름 때문에 전자레인지에서 꺼낸 후에도 갈색으로 변하므로 전자레인지 안의 견과류 색이 원하는 갈색보다 옅은 색깔을 띨 때 꺼내야 한다는 것이다.

이렇게 구운 견과류를 베이킹에 이용하고 남았을 경우에는 지퍼 팩에 넣어 냉동 보관하는 것이 가장 좋은 방법이다. 실온에 두면 구운 견과류 내부의 기름기 때문에 쉽게 상할 수 있고, 고약한 기름 냄새를 풍길 수도 있다.

초콜릿에 대하여

베이킹을 할 때 다크 초콜릿, 밀크 초콜릿, 초콜릿 칩이 다양하게 사용된다. 초콜릿을 녹여 케이크나 쿠키 반죽에 넣기도 하고 초콜릿 칩을 바의 토핑으로 올리기도 한다. 파이나 타르트를 만들 때 초콜릿은 필링이나 토핑의 역할을 하기도 한다.

• 초콜릿 자르는 방법
도마에 초콜릿을 올려놓고 날카로운 나이프를 이용해 초콜릿 바의 끝부분부터 긁어내듯이 자른다. 초콜릿을 녹일 때에는 초콜릿 바를 통째로 녹이지 않고 잘게 잘라 녹여야 한다. 이때 도마 위에 키친 타월을 깔고 자르면 나중에 정리하기 쉽다.

• 초콜릿 녹이는 방법
– 가스불에서 녹일 때: 온도가 너무 높으면 멍울이 생길 수도 있으니 온도를 적당히 유지하고 녹여야 한다. 초콜릿을 잘게 잘라 유리 볼이나 스테인리스 볼에 담아 준비한다. 냄비에 물을 1/3 정도 담고 보글보글 끓을 때까지 끓인 후에 불을 끈다. 초콜릿 담은 볼을 냄비 안에 담고 고무 주걱으로 살살 저어가며 녹인다. 조리용 온도계로 확인했을 때 다크 초콜릿은 48℃ 이하, 밀크 초콜릿은 43℃ 이하의 온도를 유지하며 녹이는 게 좋다.
– 전자레인지에서 녹일 때: 잘게 자른 초콜릿을 유리 볼이나 전자레인지용 볼에 담아 전자레인지에 넣고 녹인다. 이때에는 중간 중간 볼을 꺼내 저어주어야 하는데 보통 20초에 한 번씩 꺼내 저어야 전체적으로 고르게 녹일 수 있다.

• 초콜릿 컬 만드는 방법
초콜릿을 돌돌 만 듯한 모양의 초콜릿 컬은 주로 케이크나 파이를 장식할 때 쓰인다. 간단하게 만들기 쉽고 디저트 위에 올리는 것만으로도 모양을 더욱 돋보이게 한다. 초콜릿 컬은 미리 만들어 밀폐 용기에 넣어 보관할 수도 있다.
– 길이가 긴 초콜릿 컬을 만들 때: 볼에 초콜릿칩 3/4컵, 쇼트닝 2Ts을 담고 중탕으로 부드럽게 다 녹을 때까지 살살 저어가며 녹인다. 작은 로프 팬이나 플라스틱 용기에 쿠킹호일을 깔고 녹인 초콜릿을 붓는다. 1시간 30분 ~2시간 정도 냉장고에 넣어 녹인 초콜릿을 굳힌다. 쿠킹호일을 들어 팬에서 꺼낸 후 호일을 벗기고 초콜릿을 유산지 위에 올린다. 초콜릿을 1~2cm 정도 두께로 길게 자른 후 감자 깎는 칼을 이용해 긁어내듯이 컬을 만든다. 이때 초콜릿이 너무 단단해 부서진다면 실온에 20분 정도 두어 약간 말랑해진 상태에서 긁어낸다. 준비된 케이크나 파이 위에 바로 올리거나 유산지를 깐 베이킹 팬 위에 올려 냉장고에 넣어 굳힌 후에 사용할 수도 있다.
– 길이가 짧은 초콜릿 컬을 만들 때: 볼에 잘게 자른 초콜릿을 넣고 중탕으로 녹인다. 베이킹 팬이나 평평한 접시 위에 유산지를 깔고 녹인 초콜릿을 붓는다. 냉장고에 넣어 너무 단단해지지 않을 정도로 1시간 정도 굳힌다. 초콜릿을 45도 각도가 되게 한 손으로 지탱하고 날카로운 나이프를 이용해 긁어내듯이 컬을 만든다.

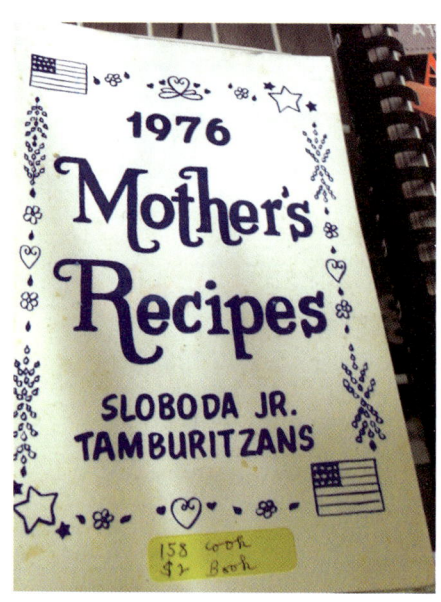

 ## 오래된 레시피

내가 어떤 특별한 계기로 오래된 레시피에 관심을 갖게 되었는지는 잘 모르겠다. 입이 다물어지지 않을 정도로 멋진 스타일링과 사진이 가득한 베이킹 책을 좋아하면서도 반대로 사진이나 그림도 없이 투박하게 프린트한 몇 줄짜리 레시피가 내 마음을 사로잡은 계기는 무엇이었을까? 우연히 벼룩시장에서 집어든 낡은 베이킹 책은 특별한 이유 없이 그대로 내 마음속에 깊숙이 들어왔고, 그렇게 나는 오래전의 시간을 찾아가는 즐거움을 느끼기 시작했다. 시간의 흔적 속에 숨어 있는 보물을 찾아내 숨어 있는 이야기를 알아가고, 그 레시피로 직접 디저트를 구워보며 내 것으로 만드는 과정은 짜릿하고 즐거운 일이었다.

먼지 수북이 쌓인 벼룩시장이나 앤틱 샵에서 찾은 오래된 베이킹 책이나 직접 손으로 쓴 옛날 레시피는 많은 이야기를 담고 있는 것처럼 보였다. 때로는 동네 신문의 뒷면에, 누런 인덱스 카드에, 요리 잡지의 한쪽에 바쁘게 쓴 듯한 레시피에 숨겨진 시간을 상상하는 것이 즐거웠다. 그 레시피는 처음 그 디저트를 만들었던 사람이 직접 쓴 것일 수도 있고, 다른 이에게 전해져 출판된 것일 수도 있고, 아니면 가족 대대로 전해 내려오는 레시피이거나 또는 동네 아줌마들 사이에서 가장 인기 있는 디저트의 레시피가 입소문을 타고 전해진 것일 수도 있을 것이다. 짧고 투박한 레시피는 내 마음을 사로잡았다. 짧은 문장으로 표현한 조리법에는 내가 상상할 수 있는 무한한 시간과 공간이 담겨 있기에….

그렇게 옛날 레시피를 수집하기 시작했고 옛날 냄새가 물씬 나는 재미있는 이름이 붙은 쿠키나 케이크를 발견할 때면 호기심이 발동해 책이나 인터넷의 자료들을 뒤져 숨은 이야기나 기원을 찾아냈다. 미국인들에게 그들의 옛날 디저트에 대해 직접 물어보며 좀 더 생생한 이야기를 들을 수 있는 기회도 많았다. 그들에게는 어린 시절의 추억이 담긴 디저트가 나에게는 호기심을 채워주는 재미난 이야깃거리였다. 이방인인 내가 그들 나라의 디저트, 그것도 오랜 옛날 디저트에 대해 궁금해하는 것이 그들의 눈에는 신기하고 흥미롭게 느껴졌던 것 같다. 그래서인지 그들은 가족 대대로 내려오는 레시피나 고향에서 유명했던 디저트에 관련된 이야기를 기꺼이 들려줬고 레시피를 직접 구해주기도 했다. 내 친구 제니(Jenny)는 그녀의 아버지가 어린 시절부터 가장 좋아했다는 '엄마표 케이크'인 업사이드 다운 파인애플 케이크의 레시피를 구해주었다. 아버지에게 어린 시절부터 항상 케이크를 구워주셨던, 지금은 여든이 넘은 친구의 할머니. 그 할머니께 직접 들은 레시피로 나는 오늘 나의 부엌에서 나만의 업사이드 다운 파인애플 케이크를 굽는다. 제니의 할머니와 같은 재료, 같은 방법으로 만들지만 이 케이크는 나의 업사이드 다운 파인애플 케이크이다.

4 cup flour
3 t sugar
1 T Baking Powder
1 t salt
3/2 t Baking Powder
Blend
6 T margen

upcake
verload?

there were seven?
may prove the best
, but let it be the last

Conrad |
by Greg Gillis |

rl whom you may have
on the CTA, hugging
a giant, bright teal
he Cupcake Courier
) is a translucent
treasure with
rotect a batch of
ooked frosting
on havoc. And
when I moved
Washington,
ppy to see
ded by a
bakeries.
Italian
's a ton
album
And
to

"Then Starbucks started carrying cupcakes, which
is when you know a trend has jumped the shark."

Cara's fight back with a bacon cinnamon...

달콤함을 대하는 나의 개똥 철학

대식가인 가족 내력을 빼닮은 나는 아무도 못 말리는 식성이라 어릴 적부터 '또 먹어', '먹깨비', '식신' 같은 별명은 주로 내 차지였다. 어릴 때부터 상다리 부러질 정도로 가득 차린 음식들에 익숙해서인지 요리든 간식이든 디저트든 일단 푸짐하게 만들고 배부르게 먹어야 한다는 주의. 그래서 디저트를 구울 때에도 일단 많은 양을 구워놓고 다 못 먹는 건 다른 사람들에게 나눠주는 것이 마음 편한 스타일이다. 하지만 난 이런 나의 식습관을 자책하거나 후회해본 적이 없다. 즐거운 마음으로 맛있게 마음껏 먹는 것이 인생의 가장 큰 즐거움 아니겠는가.

내가 가지고 있는 책 중에서 미국의 첫 번째 '쿠키 레이디(Cookie Lady)'라는 안나(Anna)라는 여인이 쓴 쿠키 일기를 토대로 만든 책이 있다. 그때나 지금이나 여성들의 살 찌는 것에 대한 강박증은 여전한지 '쿠키가 당신을 뚱뚱하게 만들까?'라는 제목의 페이지가 있다. 1896년에는 여성의 옷차림이 허리를 꽉 졸라맨 개미 허리 같은 모습이라면 깜찍한 모양의 디저트가 많이 나와 사람들의 사랑을 받았던 1915년에는 여성의 옷차림이 허리 부분이 많이 느슨해져 드레스의 라인이 잘 드러나지 않는 모습이다. '뚱뚱해지지 말자'라는 문장이 적혀 있는 뚱뚱한 여인과 마른 여인의 재미있는 일러스트레이션과 직설적인 표현들이 쓰인 페이지를 펼쳐 든 순간 웃지 않을 수가 없었다. 하지만 '쿠키가 당신을 뚱뚱하게 만들까?'라는 질문에 쿠키 레이디인 안나 아줌마의 대답은, NO. 여기에 덧붙여 잊지 말아야 할 것은 안나 아줌마의 홈메이드 쿠키 대부분은 당신을 살찌게 만들지 않지만 델리에서 파는 큼지막한 현대식 쿠키는 당신을 뚱뚱하게 한다는 것.

세계적으로 유명한 프랑스 요리 중에는 버터가 들어가지 않는 요리가 없을 정도로 프랑스 사람들은 요리할 때 버터를 많이 사용한다. 주변에 널려 있는 맛있는 요리를 매일 즐기면서도 프랑스 여자들이 날씬한 이유는 신선한 재료로 요리를 하고, 생활 속에서 몸을 많이 움직이기 때문이라고 한다. 엘리베이터를 타지 않고 계단을 오른다든가, 청소를 할 때 운동하듯이 적극적으로 한다든가, 일부러 가까운 마트에 가지 않고 먼 곳의 마트로 걸어간다든가…. 그러다 보면 하루 일과 중에 굳이 운동히는 시간을 정해놓지 않더라도 몸을 많이 움직이고 자동으로 칼로리를 소비하게 되는 것이다. 어릴 때부터 입에 간식을 달고 사는, 달콤한 걸 워낙 좋아하는 내가 택한 길은 바로 이거였다. 먹는 만큼 의식적으로 에너지를 많이 소비하기.

옛날 베이킹 레시피 중에는 칼로리는 염두에 두지 않은 듯 보이는 레시피도 있다. 하지만 칼로리를 조금 줄인다고 쿠키나 케이크를 구울 때 버터나 설탕의 양을 덜 넣기보다는 '레시피대로 달콤하게 만들고 그만큼 더 부지런히 몸을 움직이자' 하는 게 바로 달콤한 디저트를 즐기는 나의 개똥 철학이다. 그래서 나는 오늘도 집 바로 앞에 있는 슈퍼마켓에 가지 않고 30분을 걸어 다른 슈퍼마켓에 가고, 가득 찬 장바구니를 두 손에 들고 숨을 헐떡이며 6층에 있는 우리집으로 뛰어 올라온다. 장담하지만, 초등학교 때부터 지금까지 비슷한 몸무게 숫자를 유지하는 나에게 이 방법은 꽤 효과적이다.

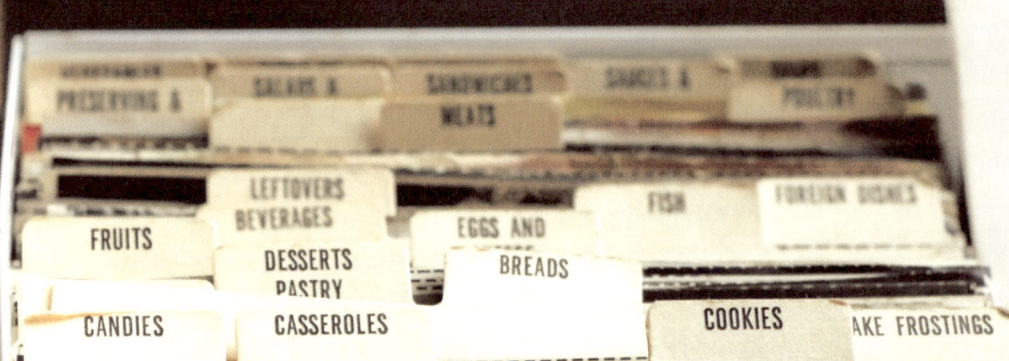

나의 달콤한 레시피 상자

하나하나 모으기 시작한 디저트 레시피를 담은 나의 달콤한 상자. 나에게 꼭 맞는 이 상자를 찾기까지 여러 번의 시행착오를 겪었다. 낱장의 레시피가 늘어가면서 몇 년 전 친구에게 생일 선물로 받은 빈티지 느낌이 나는 장식용 상자를 나의 역사적인 첫 레시피 상자로 사용하기 시작했다. 하지만 깊이가 얕아 레시피 종이를 세울 수 없고 펼쳐 넣어야 했기 때문에 필요할 때 한 장 한 장 꺼내 뒤집어보며 찾아야 하는 불편한 과정이 계속되었다. 참다 못해 이 상자는 동전을 담아두는 보통 상자로 변신.

나의 두 번째 레시피 상자는 결혼 선물로 받은, 새빨간 티 글라스가 담겨 있던 옅은 색깔의 나무 상자였다. 나무 질감이 그대로 느껴지던 심플한 디자인의 상자를 보자마자 바로 이거다 싶었는데, 상자의 크기가 너무 작아서 역시 레시피 종이를 세워 넣고 뚜껑을 닫아놓을 수가 없었다. 상자 모양이 마음에 든다고 이미 공들여 적어놓은 레시피를 작은 종이에 다시 적는 것도 있을 수 없는 일.

두 번의 실패 이후 임시방편으로 몰스킨에서 나온 아코디언식 봉투가 달린 수첩에 넣기 시작했시만 얇은 수첩은 금세 불어나는 레시피를 감당할 수 없었다. 세 번의 실패 다음으로 드디어 찾은 나의 레시피 상자는 앤틱 샵에서 우연히 발견한 모서리가 낡아 벗겨진 철제 상자다. 앤틱 샵을 둘러보다가 우연히 이 상자를 열어봤을 때 탄성을 지르지 않을 수가 없었다. 내가 얼마나 애타게 찾아 헤매던 레시피 상자였던가. 상자 안은 메뉴별로 분류해 넣을 수 있도록 공간이 나뉘어 있고, 뚜껑의 안쪽에는 헬렌 자코비(Helen Jacobi)라는 이름이 연필로 선명하게 적혀 있었다.

그렇게 헬렌 자코비라는 여인이 쓰던 레시피 상자는 이제 나의 달콤한 상자가 되었다. 그 안에는 내가 직접 찾아 적은 레시피도 꽂혀 있고, 친구가 손수 적어준 레시피도 있고, 옛날 요리책에서 잘라 모은 레시피도 있다. 낡고 손때가 묻어 있는 이 상자가 나만의 레시피로 가득 차면 나는 또 다른 상자를 찾아야겠지만 이렇게 꼭 맞는 상자를 또 발견할 수 있을까 싶다.

레시피를 읽는 나만의 방법

오늘은 무엇을 구워볼까? 마음 내키는 대로 레시피를 고른 후에 가장 먼저 할 일은 레시피에 나와 있는 재료를 확인하는 것. 찬장이나 냉장고에 모든 재료가 준비되어 있는지 확인하고 없는 재료가 있다면 마트에 가서 바로 집어와야 한다. 그리고 말할 필요도 없이 레시피는 정확하게 읽고 시작하는 게 좋다. 어떤 재료를 먼저 실온에 꺼내놓아야 하는지, 레시피에서 요구하는 팬이나 베이킹 도구가 준비되어 있는지, 전체적으로 어떤 과정으로 만들어야 하는지, 만들기 시작해서 오븐에서 구울 때까지 시간이 얼마나 걸릴지를 머릿속에 구체적으로 그려보고 시작해야 한다. 그렇게 하면 베이킹하는 전 과정이 물 흐르듯이 자연스럽게 흘러간다.
다양한 레시피를 보고 도전하다 보면 나름대로 레시피를 읽는 요령이 생긴다. 오래전 처음 홈베이킹을 시작한 후 지금까지 시중에 나와 있는 베이킹 관련 책이나 인터넷을 통해 여러 가지 레시피를 경험하며 좀 더 새로운 것, 좀 더 기발한 것을 꾸준히 찾아왔다. 그러다 보니 자연히 베이킹의 역사가 오래되어 다양한 자료가 많은 미국의 베이킹 책을 들춰보게 되었다. 인터넷 서점에서 처음으로 주문했던 미국의 베이킹 책들, 미국에서 날아온 스타일링 내공이 담긴 휘황찬란한 사진들과 생전처음 보는 다양한 레시피들이 담긴 그 책들을 처음 손에 쥐었던 그 순간의 황홀함을 아직도 잊을 수가 없다.
그렇게 내 손에 들어온 영어 베이킹 책에 실린 레시피를 하나하나 시도해보기 시작했다. 처음에는 영어로 된 이름 모를 재료를 사전을 찾아가며 외우기 시작했고, 완전히 다른 미국의 단위 시스템인 인치, 온스 같은 수치를 환산하며 애를 먹기도 했다. 크기가 맞는 팬이 없어서 팬 크기 변환표를 비교해가며 레시피와 다른 팬을 사용하기도 했다. 집 근처 일반 슈퍼마켓에서 구하기 힘든 재료들은 남대문 시장에서 직접 공수해오기도 했고, 그래도 구할 수 없는 재료들은 대체할 수 있는 다른 재료로 대신 넣기도 했다. 새로운 레시피를 하나씩 도전해보며 쌓은 내공이라고 해야 할까? 그렇게 스스로 익힌 경험과 시간이 노하우가 되어 언젠가부터는 레시피를 읽고 응용하는 능력이 자연스럽게 생겼다. 이건 밀가루를 1테이블 스푼 더 넣어볼까, 이건 꿀을 좀 더 넣으면 농도가 맞을 것 같아. 이건 오렌지 향보다는 레몬 향이 더 어울릴 것 같아, 하는 지극히 개인적인 취향에 따라 내 레시피를 만들어가는 과정이 이어졌다.
그래서 나는 보통 새로운 레시피를 손에 쥐게 되면 정확하게 레시피를 따라 해보는 첫 번째 도전, 내 입맛에 맞게 재료의 양을 조금씩 조절하는 두 번째 도전, 만약 그 과정에서 생각보다 못한 맛이 나왔다면 다시 정확하게 레시피를 따라 해보는 세 번째 도전. 이렇게 같은 레시피로 세 번 이상 만들어본다. 그러다 보면 실패와 성공의 경험담이 많아질 수밖에 없다.

잠 못 드는 밤에는 드림 쿠키를…

한번 잠들면 푹 자는 편이지만 가끔씩은 밤에 잠이 잘 오지 않는 날도 있다. 이런 밤에는 그대로 침대에 누워 있는 게 더 곤혹인지라 집 안을 서성대며 뭘 할까 궁리하다가 괜히 내 레시피 박스를 열어본다. '아, 이게 있었지' 하며 발견한 레시피가 벼룩시장에서 산 요리책 사이에 끼워 있던 '드림 쿠키(Dream Cookie)'라는 깜찍한 이름의 한 장짜리 레시피. 종이를 만져보니 글자가 올록볼록한 게 어느 누군가가 타자기로 직접 타이핑한 흔적이 느껴진다. 새벽 3시, 주섬주섬 레시피를 꺼내 들고 나를 꿈속으로 데려가줄 나만의 드림 쿠키를 구우러 부엌으로 간다.

버터 1컵, 백설탕 3/4컵, 바닐라 익스트랙 2ts, 중력분 2컵, 베이킹 파우더 1ts

1 오븐을 170℃로 예열하고 베이킹 팬에 유산지를 깔아 준비한다. 2 볼에 실온에서 말랑해진 버터와 설탕, 바닐라 익스트랙을 넣고 핸드 믹서를 이용해 부드럽게 푼다. 3 ②에 밀가루, 베이킹 파우더를 넣고 반죽한다. 4 반죽을 볼 모양으로 만들거나 계량 티스푼으로 떠서 베이킹 팬에 올린다. 5 예열된 오븐에 넣고 10~12분 정도 굽는다.

*양이 많다면 재료의 양을 반으로 줄여서 만들 수 있다.

DREAM COOKIES

1 C. butter, melted   1 tsp. baking powder
3/4 C. sugar   2 C. flour
2 tsp. vanilla

Cool melted butter until firm, but soft.

Cream butter with sugar & vanilla, beat until fluffy & white. Add flour & baking powder slowly, mix well.

Dough may be forced thru cookie press or dropped from teaspoon.

Bake on greased cookie sheet in 325° oven 10-12 min.

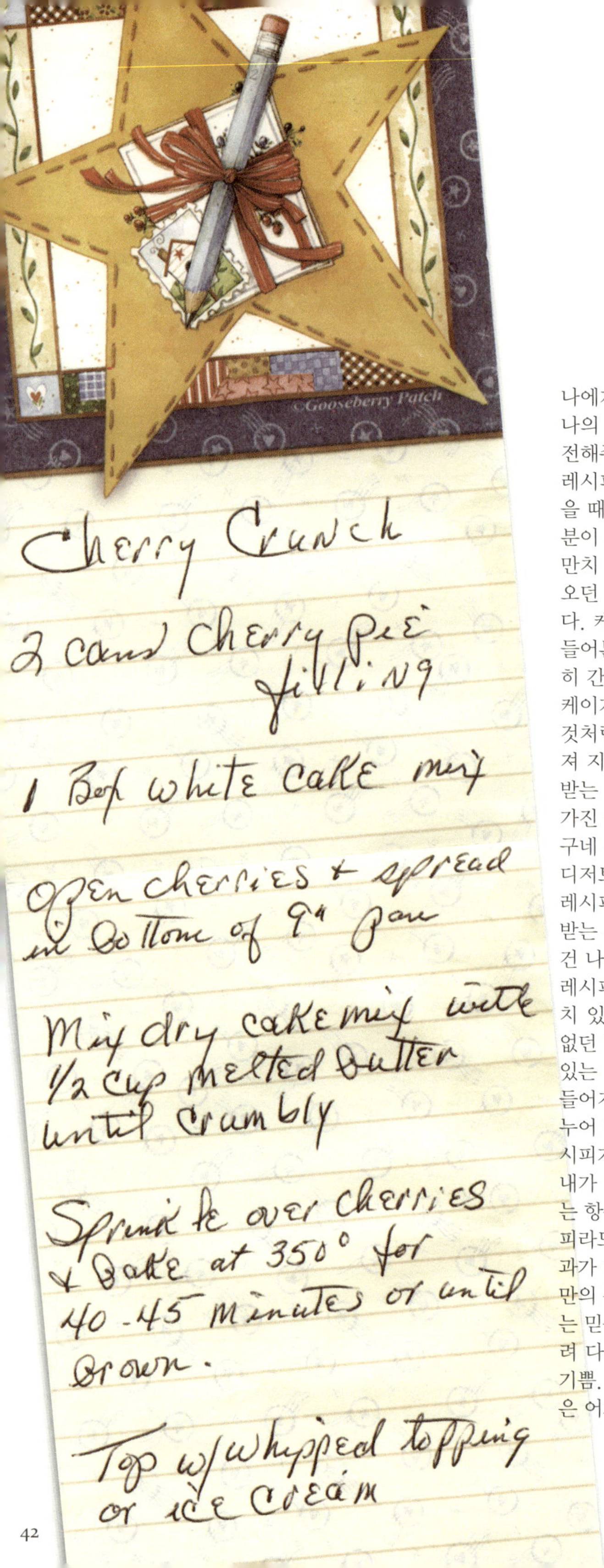

Cherry Crunch

2 cans Cherry pie
            filling

1 Box white cake mix

Open cherries + spread
in bottom of 9" pan

Mix dry cake mix with
1/2 cup melted butter
until crumbly

Sprinkle over cherries
+ bake at 350° for
40-45 minutes or until
brown.

Top w/ whipped topping
or ice cream

레시피를 나누는 소박함

나에게 처음으로 손수 적은 레시피를 건네준 사람은 나의 친구 케이(Kay)였다. 그전까지만 해도 레시피를 전해주는 문화에 익숙지 않던 나에게 그녀가 자신의 레시피 박스를 열어 체리 크런치 레시피를 적어주었을 때, 나는 큰 보물을 손에 쥔 것처럼 흥미진진한 기분이 들었다. 그녀의 체리 크런치 레시피는 간단하리만치 재료와 조리 방법이 단출했고, 가족 대대로 내려오던 역사 깊은 레시피도 아니었지만 맛은 기가 막혔다. 케이는 우연히 잡지에서 이 레시피를 발견하고 만들어본 후 너무 맛있어서 자신의 레시피 박스에 소중히 간직해왔고, 그것을 내게 전해준 것이었다.

케이가 나에게 자신의 소중한 레시피를 나누어주었던 것처럼 그 후 나 역시 레시피를 나누는 즐거움에 푹 빠져 지냈다. 다른 사람에게서 그들의 특별한 레시피를 받는 것도 즐거운 일이지만 그보다 더 즐거운 건 내가 가진 레시피를 함께 나누는 것. 그래서 언젠가부터 친구네 집에 초대받아 디저트를 구워 갈 때나 내가 만든 디저트를 누군가에게 선물할 때는 항상 그 디저트의 레시피를 손수 적어 함께 선물했다. 물론 그 레시피를 받는 사람이 그대로 직접 만들어볼지는 모르지만, 그건 나의 마음을 담은 소박한 선물이다.

레시피를 나누는 것은 큰 기쁨이며 그 레시피를 더 가치 있게 만든다고 생각한다. 좋은 레시피는 아무것도 없던 '무'의 상태에서 만들어지는 것이 아니라 역사가 있는 레시피에서 더 좋은 레시피로 발전해가면서 만들어지는 것이기 때문이다. 그래서 다른 사람들과 나누어 널리 퍼질수록 그 레시피를 바탕으로 더 좋은 레시피가 탄생한다고 믿는다.

내가 만든 디저트를 맛보고 좋아하는 사람들에게 나는 항상 기쁜 마음으로 레시피를 적어준다. 같은 레시피라도 만드는 사람에 따라 다른 모양과 다른 맛의 결과가 나오기 때문이다. 똑같은 레시피로 만들어도 나만의 주문을 걸어 만들면 나만의 특별한 것이 될 거라는 믿음. 내가 좋아하는 디저트의 레시피를 널리 퍼뜨려 다른 사람과 함께 그 맛을 나눌 수 있다는 특별한 기쁨. 소박하지만 마음이 담긴 레시피를 나누는 기쁨은 어느 순간 큰 의미를 지닌 특별한 나눔이 된다.

앤틱 샵에서 상상하는 소소한 이야기들

앤틱 샵에 진열되어 있는 물건들은 내가 알 수 없는 길고 짧은 이야기를 간직하고 있다. 한 사람이 평생을 소중하게 사용해온 물건이 앤틱 샵에 도착했을 수도 있고, 여러 사람의 손을 거쳐 사용되다가 앤틱 샵 찬장에 자리를 잡았을 수도 있다. 보통 앤틱이라 함은 시간이 오래되고 수집할 만한 가치가 있는 물건을 말하는데, 돈으로 가늠할 수 없는 가치 때문인지 이해할 수 없을 만큼 비싼 물건들도 많다. 그래서 나는 대부분 구입하기 보다는 눈으로 물건을 읽고 상상하는 안목을 기르는 데에 의미를 둔다.

그 물건을 내 손에 쥐는 것보다 그 물건에 담긴 시간을 상상해보는 일이 더 즐겁다. 오늘은 우연히 앤틱 샵 찬장 구석에 숨어 있던 오래된 튜브 모양 케이크 팬을 만났다. 코팅이 다 벗겨지고 녹슬어 색이 변한 케이크 팬을 쳐다보고 만져보며 혼자 상상한다. 이 팬의 주인은 어떤 맛의 케이크를 구웠을까? 엔젤 푸드 케이크를 구웠을까? 초콜릿 맛이 나는 달콤한 튜브 케이크를 구웠을까? 케이크 위에 어떤 데커레이션을 했을까? 어떤 재료를 넣어 만들었을까? 저녁 식사 후 가족들과 벽난로 앞에 모여 앉아 함께 먹었을까? 예쁘게 포장해 가까운 이웃에게 선물했을까? 이른 아침에 따뜻한 케이크를 구워 커피 한잔과 함께 먹었을까? 어찌 보면 쓸데없는 공상이지만, 내 마음대로 하는 이 즐거운 상상들이 내 발길을 자꾸 앤틱 샵이나 벼룩시장으로 잡아 끈다.

내가 지금 쓰고 있는 팬이나 베이킹 도구들, 내가 직접 쓴 메모가 담겨 있는 나의 베이킹 책들이나 레시피로 빼곡히 차 있는 나의 레시피 상자도 몇 십 년 후에, 또는 더 먼 미래에 앤틱 샵에 놓여 있기를 바란다. 미래의 미국 어느 지역의 앤틱 샵에 내가 한글로 기록해놓은 메모가 곳곳에 꽂혀 있는 나의 베이킹 책이 놓인다면…. 그때 그 책을 만나는 사람들은 과연 어떤 상상을 할까?

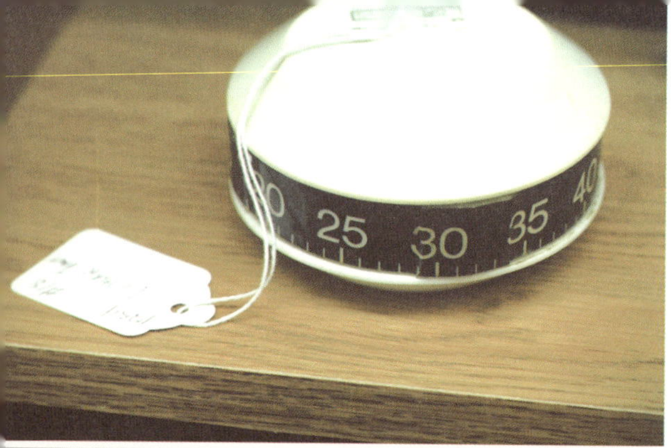

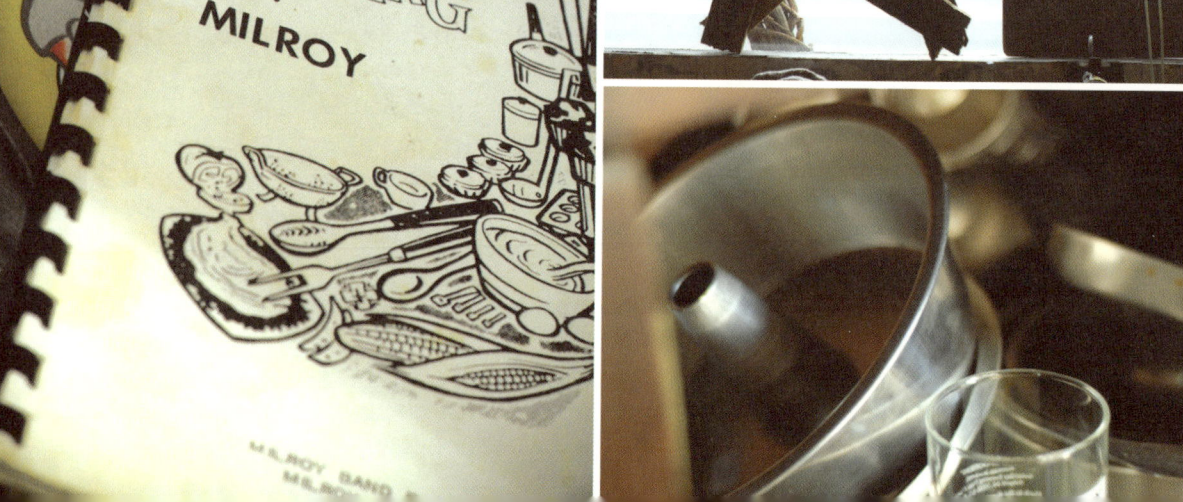

ANTIQUES

25 30 35 40

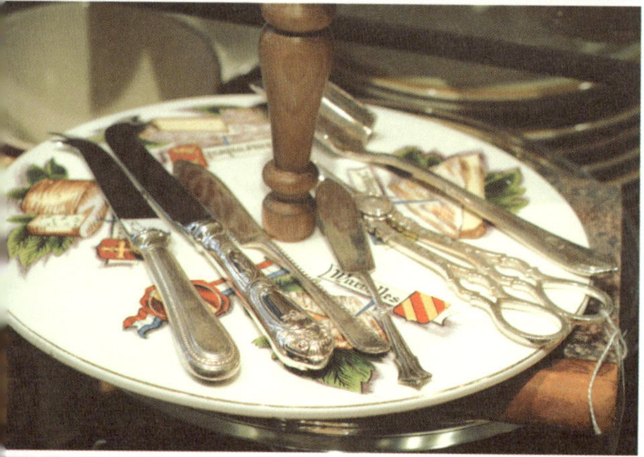

THE
ART OF
COOKING
IN
MILROY

MILROY BAND
MILRO

Hand Decorated
AMERICAN
COOKIE
JAR
for Gracious Living

MCP
U.S.A.

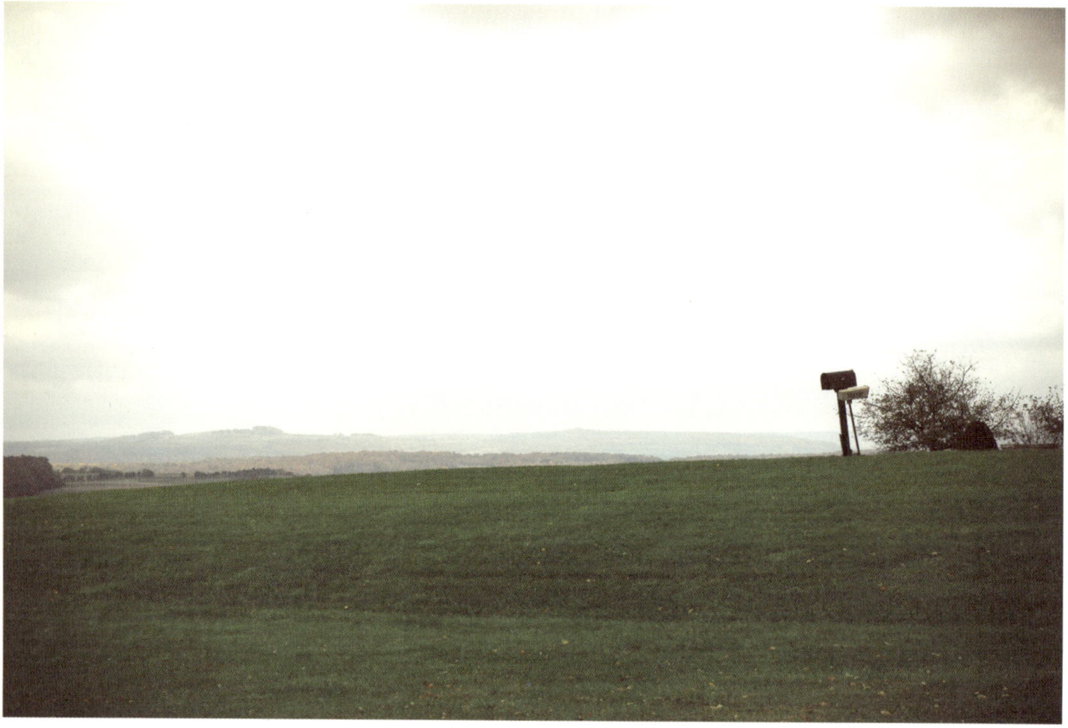

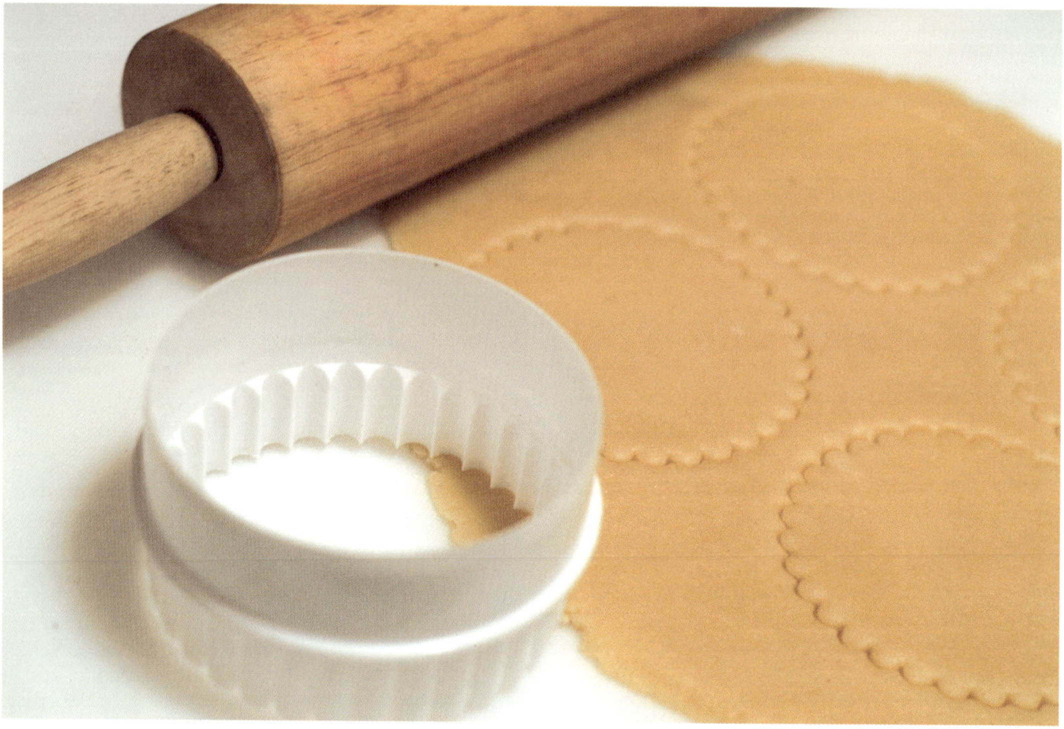

달콤함이 주는 평화

우울하거나 스트레스 받는 일이 있을 때 나에게 베이킹은 일종의 치유 과정이다. 그 어떤 명상보다도 짧은 시간에 쉽게 마음을 치유할 수 있는 방법이기 때문이다. 손으로 조물조물 반죽을 만지는 동안 머릿속에 가득 찼던 복잡한 생각들은 날아가고 하얗게 백지 상태가 된다. 케이크나 파이를 장식하는 창조적인 과정은 묘한 성취감을 느끼게 하고, 오븐 안에서 디저트가 구워지는 동안 집 안 가득 채워지는 달콤한 향기는 지친 마음을 따뜻하게 어루만져준다. 오븐에서 꺼낸 디저트를 한 입 베어 먹는 순간 입 안에 퍼지는 달콤한 기운이 평화를 가져다 준다. 오감을 자극하는, 이보다 더 좋은 테라피가 있을까?

미국에 처음 와서 한 달 동안 인디애나에서 펜실베이니아로 남편의 가족들과 친구들을 방문하며 여행을 했다. 펜실베이니아의 어느 산속 깊은 곳에 자리 잡은 아버님 댁에서 머무르는 동안 대부분 책을 읽거나 베이킹을 했다. 집 앞에만 나가도 사슴이 걸어 다니고 셀 수 없이 많은 다람쥐들이 나무에 오르락내리락 하는 평화로운 곳에서 낮에는 자연을 만끽하고, 해가 지기 시작하는 4시쯤에는 집으로 들어왔다. 여유가 가득한 분위기에 둘러싸여 있으니 시간을 확인할 필요도 없었고, 나 자신과 나와 함께 있는 사람들에게 더욱 집중할 수 있는 의미 있는 시간이었다. 나에게 익숙한 도시의 높은 빌딩이 아닌 아름다운 자연으로 둘러싸인 곳에서 보내는 시간은 평안하고 새로웠지만 반면에 내 가족들과 친구들이 없는 그곳에서의 시간이 무료하게 느껴지기도 했다. 차가 없으면 갈 수 있는 곳이 없고, 혼자서는 아무것도 할 수 없는 상황이 쉽지만은 않았다. 남편은 중요한 시험을 준비하느라 바쁜 상황이었고 나는 나대로 미래에 대한 설렘과 막연한 불안함이 어지럽게 뒤엉킨 마음이었다.

복잡한 마음이 드는 날에는 모두 잠든 시간 남편과 둘이서 간단한 식자재를 살 수 있는 편의점에 들러 베이킹 재료들을 사왔다. 어두운 밤 차의 헤드라이트에 의지해서 산속의 좁은 길을 달리는 기분은 꽤 흥미진진했다. 그렇게 동화 같은 모험을 하고 집에 돌아와서는 쿠키를 굽기도 하고 어떤 날은 간단한 재료로 만들 수 있는 치즈 케이크를 굽기도 했다.

늦은 가을밤 쥐 죽은 듯이 조용한 깊은 산속의 어느 집. 환하게 불이 켜진 주방은 나의 무대인 것처럼, 나는 그 무대의 주인공인 것처럼 몸과 마음이 자유로웠다. 그때만은 어떤 불안감이나 불편한 마음도 사라지고 내 마음의 평화를 찾을 수 있었다. 오븐에 반죽을 넣어놓고 기다리는 동안 어두컴컴한 창밖을 바라보던 느낌은 아마 평생 잊을 수 없을 것 같다. 적막함 속에서 느껴지는 고요한 평화로움이었다. 오래 지나지 않았지만 지금도 그때를 생각하면 굉장히 아련한 기분이 든다.

 # 홈메이드가 지닌 특별한 의미

내가 생각하는 홈 베이킹의 즐거움이자 매력은 '나 집에서 구워졌어요'라고 말하는 듯한 투박한 모양과 그날 기분에 따라 내가 만들고 싶은 걸 만들 수 있는 베이커(Baker)의 자유다. 그리고 또 하나의 즐거움은 나눔이다. 모양은 조금 투박하지만 좋은 재료와 정성이 담긴 디저트를 구워 사랑하는 가족들, 친구들과 나누는 즐거움. 울퉁불퉁한 스콘, 손바닥만 한 쿠키, 삐뚤삐뚤하게 잘린 브라우니, 내 취향대로 장식한 나만의 케이크…. 모양은 조금 투박할지 몰라도 정성이 가득 담긴 홈메이드 디저트라고 생각하면 먹음직스럽다.

일주일에 쿠키 한 가지, 또는 케이크 하나라도 내가 직접 고른 레시피로 구우면 그건 특별한 내 쿠키, 내 케이크가 된다. 그렇게 내 입맛에 맞는 레시피를 찾을 수 있고 내 입맛에 맞는 디저트 레시피를 하나하나 적어 작은 상자에 넣다 보면 어느새 레시피 상자 한 개쯤은 채우고도 남을 많은 레시피가 내 것이 된다. 내 입맛에 맞는 홈메이드 레시피를 찾아가는 즐거움과 그 레시피로 디저트를 구워 함께 나누는 즐거움은 생각보다 크다.

살림의 여왕 델라 아줌마

인디애나 주 세인트폴이라는 작은 도시에 살고 있는 델라 아줌마의 집은 말 그대로 내가 꿈꿔오던 동화 속의 집이다. 풀밭이 끝없이 펼쳐진 동산 위에 자리 잡은 집에 살고 있는 왕자님과 공주님은 폴(Paul) 아저씨와 델라(Della) 아줌마다. 40년을 한결같이 함께 보낸 두 분은 손으로 꼽기 힘들 정도로 많은 종류의 꽃과 나무를 직접 키우시며 낭만적인 농장 생활을 하신다. 오랜 시간 동안 시댁 식구들과 가족처럼 가까운 친구로 지내온 델라 아줌마를 처음 만난 이후로 아줌마와 나는 가장 자주 연락을 하고 지내는 친구가 되었다. 아줌마와 내가 끈끈한 관계가 될 수 있었던 이유는 비슷한 취향을 가졌기 때문일지도 모른다. 미국에 와서 궁금한 점이 있을 때마다 남편 다음으로 조언을 구하게 되는 사람이 델라 아줌마일 정도로 아줌마는 내 마음속에 큰 존재로 자리 잡았다.

큰 집의 방 한 개를 작업실로 만들어 재택 근무를 하시는데도 그 큰 집은 갈 때마다 먼지 하나 없이 깨끗하다. '이렇게 매일 청소를 할 수는 없을 거야'라는 질투 섞인 의심으로 불시에 방문할 때도 깨끗하게 정돈되어 있는 상황은 마찬가지. 모든 식사는 집에서 직접 가꾼 채소나 과일들을 이용해 다양한 유기농 홈메이드 메뉴로 거뜬하게 만들어내고, 계절마다 새로운 나무, 꽃으로 예쁜 정원을 직접 꾸미고, 작은 화분 하나에도 이름표를 꽂아 에너지를 불어넣는다. 홈메이드 애플 파이 열 개쯤은 아무 일도 아닌 듯이 구워 집 없는 사람들에게 나누어주고, 사람들을 초대하고 대접하는 것에 인생의 큰 즐거움을 느낀다는 아줌마. 받는 것보다 주는 것에 큰 행복을 느끼며 지치지 않는 에너지와 밝은 기운으로 부지런히 살아가는 아줌마는 언제부턴가 나의 롤 모델이 되었다. 난 장난 삼아 아줌마를 종종 '세인트폴의 마사 스튜어트(Martha Stewart)'라고 부른다. 나는 항상 좋은 사람들을 많이 만나고 그 사람들을 곁에 둘 수 있어서 인복이 있다고 자부하며 살아왔는데, 델라 아줌마를 만난 것 또한 내 인생의 큰 행운처럼 생각된다.

내가 레시피 박스에 관심을 갖게 된 계기 또한 아줌마를 통해서였다. 처음으로 저녁 식사에 초대받아 갔을 때 잔뜩 긴장해 있던 나에게 직접 준비한 요리와 디저트에 대해 이야기하며 레시피를 적어주셨다. 레시피를 적어주고 전해주는 것이 생소했던 나에게 그날의 경험은 굉장히 신선했다. 60대 초반인 델라 아줌마의 레시피 박스는 가족 대대로 물려받은 가족 레시피부터 30년이 넘는 시간 동안 아줌마가 하나하나 직접 모아온 레시피까지 엄청난 컬렉션을 자랑한다. 아줌마의 역사가 고스란히 담겨 있는 레시피 박스…. 그날 저녁 아줌마의 레시피 박스에 들어 있던 레시피를 아줌마가 나에게 적어주셨던 것처럼, 그래서 그것이 내 레시피 박스 한쪽에 자리 잡은 것처럼, 나도 내가 가진 좋은 레시피를 다른 사람들과 나누고 싶다. 소박하지만 의미 있는 나눔으로….

델라 아줌마네
집 전경

블루베리에 중독되다

한동안 블루베리에 심각하게 중독되었던 때가 있었다. 아무리 먹어도 먹어도 질리지 않고, 감칠맛 나는 작은 블루베리가 그렇게 좋을 수가 없었다. 아침에는 시리얼에 블루베리를 말아 먹고, 점심에는 샐러드를 만들어 블루베리를 올려 먹었다. 오후에는 블루베리를 넣어 블루베리 머핀을 구웠고, 저녁 식사 후에는 디저트로 요거트에 블루베리를 올려 먹었다.

블루베리에는 오렌지나 자몽처럼 비타민 C가 많이 들어 있지는 않지만 노화 방지에 좋은 파이토케미컬(Phytochemical)이라는 성분이 다량 들어 있다고 한다. 이 성분은 몸속의 콜레스테롤 양을 감소시키고 시력 향상에도 좋기 때문에 블루베리는 건강에 좋은 10대 슈퍼 푸드(Super Food) 중 하나로 선정되기도 했다.

블루베리를 넣어 만들 수 있는 모든 메뉴를 섭렵하던 때에 아침 식사로 오트밀에 블루베리를 넣어서 먹어봤더니 그렇게 맛있을 수가 없었다. 15분이면 뚝딱 만들 수 있는 맛있고 영양 가득한 블루베리 오트밀 레시피를 소개한다.

물 1 1/3컵, 소금 1/8ts, 시나몬 파우더 1/4ts, 꿀 2ts, 오트밀 2/3컵,
블루베리 1/3컵, 오렌지 제스트 1/2ts, 우유(또는 두유) 1/2컵

1 레몬 제스터를 이용해 오렌지 껍질을 갈아 오렌지 제스트를 준비한다. 2 냄비에 물을 넣고 끓인다. 3 물이 끓기 시작하면 소금, 시나몬 파우더, 꿀, 오트밀을 넣고 약한 불로 줄여 물기가 없어질 때까지 5분 정도 끓인다. 4 블루베리, 오렌지 제스트, 우유를 넣고 블루베리가 터지기 시작할 때까지 5분 정도 더 끓인다. 5 불을 끄고 냄비 뚜껑을 닫아 5분 정도 그대로 두었다가 접시로 옮겨 담는다.

*아침에 시간이 없을 때에는 전날 밤에 미리 준비해놓을 수도 있다. 물, 소금, 시나몬 파우더, 꿀을 냄비에 담아놓으면 오트밀이 물기를 빨아들여 끓이는 시간이 단축된다.

끔찍한 실수,
몬스터 파이가 된 나의 첫 루바브 파이

나의 베이킹 역사에 두고두고 기억에 남을 만한 끔찍한 실수, 나의 첫 딸기 루바브(Rhubarb) 파이. 미국에 와서 처음 본 루바브는 새빨간 색깔이 눈길을 끄는 식물이다. 빨간 버전의 셀러리와 같은 루바브를 넣어 만든 파이를 우연히 맛보고 그 여운이 꽤 오래 남았다. 적당히 끈적이는 필링 안에서 부드럽게 아삭거리는 루바브도 인상적이었고 딸기와 루바브의 궁합도 기가 막히게 잘 맞았다.

햇빛은 쩅쩅하고 적당하게 불어오는 바람이 상쾌했던 초여름의 일요일, 친구네 집에서 여럿이 모여 저녁 식사를 하기로 했다. 그릴에서 바비큐를 구워 먹자는 친구의 말에 "그럼, 난 오늘도 디저트를 담당할게. 오늘의 디저트는…. 요즘 한창 물오른 딸기와 루바브를 넣은 파이!" 다른 요리를 할 때도 마찬가지지만, 베이킹을 할 때 넣는 과일은 제철에 맛볼 때 가장 맛있다. 해야 할 일이 잔뜩 쌓여 있는 내 상황을 아는 친구는 괜찮다며, 바쁜데 무리하지 말라고 거듭 당부했지만 파머스 마켓(Famer's Market)에 갈 때마다 제철을 만나 선명한 빛깔을 띠는 탱글탱글한 딸기와 루바브를 보며 꼭 루바브 파이를 만들어보고 싶었다. 바로 지금이 나의 첫 딸기 루바브 파이를 만들 적기라고 생각한 나는 친구들과 철.썩.같.이. 약속을 했다.

점심도 못 먹고 정신없이 일을 하다가 오래전에 골라두었던 루바브 파이 레시피를 꺼내 슬슬 파이 반죽을 만들기 시작했다. 재료는 준비해놨으니 늘 하던 대로 레시피를 확인하고, 재료를 계량하고, 반죽하기 시작. 그런데 반죽이 손에 감기는 느낌이 약간 이상하다. '뭔가 이상하다' 하면서도 넉넉하지 않은 시간을 확인하며 '괜찮을 거야, 괜찮겠지' 스스로 억지 최면을 걸었다. 파이 반죽보다는 쿠키 반죽에 가까울 만큼 지나치게 부드러운 반죽을 힘들게 파이 팬에 올리고 딸기와 루바브를 버무려 정성 들여 만든 필링을 부었다. 오븐에 넣는 순간까지 평소와는 다르게 경쾌하지 않은 기분이었는데 약속 시간까지는 냉장고에서 휴지가 끝난 파이 반죽을 되돌릴 만한 시간이 없었다. 오븐에 파이 팬을 넣고 조마조마한 기분으로 오븐 앞을 서성대는데 오븐 안에서 기이한 소리가 나며 파이가 구워지고 있었다. 오븐을 열어보고 싶은 마음과 괜찮을 거라는 근거 없는 억지 확신이 팽팽하게 맞서는 가운데 10분을 초조하게 보내고 나서 결국에는 오븐 문을 조심스럽게 열어보았다. '으악!' 아니나 다를까, 파이 팬 가장자리에 올렸던 반죽이 그대로 녹아내려 오븐 안은 엉망이 되었고 파이는 형체를 알 수 없을 만큼 뭉개져 도저히 더 이상 구울 수 없는 상황이었다. 약속 시간은 다가오고, 실패를 확인한 나는 거의 패닉 상태. 급한 불은 꺼야 하니 일단 오븐에서 파이를 꺼내두고 파이 반죽 레시피를 다시 확인해보았다. '오 마이 갓!' 재료의 분량을 확인하는 순간 머릿속은 흰 백지처럼 하얘지고 오븐용 장갑을 끼고 있던 손은 부들부들 떨렸다. 무슨 정신에서였는지 두 테이블스푼만 넣어야 할 설탕을 두 컵을 넣고 말았다. 거짓말이라고 믿고 싶었던 결과는, 레시피보다 엄청나게 많이 들어간 설탕 때문에 반죽이 지탱하지 못하고 그대로 녹아내린 거였다. 이건 정말 계량 컵 귀신에 홀린 건지 상상할 수도 없는 실수를 하고 말았다.

그날 저녁에는, 맥 빠진 것처럼 파이 팬 위에 가까스로 걸쳐 있던 내 끔찍한 파이를 그대로 놔두고 허무한 마음으로 전날 간식거리로 구워놓았던 쿠키를 대신 담아갔다. 나는 나의 첫 루바브 파이를 '몬스터 파이'라고 부르면서 나의 끔찍한 실수를 위로하며 잘라서 먹을 수도 없는 이 파이를 며칠 동안 냉장고에 넣어두고 푸딩처럼 스푼으로 떠먹었다. 그리고 파이 가게에 들러 예쁘게 구워진 '가게표' 루바브 파이를 사 먹으며 내 자신을 위로했다.

쓰레기통으로 바로 향했던 나의 실수들—

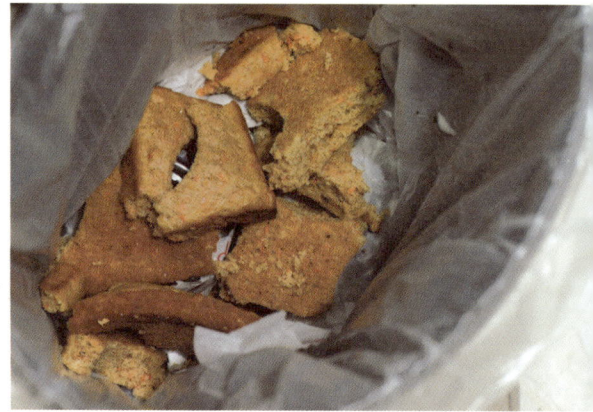

연기 나는 우리 집의 디저트는 어디로?

책 낼 준비를 하면서 하루에 몇 개씩 오븐에서 구워 내는 디저트들을 나와 남편 둘이서 감당하기는 쉽지 않았다. 디저트로 둘러싸인 세상에서 살면 정말 행복할 거라고 생각하며 살아왔지만 그런 생각도 냉장고에 삐죽삐죽 쌓여가는 디저트들을 보며 두려움으로 변하기 시작했다. 가족들, 친구들을 떠나 타지에 살면서 주변 지인들에게 나눠주는 것도 한계가 있었다. 처음에는 주변에 몇몇 친구들에게 나누어주기 시작했지만 각자 바쁜 생활에 매번 시간을 정해 만나서 디저트를 전해주는 것도 부담이 되는 일. 하지만 내가 정성 들여 구운 디저트를 몇 번 먹지도 못하고 쓰레기통에 버리는 일은 정말 싫었다.

그렇게 넘쳐나는 디저트로 인해 스트레스가 조금씩 쌓여가던 중 우연히 집 근처에 노인분들 계시는 요양원을 발견하고 생각한 일이 바로 기부였다. 앤틱 샵에서 찾은 오래된 레시피로 구운 디저트를 그 레시피 나이만큼 지긋하신 노인분들과 함께 나누는 것처럼 좋은 게 있을까 싶었다. 방문 첫날, 그날 구운 쿠키를 병에 담아 쭈뼛쭈뼛 담당자를 찾아갔는데 의외로 흔쾌히 허락을 해주었다. 레스토랑처럼 예쁘게 생긴 요양원 1층에는 할머니, 할아버지들이 모여 식사를 하거나 여가를 즐기는 로비가 있는데 그 중간에 간식을 담아놓는 유리 상자가 놓여 있었다. 나는 매일매일 그날 굽고 촬영이 끝난 간식거리를 양손에 들고 요양원에 들러 유리 상자에 넣어두고 왔다. 건강이 안 좋으신 분들이 계시는 요양원인지라 위생에 워낙 철저해 항상 비닐 장갑을 끼고 내가 만든 디저트를 옮겼다. 들를 때마다 한마디라도 걸어주며 좋아하시는 할머니들이 눈에 밟혀 귀찮거나 피곤한 날에도 빠지지 않고 출석 도장을 찍었다. 특별한 것을 드리는 것도 아니고, 요양원에 계시는 분의 수에 비하면 많은 양을 드리는 것도 아니지만 나누는 기쁨은 생각보다 커서 요양원 문을 나서는 기분은 엄청난 부자가 된 것처럼 든든하고 좋았다.

그렇게 3주 정도가 지난 어느 날. 여느 때처럼 양손에 디저트를 들고 설레는 마음으로 요양원 문을 들어섰는데, 담당자가 어색한 표정으로 다가오더니 더 이상 기부를 받을 수 없게 되었다는 슬픈 소식을 전해주었다. 맨 처음 쿠키를 가지고 가서 기부를 하고 싶다고 말했을 때 관리자에게 너무 쉽게 허락을 받아서 의아하게 생각하긴 했지만, 그게 공식적으로 가능한가 보다 생각했는데…. 요양원을 관리하는 회사의 지침 중 하나가 요양원 내에서는 외부에서 만든 음식을 받지 않는 것이라고 했다. 몸이 허약한 분들이 많이 계신 만큼 식단 조절과 감염 방지를 위해서란다. 그동안 내부 직원끼리 결정해서 기부를 받기로 했는데, 관리하는 기업에서 알게 되는 바람에 더 이상 내가 만든 디저트를 받을 수 없다는 속상한 뉴스. 마지막 날 요양원 관리자에게 이야기를 듣고 할머니들과 마지막 인사를 한 뒤 집으로 돌아와서는 기운이 쭉 빠져 베이킹 할 의욕이 생기질 않았다. 물론 기부가 베이킹을 하는 주목적은 아니었지만….

그 후로 내가 구운 디저트를 가장 많이 맛볼 수 있었던 사람은 매일 저녁 아파트 로비에서 경비를 봐주시는 헤일(Hale) 아저씨와 조지아(Georgia) 아줌마가 되었다. 두 분 모두 건장한 체격에 도둑이 들어오다가도 도망갈 카리스마를 가지고 계신데, 기꺼이 나의 디저트 시식 부탁을 들어주셨다. 내 입장에서는 레시피의 결과를 확인할 수 있어서 고마운 마음이었고, 그분들 입장에서는 매일 밤 홈메이드 디저트를 가지고 내려오는 나에게 또 다른 고마운 마음이 들었나 보다.

어쨌든 적절한 타이밍에 기부 대상이 바뀐 뒤 가장 좋은 건 맛이 이렇다 저렇다 수다스럽게 이야기 해주셔서 나에게 아주 큰 도움이 되었다는 것. 급기야 헤일 아저씨는 이 빵 안에는 슈크림을 쏴 넣어달라는 본인의 취향에 따른 깜찍한 제안까지 해주셨다. 새벽까지 베이킹 하는 날에 슬슬 졸음이 밀려오면 새벽 2시건 3시건 로비에 내려가 항상 그 자리에 계시는 그분들과 그날 구운 디저트를 함께 먹으며 도란도란 이야기 나누는 것이 일상의 즐거움이 되었다. 엘리베이터 문이 1층에서 '땡' 하고 열리는 순간, 웃는 얼굴로 오늘은 무슨 메뉴일까 궁금한 표정으로 내 손을 슬쩍 쳐다보시는 헤일 아저씨와 조지아 아줌마의 얼굴이 나를 웃음 짓게 한다.

내 인생의 보물, 마이클

나와 남편은 같은 갤러리에서 일하면서 만났다. 나는 갤러리에서 그래픽 디자이너로 일하고 있었고, 남편은 갤러리 건물을 디자인 하기 위해 단기간 한국에 온 건축가였다. 한국말을 거의 못하던 남 편과 영어를 보통 수준 정도로만 하던 내가 만나 서로를 알아가기 시작했고, 잘 통하지 않던 어색한 발음과 문화적인 차이가 서로에 게 매력적으로 느껴지기 시작했다. 갈수록 서로를 더 알아가고 싶 어졌고, 그렇게 시간이 흐르면서 서로에게 잘 맞는 짝이라는 확신 이 들어 우리는 결혼을 했다.

내 남편 마이클은 나에게 제이미 올리버의 요리책을 선물해준 첫 남자 친구였고, 미국인에게 요리책의 고전이라고 할 수 있는 《요 리의 즐거움(The Joy of Cooking)》을 처음으로 건네준 사람이 었다. 요리에 관심이 많은 남편을 만난 것이 나에게는 꽤 큰 영향 을 주어 나 또한 요리에 더 많은 관심을 갖게 된 것이 사실이다. 그 전에는 인기 있는 레스토랑에 가서 맛있는 음식을 먹는 것이 주된 관심사였다면 남편을 만난 후로는 다양한 레시피로 내가 직접 만 드는 것에 큰 즐거움을 느끼게 되었다. '홈메이드'에 대한 자부심 이 커졌다는 것이 나에게는 가장 큰 변화였다.

전부터 취미로 베이킹을 즐겨왔지만 트렌디한 베이킹 메뉴에 더 관 심이 많았고, 그 메뉴의 전통이나 역사에 대해서는 깊이 생각해본 적이 없었다. 하지만 그를 만나고, 그의 가족을 만나면서 자연스럽 게 미국인들이 즐기는 디저트 메뉴가 무엇인지 그것에 얽힌 에피소 드는 무엇인지 관심을 갖기 시작했다. 크리스마스 때나 추수감사 절 때 주로 먹는 디저트가 무엇인지, 각 지역마다 유명한 디저트는 무엇인지, 재미있는 이름의 디저트는 어떻게 그런 이름이 붙게 됐 는지…. 예전에는 관심조차 없었던 것들이 어느 순간 알아가고 싶 은 이야기가 되었다.

만일 이 사람을 만나지 않았더라면 미국인이 즐기는 디저트에 특별 히 관심을 갖지 않았을 테고, 이 사람을 만나지 않았더라면 미국에 있는 앤틱 샵이나 벼룩시장을 내 집 드나들 듯이 자주 드나들지 못 했을 테고, 이 사람을 만나지 않았더라면 낡아빠진 옛날 미국 요리 책 뒤편에 나와 있는 디저트 레시피를 들춰보지 않았을 테고….

내 인생 1라운드의 보물이 내 이름을 갖게 해준 나의 소중한 가족 이라고 한다면, 내 인생 2라운드의 보물은 나에게 인생의 또 다른 즐거움을 선사해준 나의 남편 마이클이다.

그린 시티 마켓

시카고에서는 수요일과 토요일, 일주일에 두 번씩 열리는 그린 시티 마켓(Green City Market)이 있다. 그린 시티 마켓은 이 지역 농장이나 밭에서 재배한 농산물을 농부들이 직접 가져와 사고팔 수 있는 야외 마켓이다. 아침 7시부터 오후 1시까지 넓은 잔디밭에 쭉 늘어선 각 부스에 수북이 쌓인 싱싱한 과일과 채소가 내뿜는 예쁜 빛깔을 감상하는 것만으로도 재미있는 구경거리다. 이곳에서는 채소와 과일뿐만 아니라 유기농 버터, 치즈 등의 유제품이나 육류도 살 수 있고 빵이나 꽃, 화분을 파는 부스도 있다. 일반 슈퍼마켓보다 가격이 비싸지만 판매자나 소비자 모두 깨끗한 환경에서 깨끗하게 키운 질 좋은 농작물에 대한 믿음이 강해 항상 아침부터 많은 사람들로 북적인다. 한국에 있을 때도 아파트 단지 안에 장 서는 날에는 가서 구경하곤 했었는데, 그 버릇은 어디 못 가는지 여기에서도 그 즐거움을 만끽하고 있다.

그래서 나는 매주 토요일 아침이면 일어나자마자 부스스한 모습으로 그린 시티 마켓에 가서 1달러를 기부하며 커피를 한 잔 마시고는 도시 외곽에 있는 베니슨 베이커리(Bennison's Bakery)에서 만들어온 깜찍한 브리오슈와 스콘을 먹는 것으로 하루를 시작한다. 이 베이커리에서 나오는 모든 빵은 누구에게나 강력 추천하고 싶을 만큼 맛있다. 바게트 종류의 빵도 입에 착 달라붙는 맛으로 유명하고 작은 브리오슈나 스콘, 머핀류도 맛있다. 입에는 스콘을 물고 한 손에는 커피를 든 채 부스 사이사이를 돌아다니며 그날 손이 가는 채소나 과일을 집어 오는 일이 어느새 내 일상의 큰 즐거움으로 자리 잡았다.

갓 구운 스콘으로
아침을 시작하다

금세 구운 따끈하고 말랑한 빵처럼 좋은 게 또 어디 있을
까? 아침에 부스스 일어나 뚝딱 반죽해서 만들기 쉬운 스
콘. 방금 오븐에서 구워 커피와 함께 먹는 스콘은 그 어떤
아침 만찬보다도 맛있다. 찬장이나 냉장고에 있는 간단
한 재료들로 쉽게 만들 수 있어 좋고, 작은 통에 잼과 함
께 담아 간식으로 싸기에도 좋다. 이 맛에 익숙해지다 보
면 전자레인지에 데워주는 커피 전문점의 스콘은 처다보
기도 싫어질 정도.
파이 접시를 이용해 아침에 쉽게 구울 수 있는 브렉퍼스트
스콘(Breakfast Scones) 레시피를 소개한다. 갓 구운 따
뜻하고 신선한 스콘으로 기분 좋은 아침을 시작해보자.

중력분 2컵, 백설탕 2Ts, 베이킹 파우더 1Ts, 소금 1/4ts,
버터 1/2컵, 달걀 2개, 우유 1/2컵, 건포도 3/4컵

1 오븐을 220℃로 예열하고 지름 23cm 파이 팬에 기름칠을 해
둔다. 2 볼에 밀가루, 설탕, 베이킹 파우더, 소금을 넣고 섞는
다. 3 ②에 차가운 버터를 잘게 잘라 넣은 후 패스트리 블렌더
로 잘라가며 반죽한다. 4 ③에 달걀을 풀어 넣고 우유, 건포도
를 넣어 반죽한다. 5 반죽을 떠서 준비해놓은 파이 접시에 옮겨
담은 뒤 스크래퍼를 이용해 윗면을 평평하게 정리한다. 6 나이
프를 이용해 먹기 좋은 사이즈로 반죽을 자른 후 오븐에 넣고
18~20분 정도 굽는다.

*기본 반죽에 건포도 대신 다른 건과일을 넣거나 기호에 따라
견과류를 넣어 반죽해도 좋다.

 # 영화 〈줄리 & 줄리아〉처럼

한국에도 많이 알려진 〈줄리&줄리아(Julie & Julia)〉라는 영화의 주인공인 줄리아 차일드(Julia Child)는 미국 요리의 역사를 이야기할 때 빼놓을 수 없는 전설의 요리사다. 그녀는 외교관이던 남편을 따라 프랑스에 머물며 프랑스 명문 요리학교의 과정을 수료한 후 미국인으로서 프랑스 요리법에 관한 책을 집필했다. 그녀는 직접 집필한 책과 요리 쇼를 통해 그 당시 미국인들에게 일반 가정에서 프랑스 음식을 쉽게 요리할 수 있는 방법을 소개하며 요리하는 즐거움을 몸소 보여주었다. 그녀가 1961년에 출간한 요리책은 아직까지도 출판될 정도로 오랜 세월 인기를 끌어왔다.

이 영화의 또 다른 주인공인 줄리는 평범한 생활에 지루함을 느끼고 기분 전환을 위해 요리 블로그를 시작한다. 그녀는 자신의 우상과도 같던 줄리아 차일드의 《예술적인 프랑스 요리 마스터하기(Mastering the Art of French Cooking)》에 실린 524개의 레시피를 365일 동안 요리하는 도전을 시작하고 블로그에 그 과정을 올리기 시작한다. 두 주인공이 요리를 통해 시간과 공간을 초월하여 연결되는 과정은 나에게도 많은 영감을 주어 나는 이 영화를 보고 또 보곤 했다. 특히 줄리가 줄리아 차일드의 옛날 요리책을 보며, 당시의 줄리아 차일드를 떠올리며 요리하는 모습이 나의 상황과 비슷하게 느껴졌다. 나 또한 옛날 레시피를 통해 그 시간과 공간을 상상하며 디저트를 구웠기 때문에 영화를 보는 내내 많은 부분들이 마음에 와 닿았다.

책에 실린 레시피는 정확히 98개이지만 결정된 레시피를 고르기까지 엄청나게 많은 레시피들을 읽어 내려갔고, 맛을 테스트해보고 버리고 추가하기를 수차례. 그렇게 하루에 몇 개씩 오븐에 구워낸 시간들이 쌓여갔다. 전문 베이커가 아니니 간혹 발생하는 실패는 당연지사. 컨디션이 안 좋은 날에는 황당할 정도로 이상한 실수를 해서 오븐 안이 엉망이 되거나 말도 안 되는 반죽이 나오는 날도 있었다. 지친 몸과 마음으로 영화 속의 줄리처럼 부엌 바닥에 앉아서 운 적도 있었다. 남들 다 자는 새벽에 타일 바닥에 앉아서 울고 있는 내 모습이 얼마나 처량하던지, 그런 내 모습에 눈물이 더 나오기도 했다.

나의 프로젝트가 끝나는 날, 영화 속의 줄리처럼 그동안 도움을 준 모든 이들을 초대해 디저트 파티를 열고 싶다. 그날 줄리는 줄리아 차일드의 상징과도 같은 진주 목걸이를 걸었지만 나는 옛날 할머니들이 둘렀을 법한 조금은 촌스럽지만 정감 가는 앞치마를 예쁘게 두르고 싶다. 나의 상상 속 게스트는 매일 밤 나의 디저트를 맛본 헤일 아저씨나 조지아 아줌마가 될 수도 있고, 인디애나에서 우편으로 받은 정재은표 피넛 블러섬 쿠키를 맛본 베버리 할머니가 될 수도 있고, 나의 영웅 델라 아줌마가 될 수도 있겠다. 물론 그중에서도 나를 이 세계로 초대해주고, 내내 나의 어시스턴트 역할을 해준 고마운 내 남편을 VIP 초대석에 앉혀줘야겠지. 넓은 식탁에 달콤함으로 무장한 디저트를 가득 차려놓고 영화 속의 줄리처럼 마음껏 축하하고 싶다.

WIRE SIDE

Ball

IDEA

2⁰⁰

J&A.

182   5°
1908 BALL

Ball

IDEAL

182   5⁰⁰
BALL JAR (1908)

PAT'D JULY 14, 1908.

01
cookie
쿠키

'쿠키(Cookie)'라는 단어는 작은 케이크라는 의미의 독일어에서 유래했어요. 미국에서 쿠키라는 단어는 독일, 영국, 스코틀랜드에서 이주해온 이민자들에 의해 처음 전해졌답니다. 쉽고 간편하게 만들 수 있는 쿠키는 여러 가지 방법으로 다양하게 만들 수 있지요. 계량 스푼으로 떠서 베이킹 팬에 올려 굽거나 반죽을 밀대로 밀어 쿠키 커터로 찍을 수도 있고, 손으로 볼 모양이나 원통 모양으로 만들어 구울 수도 있습니다. 쿠키를 굽는 여성들을 위한 1924년의 기록, '쿠키를 구울 때 지켜야 할 지침'을 보면 쿠키를 굽기 전에 지켜야 할 기본적인 내용들이 담겨 있어요.

1. 비누로 손을 깨끗이 씻는다.
2. 머리는 뒤로 단정하게 묶는다.
3. 액세서리를 착용하지 않는다.
4. 앞치마를 입는다.
5. 작업대를 깨끗이 정리한다.
6. 오븐 손잡이에 '오븐 사용 중'이라는 메모를 걸어놓는다.

쿠키를 만드는 과정을 크게 정리해보면 간단해요. 실온에 꺼내두어 말랑해진 버터와 설탕을 섞고, 달걀이나 액체류의 재료와 마른 가루를 함께 섞어 반죽을 만들고, 팬닝한 후에 오븐에 넣어 구우면 완성. 쿠키의 모양과 재료에 따라 차이는 있지만 기본적인 과정은 이렇게 이루어진답니다.
쿠키를 만들 때 몇 가지 기억해야 할 것은 다음과 같아요.

- 베이킹 팬은 항상 실온에 두었다가 사용하세요. 특히 오븐에 넣었던 베이킹 팬을 다시 쓸 경우에는 팬을 완전히 식힌 후에 사용하세요. 따뜻해진 베이킹 팬 위에 쿠키 반죽을 올리면 반죽 안의 버터가 녹아 모양이 망가질 수 있어요.
- 쿠키 반죽을 밀대로 밀 때 반죽의 양면에 유산지를 댄 상태로 밀면 밀대에 반죽이 들러붙지 않고 균일하게 높이를 맞추기 수월해요.
- 반죽을 팬닝할 때 크기에 따라 계량 티 스푼이나 계량 테이블 스푼을 이용해 같은 양의 반죽을 떠서 모양을 만들면 동일한 크기로 만들 수 있답니다. 작은 아이스크림 스쿱이 있다면 팬닝하기에 편리해요.
- 반죽을 팬닝할 때 레시피에서 제시하는 간격을 두고 올리세요. 반죽 사이의 간격이 적당하지 않으면 반죽이 옆으로 퍼지며 서로 붙는답니다.
- 쿠키는 반죽을 굽는 시간이 짧기 때문에 시간이 조금만 초과되어도 쉽게 탈 수 있어요. 중간에 오븐을 열어 베이킹 팬의 방향을 바꾸고 쿠키가 타지 않는지 확인하세요.
- 오븐에서 갓 꺼낸 쿠키는 굉장히 부드러워요. 뜨거운 상태에서 바로 식힘망에 옮기면 쿠키 모양이 망가질 수 있으니 3~5분 정도 베이킹 팬에 두었다가 옮기세요. 옮길 때는 얇은 스패출러를 이용해 조심스럽게 들어 옮기세요.
- 기호에 따라 부드러운 질감의 쿠키를 만들고 싶다면 중력분에 박력분을 섞어서 반죽을 만들어보세요.

cookie

허미트 쿠키 Hermits

허미트 쿠키의 레시피는 수백년 전 매사추세츠 주의 뉴잉글랜드 지역에서 처음 알려지기 시작했다고 해요. '초기 미국인들의 전통 디저트'라고도 불리는 허미트는 만드는 사람에 따라 바의 형태로 만들기도 했고 쿠키의 형태로 만들기도 했어요. 오랜 시간에 걸쳐 다양한 형태와 재료로 응용되어왔지만 그 형태가 어떻든 간에 향신료, 건포도, 너트류는 허미트를 특별하게 하는 중요한 재료예요. 독특한 이름의 유래에 대해서는 기록이 따로 남아있지 않지만, 쿠키 반죽을 베이킹 팬에 올렸을 때 그 모양이 은둔자(hermit)들이 입던 갈색 가운과 비슷했기 때문에 허미트라는 이름이 지어졌을 거라고 짐작한답니다. 다양한 향신료와 재료 덕분에 향이 풍부한 이 쿠키는 점심 도시락이나 피크닉 바구니에 빠지지 않고 들어가는 디저트였다고 해요.

프로스팅을 올린 허미트 쿠키는 쿠키를 굽는 당일보다 하루가 지난 후에 먹으면 맛이 더 좋아요. 프로스팅이 먹기 좋을 만큼 단단해지고 향신료의 향이 쿠키 전체로 퍼지기 때문이에요.

+ 쿠키 48개
+ 오븐시간 180℃ 14~16분

+ **필요한 도구**
베이킹 팬, 유산지, 볼, 체, 핸드 믹서, 고무 주걱, 식힘
망, 짤주머니

+ **재료**
중력분 2컵, 시나몬 파우더 1ts, 올스파이스 1/2ts, 넛멕
1/2ts, 베이킹 파우더 1/2ts, 소금 1/4ts, 무염 버터 1/2
컵, 흑설탕 3/4컵, 달걀 2개, 당밀 1/4컵, 바닐라 익스트
랙 1ts, 건포도 1컵, 호두 1컵
프로스팅: 체 친 슈거 파우더 1컵, 휘핑크림 4Ts, 바닐
라 익스트랙 1ts

+ *SWEET TIP*
건포도와 호두 때문에 쿠키 표면이 울퉁불퉁해서 깨끗
한 모양으로 프로스팅을 올리기가 쉽지 않아요. 이럴 때
는 짤주머니를 이용해 프로스팅을 올리거나 스패출러
로 쓱쓱 바르세요. 자연스러운 모양이 허미트 쿠키의 매
력이에요.

+ **만드는 방법**
1 준비하기 1 호두를 구워 잘게 자르세요. 2 오븐을 180℃
로 예열하고 베이킹 팬에 유산지를 깔아두세요.
2 반죽하기 3 볼에 밀가루, 시나몬 파우더, 올스파이스,
넛멕, 베이킹 파우더를 체 쳐서 넣은 후 소금을 넣고 골
고루 섞으세요. 4 다른 볼에 실온에서 말랑해진 버터와
설탕을 넣고 핸드 믹서를 이용해 부드럽게 풀어요. 5 ④
에 달걀을 1개씩 넣으며 잘 풀고 당밀, 바닐라 익스트랙
을 넣어 섞으세요. 6 ⑤에 ③의 가루를 넣고 반죽이 한
데 뭉칠 때까지 반죽한 후 건포도, 호두를 넣고 고무 주
걱으로 잘 저어요.
3 패닝하고 굽기 7 계량 테이블 스푼으로 한 스푼씩 떠서
준비된 팬 위에 5cm 간격을 두어 올리세요. 8 예열된 오
븐에 넣고 노릇해질 때까지 14~16분 정도 구워요. 오븐
에서 꺼낸 쿠키는 식힘망에 옮겨 충분히 식히세요.
4 프로스팅 만들어 올리기 9 볼에 체 친 슈거 파우더, 휘
핑크림, 바닐라 익스트랙을 넣고 윤기가 날 때까지 고무
주걱으로 저으세요. 10 쿠키 위에 짤주머니나 스패출러
를 이용해 프로스팅을 올리고 실온에서 굳힙니다.

헤이즐넛 포피시드
아이스박스 쿠키
Hazelnut Poppy Seed
Icebox Cookies

옛날 느낌이 물씬 나는 이름의 레시피를 발견하면 뜻밖의 보물을 찾아낸 것처럼 마음이 설레는데, 아이스박스 쿠키 레시피를 발견했을 때에도 그런 기분이었어요. 아이스박스 쿠키나 파이의 레시피는 1920년에 처음으로 요리책에 소개되기 시작했고, 1940년대 이후로 많은 사람들에게 알려지기 시작했어요. 옛날 사람들은 음식을 차게 보관하기 위해 지금의 냉장고와는 조금 다른 형태의 아이스박스를 사용했는데 미리 쿠키 반죽을 만들어 아이스 박스에 보관했다가 칼로 썰어 오븐에 굽는 방식은 그 당시 굉장한 혁명이었다고 해요. 전통적인 아이스박스 쿠키는 쿠키 반죽이 원통 모양이었는데 시간이 지나면서 블록 모양, 삼각형 모양 등 다양한 모양과 재료로 응용되었어요. 여러 가지 레시피 중에서도 저의 마음을 사로잡은 것은 포피시드(양귀비 씨)가 경쾌하게 씹히고 헤이즐넛 향이 풍부한 이 아이스박스 쿠키랍니다. 아이스박스 쿠키는 기본 반죽에 여러 종류의 견과류나 말린 과일, 허브를 넣어 다양한 방식으로 만들 수 있어요. 개성이 묻어나는 나만의 아이스박스 쿠키를 만들어보세요.

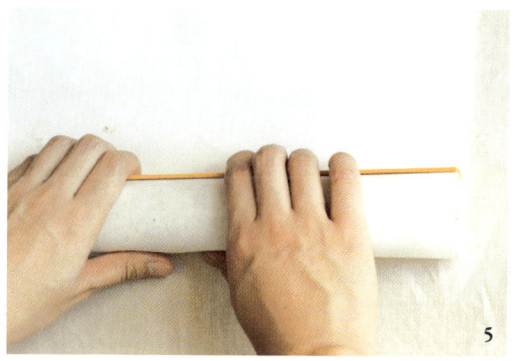

+ 쿠키 60개
+ 오븐시간 170℃ 16~18분

+ **필요한 도구**
베이킹 팬, 유산지, 볼, 체, 핸드 믹서, 고무 주걱, 나이프, 식힘망

+ **재료**
무염 버터 1컵, 백설탕 1컵+3Ts, 달걀 1개, 바닐라 익스트랙 1tㅌ, 생강 가루 1tㅌ, 중력분 2컵, 헤이즐넛 1 1/2컵, 포피시드(양귀비 씨) 1/2컵
코팅: 백설탕 1/4컵

+ *SWEET TIP*
• 냉장고에 보관했던 반죽을 자를 때는 날카로운 부엌칼을 준비해야 해요. 둔한 칼을 사용하면 딱딱한 견과류를 자르기가 쉽지 않아 반죽의 모양이 망가질 수 있어요.
• 반죽은 일주일 정도 냉장 보관이 가능하고, 3개월 정도 냉동 보관이 가능합니다. 장기간 냉동으로 보관할 때는 공기가 들어가지 않게 유산지나 비닐 랩, 지퍼 백으로 단단히 싸두세요.

+ **만드는 방법**
1 준비하기 1 헤이즐넛을 구워 껍질을 제거하고 잘게 자릅니다.
2 반죽하기 2 볼에 실온에서 말랑해진 버터와 설탕 1컵을 넣고 핸드 믹서를 이용해 부드럽게 푸세요. 3 ②에 달걀을 풀고 바닐라 익스트랙, 생강 가루를 넣어 잘 섞어요. 4 ③에 밀가루, 헤이즐넛, 포피시드를 넣고 반죽이 한데 뭉칠 때까지 고무 주걱으로 반죽해요.
3 휴지시키기 5 반죽을 절반으로 나누어 각각 원통 모양으로 굴린 뒤 유산지로 단단히 싸서 3시간 정도 냉동실에 넣어둡니다.
4 준비하고 자르기 6 오븐을 170℃로 예열하고 베이킹 팬에 유산지를 깔아 준비하세요. 냉장고에서 반죽을 꺼내 실온에 5분 정도 두세요. 7 작업대 위에 유산지를 깔고 그 위에 남은 설탕 3Ts을 골고루 뿌린 후 반죽을 굴리세요. 설탕이 반죽 위에 고루 묻을 수 있게 살짝 누르며 굴립니다. 8 날카로운 나이프로 반죽을 6mm 정도 두께로 일정하게 잘라요.
5 팬닝하고 굽기 9 준비된 팬 위에 반죽을 3cm 간격을 두고 올리세요. 10 예열된 오븐에 넣고 노릇해질 때까지 16~18분 정도 구워요. 오븐에서 꺼낸 쿠키는 식힘망에 옮겨 충분히 식힙니다.

cookie 피칸 로그 Pecan Logs

미국에는 70년 이상의 역사를 자랑하는 스터키스(Stuckey's)라는 브랜드가 있는데 이 브랜드에서 출시한 피칸 로그 롤은 남녀노소 누구나 한번쯤은 먹어봤을 정도로 오랜 전통을 이어온 스낵이에요. 스터키스의 창업자인 스터키(W. S. Stuckey)는 조지아 주에 있는 그의 과수원에서 피칸을 성공적으로 수확해 이를 길가에 내놓고 사람들에게 팔기 시작했대요. 맛 좋은 피칸은 입소문을 타며 유명해지기 시작했고, 스터키 가족은 홈메이드 피칸 사탕과 피칸 로그 롤을 팔며 사업을 확장해 1937년 정식으로 사업을 시작했답니다.

피칸 로그 쿠키는 피칸 로그 롤에서 아이디어를 얻어 만든 홈메이드 버전의 쿠키로 잡지에 소개되었던 레시피예요. 스터키의 피칸 로그 롤이 캐러멜과 피칸이 듬뿍 들어간 당분이 높은 스낵이라면, 피칸 로그 쿠키는 이름처럼 투박한 통나무 형태의 담백한 쿠키랍니다. 한 손에 들고 먹기 좋은 크기로 만들어 간식 거리로 준비해보세요.

+ 쿠키 42개
+ 오븐시간 180℃ 15~18분

+ 필요한 도구
베이킹 팬, 유산지, 볼, 핸드 믹서, 비닐 랩, 베이킹 붓, 식힘망

+ 재료
중력분 2 1/2컵, 베이킹 소다 1/4ts, 소금 1/4ts, 무염 버터 1컵, 백설탕 3/4컵, 달걀 1개, 바닐라 익스트랙 1ts
코팅: 달걀 1개, 피칸 1컵, 백설탕 2Ts

+ SWEET TIP
반죽의 모양을 만들 때에는 반죽을 나누어 각각 작은 크기로 만들 수도 있고, 반죽을 길게 밀어 자른 후 하나씩 끝부분을 정리할 수도 있어요.

+ 만드는 방법
1 준비하기 **1** 피칸을 구워 잘게 자르세요.
2 반죽하기 **2** 볼에 밀가루, 베이킹 소다, 소금을 넣고 골고루 섞어요. **3** 다른 볼에 실온에서 말랑해진 버터와 설탕을 넣고 핸드 믹서를 이용해 부드럽게 풀어줍니다. **4** ③에 달걀을 풀고 1~2분 정도 저어요. **5** ④에 바닐라 익스트랙을 넣고 저어요. **6** ⑤에 ②의 가루를 넣고 한데 뭉칠 때까지 반죽하세요.
3 모양 만들어 휴지시키기 **7** 반죽을 나누어 각각 지름 2cm, 너비 7cm 정도의 통나무 형태로 만든 후 비닐 랩을 덮어 1시간 정도 냉장고에 넣어두세요.
4 코팅해서 굽기 **8** 오븐을 180℃로 예열하고, 베이킹 팬에 유산지를 깔아둡니다. 반죽은 냉장고에서 꺼내 실온에 3분 정도 두세요. **9** 볼에 달걀을 풀고 베이킹 붓을 이용해 반죽의 윗부분에 바르세요. **10** ⑨에 피칸과 설탕을 골고루 뿌려요. 피칸이 반죽 위에 고정될 수 있게 살짝 눌러줍니다.
5 팬닝하고 굽기 **11** 준비한 팬 위에 반죽을 4cm 간격을 두고 올려요. **12** 예열된 오븐에 넣고 노릇해질 때까지 15~18분 정도 구워요. 오븐에서 꺼낸 쿠키는 식힘망에 옮겨 충분히 식힙니다.

cookie

초콜릿 크린클 Chocolate Crinkles

초콜릿 크린클은 갈라진 틈새로 보이는 초콜릿 반죽과 슈거 파우더를 뿌린 표면의 색깔 대비가 매력적인 쿠키예요. 쿠키가 오븐에서 구워지는 동안 갈라지며 틈새가 벌어져 쪼글쪼글해진다는 의미에서 크린클(Crinkle)이라는 이름이 붙여졌다고 해요. 다크 초콜릿의 깊은 맛과 곱게 뿌린 슈거 파우더의 달콤함이 잘 어우러진 쿠키로, 눈이 소복이 쌓인 것 같은 모습 때문에 크리스마스 파티 때 주로 등장하는 쿠키로 유명하답니다. 건조하게 보이는 쪼글쪼글한 모양과는 다르게 초콜릿 크린클 쿠키의 촉감은 깜짝 놀랄 정도로 부드러워요. 이게 바로 초콜릿 크린클의 반전이랍니다. 레시피에서 제시하는 베이킹 시간을 꼭 지키세요. 그렇지 않으면 쿠키의 부드러운 감촉이 사라지거든요.

+ 쿠키 30개
+ 오븐시간 180℃ 10~12분

+ 필요한 도구
베이킹 팬, 유산지, 볼, 냄비, 핸드 믹서, 비닐 랩, 체, 식힘망

+ 재료
잘게 자른 다크 초콜릿 1/2컵, 중력분 1컵, 베이킹 파우더 1ts, 소금 1/4ts, 카놀라 오일 1/4컵, 백설탕 1컵, 바닐라 익스트랙 1ts, 달걀 2개
코팅: 슈거 파우더 1/2컵

+ SWEET TIP
초콜릿 크린클은 오븐에서 꺼낸 후 따뜻한 상태에서 먹어야 촉촉한 맛을 그대로 느낄 수 있는 쿠키예요.

+ 만드는 방법
1 준비하기 **1** 초콜릿을 잘게 잘라 접시에 담고 약한 불에서 중탕으로 녹인 후 충분히 식히세요. **2** 볼에 밀가루, 베이킹 파우더, 소금을 넣고 골고루 섞으세요.
2 반죽하기 **3** 다른 볼에 ①에서 준비한 초콜릿과 카놀라 오일, 설탕, 바닐라 익스트랙을 넣고 핸드 믹서를 이용해 섞어요. **4** ③에 달걀을 1개씩 넣으며 풀어요. **5** ④에 ②의 가루를 넣고 한데 뭉쳐질 때까지 반죽합니다.
3 휴지시키기 **6** ⑤의 믹싱 볼을 비닐 랩으로 싸서 3시간 정도 냉장고에 넣어두어요.
4 모양 만들어 팬닝하기 **7** 오븐을 180℃로 예열하고 베이킹 팬에 유산지를 깔아두세요. **8** 냉장고에서 꺼낸 반죽을 실온에 5~10분 정도 두었다가 (계량 테이블 스푼으로 떠서) 지름 3cm 정도의 볼 모양으로 만들어요. **9** 코팅용 슈거 파우더를 납작한 접시 위에 체 친 후 반죽을 차례로 굴립니다. 이때 반죽이 안 보일 정도로 슈거 파우더를 골고루 묻히세요. 준비된 팬 위에 5cm 간격을 두고 조심스럽게 올리세요.
5 굽기 **10** 예열된 오븐에 넣고 10~12분 정도 구워요. 오븐에서 꺼낸 쿠키는 식힘망으로 옮겨 충분히 식힙니다.

cookie

클래식 레이스 쿠키
Classic Lace Cookies

레이스처럼 얇고 레이스 모양처럼 구멍이 나 있어 레이스 쿠키로 불린 이 쿠키는 1950년대에 유명했던 디저트예요. 당시 사람들은 저녁 만찬을 즐기고 난 후에 과일과 함께 가볍고 달콤한 레이스 쿠키를 곁들여 먹었다고 해요. 얇고 부서지기 쉬운 레이스 쿠키의 옛날 레시피는 주로 아몬드를 사용했지만, 그 후 사람들은 피칸, 초콜릿, 레몬, 오트밀 등의 재료를 넣어 다채로운 맛의 레이스 쿠키 레시피를 만들어냈어요.

레이스 쿠키는 반죽이 워낙 얇기 때문에 오븐의 온도와 시간에 굉장히 예민하게 반응해요. 조금만 차이가 있어도 금세 타버릴 수 있지요. 오븐의 상태를 정확히 체크해서 만족스러운 맛과 모양으로 구워보세요. 레이스 쿠키는 오븐에서 꺼낸 직후 재미있는 모양으로 응용할 수 있어요. 베이킹 팬에서 쿠키를 조심스럽게 꺼낸 뒤 가는 밀대를 이용해 말아보세요. 시간이 지나면 쿠키가 금세 굳기 때문에 오븐에서 꺼내기 전에 먼저 모양을 계획하고 바로 만들어야 한답니다.

+ 쿠키 36개
+ 오븐시간 180℃ 6~8분

+ 필요한 도구
베이킹 팬, 유산지, 볼, 냄비, 나무 주걱, 식힘망

+ 재료
무염 버터 2Ts, 황설탕 1/4컵, 백설탕 1/4컵, 물엿 1/4컵, 소금 1/8ts, 중력분 1/4컵, 아몬드 1/2컵

+ SWEET TIP
레이스 쿠키는 두께가 얇기 때문에 오븐 시간이 조금만 길어져도 금세 탈 수 있어요. 오븐 안을 잘 확인하면서 구우세요.

+ 만드는 방법
1 준비하기 1 아몬드를 구워 잘게 자르세요. 2 오븐을 180℃로 예열하고 베이킹 팬에 유산지를 깔아두세요.

2 반죽하기 3 냄비에 버터, 설탕, 물엿, 소금을 넣고 나무 주걱으로 저어가며 중간 불에서 끓여요. 4 거품이 생기기 시작할 때 불을 끄고 밀가루, 아몬드를 넣어 골고루 저으세요.

3 팬닝하고 굽기 5 계량 티 스푼으로 한 스푼씩 떠서 준비한 팬 위에 8~10cm 간격을 두고 올립니다. 6 예열된 오븐에 넣고 쿠키가 퍼지면서 노릇해질 때까지 6~8분 정도 굽습니다. 7 오븐에서 꺼낸 쿠키는 3분 정도 그대로 두었다가 식힘망으로 옮겨 충분히 식히세요.

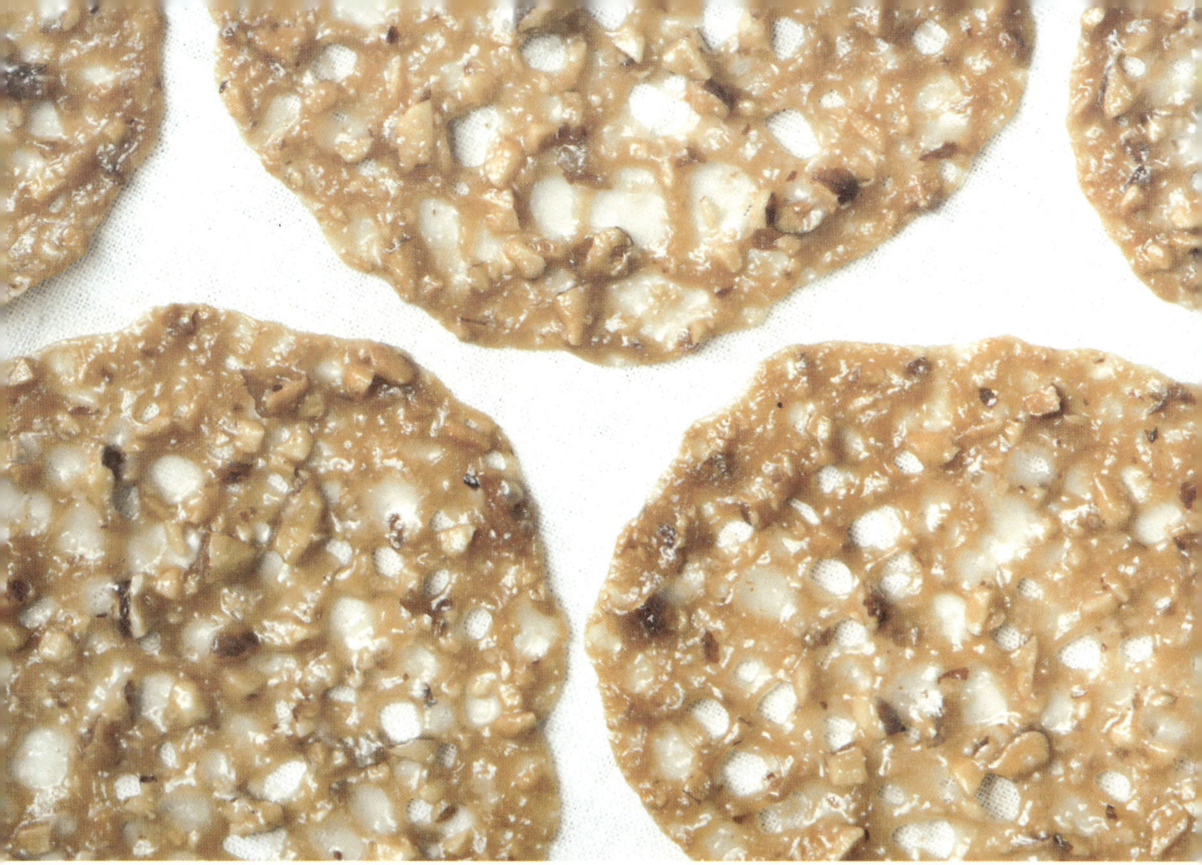

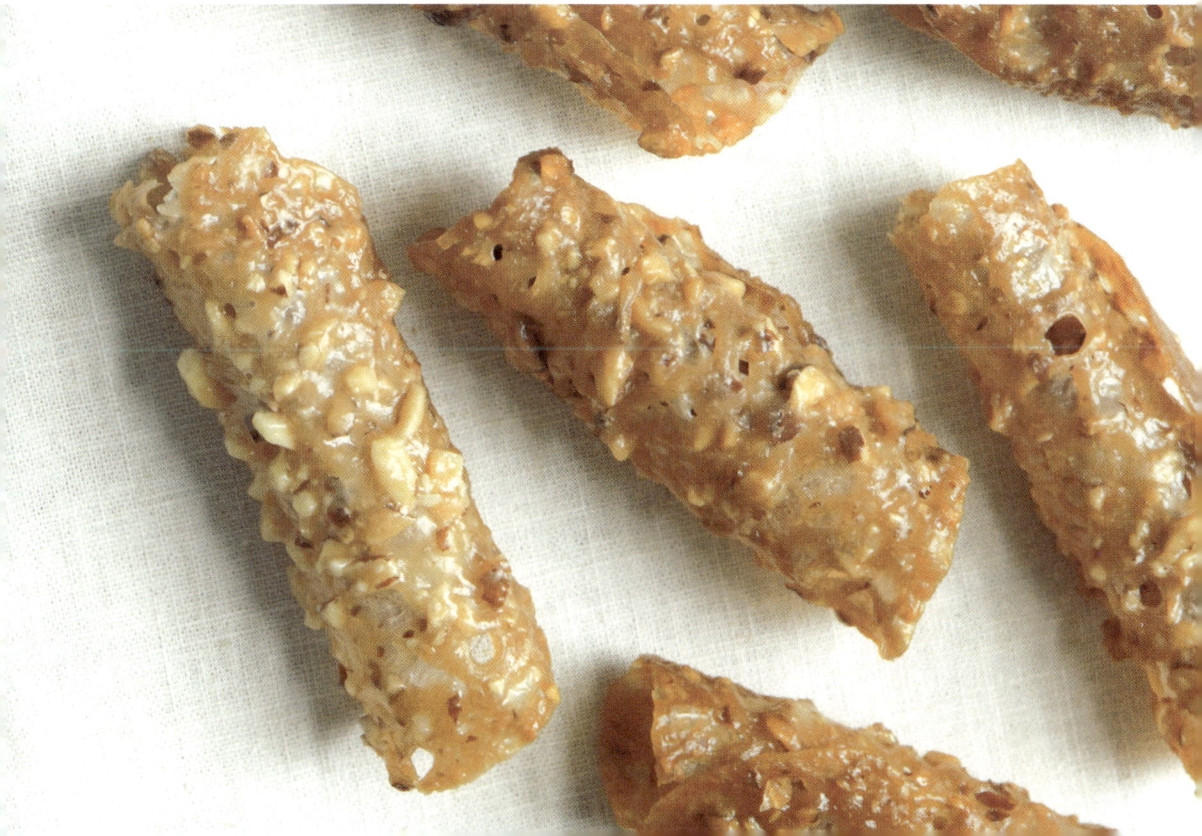

cookie

통밀 샌드위치 쿠키
Whole Wheat Sandwich Cookies

통밀가루를 넣어 반죽을 만드는 샌드위치 형식의 쿠키를 소개할게요. 그동안 책에서 많이 보아온 샌드위치 쿠키는 대부분 아이스크림을 쿠키 중간에 발라 만드는 쿠키였어요. 그래서 이 레시피를 발견한 순간 눈이 번쩍 떠졌답니다. 통밀가루가 들어간 쿠키는 질감이 독특하고 포피시드가 콕콕 박혀 있어서 씹을 때마다 톡톡 씹히는 즐거움이 있어요. 두께가 얇을수록 바삭한 질감이 잘 살아나는 통밀 샌드위치 쿠키는 기호에 따라 중간에 초콜릿을 바르지 않고 담백하게 먹을 수도 있어요. 달콤한 맛을 좋아하지 않는 친구에게 초콜릿을 바르지 않은 이 쿠키를 선물한 적이 있었어요. 이 친구, 작은 상자에 가득 채운 이 담백한 쿠키를 앉은 자리에서 커피와 함께 다먹었다고 너스레를 떨었답니다.

+ 샌드위치 쿠키 18개
+ 오븐시간 180℃ 9~11분

+ **필요한 도구**
베이킹 팬, 유산지, 볼, 핸드 믹서, 비닐 랩, 꽃 모양 쿠키 커터(지름 6~7cm), 식힘망, 냄비, 버터 나이프

+ **재료**
통밀가루 1 1/4컵, 중력분 1컵, 베이킹 파우더 1 1/2ts, 소금 1/4ts, 무염 버터 1/2컵, 황설탕 3/4컵, 달걀 2개, 바닐라 익스트랙 1/2ts, 포피시드(양귀비 씨) 1/3컵
필링: 잘게 자른 다크 초콜릿 1컵

+ *SWEET TIP*
패닝한 반죽 위에 백설탕을 살짝 뿌려서 구워도 좋답니다.

+ **만드는 방법**
1 반죽하기 1 볼에 통밀가루, 밀가루, 베이킹 파우더, 소금을 넣고 섞으세요. 2 다른 볼에 실온에서 말랑해진 버터와 설탕을 넣고 핸드 믹서를 이용해 부드럽게 풀어줍니다. 3 달걀을 풀어 ②에 넣고 섞은 후 바닐라 익스트랙을 넣으세요. 4 ③에 포피시드를 넣고 골고루 저어요. 5 ④에 ①의 가루를 세 번에 나누어 넣으며 골고루 섞으세요.
2 휴지시키기 6 반죽을 비닐 랩으로 싸서 1시간 정도 냉장고에 넣어두어요.
3 모양 만들어 패닝하기 7 오븐을 180℃로 예열하고 베이킹 팬에 유산지를 깔아두어요. 8 작업대에 밀가루를 뿌린 후 밀대를 이용해 반죽을 두께 5mm 정도로 민 다음 쿠키 커터를 이용해 자릅니다. 9 준비한 팬 위에 반죽을 5cm 간격을 두고 올리세요.
4 굽기 10 예열된 오븐에 넣고 노릇해질 때까지 9~11분 정도 구워요. 오븐에서 꺼낸 쿠키는 식힘망에 옮겨 충분히 식힙니다.
5 필링 만들어 바르기 11 초콜릿을 잘게 잘라 중탕으로 녹여요. 12 버터 나이프를 이용해 쿠키의 한 면에 초콜릿을 평평하게 바르고 다른 쿠키로 덮어 살짝 누르세요.

9

10

CALORIE JAR

COOKIE
JAR
10.00

⬤ *cookie* 멕시칸 웨딩 케이크 Mexican Wedding Cakes

17세기에는 '케이크'라는 단어가 달콤하게 구운 오늘날의 쿠키류를 의미하기도 했어요. 쇼트 브레드의 부드러움을 닮은 멕시칸 웨딩 케이크는 지역에 따라 러시안 티 케이크, 이탈리언 버터 너트, 비엔나 슈거 볼 등 여러 가지 이름으로 불려왔답니다. 러시아에서 티와 곁들여 먹었던 이 쿠키가 미국에 전해져 멕시칸 웨딩 케이크라는 이름으로 유명해지기 시작한 건 1950년대였어요. 멕시칸 웨딩 케이크는 입에서 살살 녹을 만큼 부드러운 반죽과 은은하게 배어 나오는 바닐라 향이 쿠키의 맛을 좌우해요. 그런 이유로 전문 베이커들은 전통 멕시칸 웨딩 케이크의 맛을 극대화하기 위해 고품질 버터와 100퍼센트 순수한 바닐라 익스트랙을 사용하길 권장했다고 해요.

그 모습이 수줍은 순백의 신부를 닮은 멕시칸 웨딩 케이크는 전통적으로 결혼식 리셉션 때 손님들에게 대접하거나 예쁜 봉투에 담아 감사 인사로 선물했다고 해요. 뽀얀 색깔의 부드러운 쿠키 위에 슈거 파우더가 소복이 뿌려진 이 쿠키는 결혼식 외에도 좋은 일을 축하하는 어느 자리에나 잘 어울릴 만한 쿠키랍니다.

+ 쿠키 60개
+오븐시간 170℃ 12~15분

+ 필요한 도구
베이킹 팬, 유산지, 볼, 체, 믹서, 핸드 믹서, 고무 주
걱, 식힘망

+ 재료
중력분 2컵, 소금 1/4ts, 슈거 파우더 1/3컵+1/3컵, 호
두 1컵, 무염 버터 1컵, 바닐라 익스트랙 1ts
토핑: 슈거 파우더 1컵

+ SWEET TIP
호두를 믹서로 갈거나 아주 잘게 자르세요. 다른 쿠키에
비해 반죽이 곱고 부드럽기 때문에 호두의 입자가 크면
반죽과 잘 어우러지지 않는답니다.

+ 만드는 방법
/ 준비하기 1 호두를 구워 충분히 식힌 다음 믹서를 이
용해 갈아두세요. 이때 고운 가루보다는 씹힐 수 있도록
입자가 보일 정도의 가루로 갈아둡니다. 2 볼에 슈거 파
우더 1/3컵을 체 쳐 넣은 후 ①의 호두를 넣고 골고루 섞
어두세요. 3 오븐을 170℃로 예열하고 베이킹 팬에 유산
지를 깔아 준비하세요.
2 반죽하기 4 볼에 밀가루를 체 쳐 넣은 후 소금을 넣어
섞습니다. 5 다른 볼에 실온에서 말랑해진 버터와 체 친
슈거 파우더 1/3컵을 넣고 핸드 믹서를 이용해 부드럽게
풀어요. 6 ⑤에 바닐라 익스트랙을 넣고 저으세요. 7 ⑥
에 ②의 호두 가루를 넣고 고무 주걱을 이용해 섞으세요.
8 ⑦에 ④의 가루를 넣고 골고루 섞으세요.
3 모양 만들어 팬닝하기 9 ⑧의 반죽을 지름 3cm 정도
의 볼 모양으로 만든 후 베이킹 팬 위에 5cm 간격을 두
고 올리세요.
4 굽기 10 예열된 오븐에 넣고 노릇해질 때까지 12~15
분 정도 구워요. 오븐에서 꺼낸 쿠키는 그대로 3분 정
도 식히세요.
5 토핑 뿌리기 11 작업대에 유산지를 깔거나 오목한 접시
에 슈거 파우더 2/3컵을 체 친 후 쿠키를 굴립니다. 남은
슈거 파우더를 체에 내려 쿠키 위에 골고루 뿌리세요.

10

cookie

피넛 블러섬 Peanut Blossoms

달콤한 맛을 좋아하는 미국인들이 열광하는 두 가지, 피넛 버터와 허쉬(Hershey's)의 '키세스' 초콜릿이 만나 피넛 블러섬 쿠키가 되었어요. 이 레시피가 언제 처음 공개되었는지는 명확하지 않지만, 피넛 버터와 키세스 초콜릿은 1900년대 초기부터 미국인과 함께했으니 그 역사가 꽤 오래되었다고 짐작되고 있어요. 우리에게도 너무나 익숙한, 한 개씩 개별 포장된 키세스 초콜릿은 1907년에 처음 세상에 나왔어요. 이제는 보통명사처럼 돼버린 키세스라는 재미있는 이름이 붙게 된 이유에 대해서 정확한 자료가 남아 있지는 않지만, 초콜릿이 기계에서 만들어지는 과정에서 생긴 소리나 움직임에서 아이디어를 얻어 만든 이름일 것이라고 짐작되고 있답니다. 키세스 초콜릿이 피넛 버터 쿠키 위에서 활짝 핀 피넛 블러섬은 온 가족이 모이는 크리스마스 파티 같은 때에 빠지지 않고 등장하는 디저트 쿠키예요. 깜찍한 모양의 이 쿠키를 그대로 접시에 올려놓기만 해도 근사해 보일 거예요.

+ 쿠키 48개
+ 오븐시간 190℃ 8~10분

+ **필요한 도구**
베이킹 팬, 유산지, 볼, 핸드 믹서, 비닐 랩, 식힘망

+ **재료**
중력분 1 1/2컵, 베이킹 소다 1ts, 소금 1/2ts, 무염 버터 1/2컵, 피넛 버터 3/4컵, 황설탕 1/3컵, 백설탕 1/3컵, 달걀 1개, 바닐라 익스트랙 1ts, 우유 2Ts, 키세스 초콜릿 48개
코팅: 백설탕 1/3컵

+ **SWEET TIP**
키세스 초콜릿이 여러 가지 종류가 있는 건 아시죠? 취향에 따라 초콜릿을 선택하세요.

+ **만드는 방법**
/ **반죽하기 1** 볼에 밀가루, 베이킹 소다, 소금을 넣고 골고루 섞으세요. **2** 다른 볼에 실온에서 말랑해진 버터를 넣고 핸드 믹서를 이용해 부드럽게 푼 후 피넛 버터, 설탕을 넣고 2~3분 정도 반죽합니다. **3** ②에 달걀을 풀고 바닐라 익스트랙, 우유를 넣어 잘 섞으세요. **4** ③에 ①의 가루를 넣고 한데 뭉칠 때까지 반죽하세요.

2 휴지시키기 5 ④의 믹싱 볼을 비닐 랩으로 싸서 1시간 정도 냉장고에 넣어두세요.

3 모양 만들어 팬닝하기 6 오븐을 190℃로 예열하고 베이킹 팬에 유산지를 깔아 준비하세요. **7** 냉장고에서 꺼낸 반죽을 실온에 3분 정도 두었다가 지름 3cm 정도의 볼 모양으로 만들어요. **8** 코팅용으로 준비한 설탕에 반죽을 차례로 굴린 다음 준비한 팬 위에 5cm 간격을 두고 올리세요.

4 굽기 9 예열된 오븐에 넣고 노릇해질 때까지 8~10분 정도 굽습니다. **10** 오븐에서 바로 꺼낸 쿠키 위에 키세스 초콜릿을 올려 살짝 누르세요. 쿠키 윗부분의 모양이 약간 찌그러질 정도로 눌러야 초콜릿이 곧게 고정돼요. 식힘망으로 옮겨 충분히 식힙니다.

cookie

페퍼 진저스냅 Peppered Gingersnaps

수세기 동안 생강은 요리를 할 때 향을 돋우는 가장 유명한 향신료로 사랑을 받아왔지요. 생강을 이용한 쿠키는 이미 1700년대 후반부터 요리책에 소개되기 시작했고, 중독성이 강한 맛 덕분에 금세 전 세계적으로 유명해지기 시작했다고 해요. 진저스냅은 진저 비스킷이라고 불리기도 하며, 쿠키 반죽을 차게 해서 굽기 때문에 표면에 갈라짐이 많은 바삭바삭한 쿠키예요. 생강 향이 나는 이 바삭거리는 쿠키를 한 입 물었을 때 툭 하고 부러지는 소리가 나서 진저스냅이라는 이름으로 불리게 되었다고 전해진답니다.

생강과 후추가 쿠키 전체에 깊은 향을 느끼게 해주면서도 약간 쌉쓸한 맛을 내기도 해요. 그래서 두 번째 도전할 때는 오렌지 껍질을 갈아 1 테이블스푼 넣어보았는데 그 맛이 저에게는 더 인상 깊게 느껴졌어요. 오렌지 향과 생강 향은 꽤 잘 어울리거든요. 기본 진저스냅 레시피에 기호에 따라 다양한 방법으로 응용해보세요.

+ 쿠키 32개
+ 오븐시간 190℃ 12~14분

+ **필요한 도구**
베이킹 팬, 유산지, 볼, 체, 핸드 믹서, 고무 주걱, 비닐 랩, 식힘망

+ **재료**
중력분 1 3/4컵, 베이킹 소다 2ts, 후춧가루 1/4ts, 생강가루 1Ts, 시나몬 파우더 1ts, 소금 1/4ts, 무염 버터 1/2컵, 백설탕 1/2컵, 흑설탕 1/2컵, 당밀 1/4컵, 달걀 1개, 달걀흰자 1개 분량
코팅: 백설탕 1/4컵

+ *SWEET TIP*
후춧가루는 통후추를 바로 갈아서 사용해야 향기가 더 깊고 맛이 신선하답니다.

+ **만드는 방법**
1 **반죽하기** 1 볼에 밀가루, 베이킹 소다, 후춧가루, 생강가루, 시나몬 파우더를 체 쳐 넣은 후 소금을 넣어 골고루 섞어요. 2 다른 볼에 실온에서 말랑해진 버터를 넣고 핸드 믹서를 이용해 부드럽게 풀고 설탕, 당밀을 넣어 2~3분 정도 잘 섞습니다. 3 ②에 달걀과 달걀흰자를 넣고 풀어요. 4 ③에 ①의 가루를 넣고 한데 뭉칠 때까지 고무 주걱으로 잘 저으세요.
2 **휴지시키기** 5 ④의 반죽을 비닐 랩으로 싸서 1~2시간 정도 냉장고에 넣어둡니다.
3 **모양 만들어 팬닝하기** 6 오븐을 190℃로 예열하고 베이킹 팬에 유산지를 깔아두세요. 7 냉장고에서 꺼낸 반죽을 실온에 3분 정도 두었다가 지름 2~2.5cm 정도의 볼 모양으로 만들어요. 반죽이 끈적일 경우에는 손에 밀가루를 살짝 묻히고 모양을 만듭니다. 8 코팅용으로 준비한 설탕에 반죽을 차례로 굴린 다음 준비된 팬 위에 5cm 간격을 두고 올립니다.
4 **굽기** 9 예열된 오븐에 반죽을 넣고 윗부분이 갈라지며 노릇해질 때까지 12~14분 정도 구워요. 오븐에서 꺼낸 쿠키는 식힘망에 옮겨 충분히 식힙니다.

cookie

카우보이 쿠키
Cowboy Cookies

카우보이에 대한 미국인들의 무한한 애정을 엿볼 수 있는 카우보이 쿠키를 소개할게요. 카우보이 쿠키의 초기 레시피는 1700년대에 캘리포니아 지역에서 알려지기 시작했는데 당시 쿠키에 들어가는 재료는 단지 세 가지였기 때문에 언제 어디서나 간단하게 만들 수 있는 쿠키였다고 해요.

카우보이 역할을 주로 맡은 영화배우 로이 로저스 (Roy Rogers)는 그의 체인 레스토랑을 오픈하고 카우보이 쿠키를 팔기 시작했어요. 그의 유명세에 따라 카우보이 쿠키 또한 빠른 속도로 대중에게 알려지기 시작했답니다.

카우보이 쿠키의 가장 유명한 레시피는 조지 부시 대통령이 텍사스 주지사였을 당시 잡지에 "주지사 맨션 카우보이 쿠키"라는 제목으로 소개된 로라 부시 여사의 카우보이 레시피예요. 오트밀이 들어가는 쿠키는 보통 쫄깃한 것과 단단한 것 두 가지가 있는데 이 쿠키는 겉은 단단하면서 안은 쫄깃해 두 가지 맛을 모두 즐길 수 있답니다. 옛날 사람들이 만들었던 것처럼 손바닥만 한 크기의 큰 쿠키를 만들거나 작은 크기로 많은 양을 쿠키를 구워보세요.

+ 큰 쿠키 36개
+ 오븐시간 180℃ 17~19분

+ **필요한 도구**
베이킹 팬, 유산지, 볼, 핸드 믹서, 고무 주걱, 식힘망

+ **재료**
중력분 3컵, 베이킹 파우더 1Ts, 베이킹 소다 1Ts, 시나몬 파우더 1Ts, 소금 1ts, 무염 버터 1 1/2컵, 백설탕 1 1/2컵, 황설탕 1 1/2컵, 달걀 3개, 바닐라 익스트랙 1Ts, 초콜릿 칩 3컵, 오트밀 3컵, 코코넛 슬라이스 2컵, 피칸 2컵

+ **SWEET TIP**
카우보이 쿠키는 주로 크게 만들었다고 해요. 카우보이처럼 투박한 모양의 손바닥만 한 카우보이 쿠키를 만들어보세요.

+ **만드는 방법**

1 준비하기 1 피칸을 구워 잘게 자릅니다. **2** 오븐을 180℃로 예열하고 베이킹 팬에 유산지를 깔아두세요.

2 반죽하기 3 볼에 밀가루, 베이킹 파우더, 베이킹 소다, 시나몬 파우더, 소금을 넣고 골고루 섞으세요. **4** 다른 볼에 실온에서 말랑해진 버터를 넣고 핸드 믹서를 이용해 부드럽게 푼 후 설탕을 넣고 2분 정도 섞으세요. **5** 달걀을 1개씩 넣으면서 풀고, 바닐라 익스트랙을 넣어 섞으세요. **6** ⑤에 ③의 가루를 넣고 한데 뭉칠 때까지 반죽합니다. **7** 초콜릿 칩, 오트밀, 코코넛, 피칸을 넣고 고무 주걱으로 잘 저으세요.

3 팬닝하고 굽기 8 계량 스푼을 이용해 1/4컵씩 떠서 준비한 팬 위에 8cm 간격을 두고 올리세요. **9** 예열된 오븐에 넣고 노릇해질 때까지 17~19분 정도 굽습니다. 오븐에서 꺼낸 쿠키는 식힘망에 옮겨 충분히 식히세요.

cookie

피그 뉴턴 Fig Newtons

무화과 필링을 넣은 부드러운 질감의 피그 뉴턴은 맛있고 건강에 좋은 스낵으로 알려져 왔어요. 피그 뉴턴은 1891년 필라델피아에 살던 제임스 헨리 미첼(James Henry Mitchell)이 처음 만들었다고 해요. 그는 피그 뉴턴을 만드는 기계를 발명해 제과 회사에 제안을 했고, 그 후 제과 회사에서 피그 뉴턴을 대량생산할 수 있게 되었지요. 미국의 어느 슈퍼마켓에 가도 살 수 있는 작은 케이크같이 부드러운 이 스낵은 미국에서 가장 많이 팔리는 스낵 중의 하나랍니다. 슈퍼마켓에서 파는 피그 뉴턴에 비해 모양은 투박하지만 좋은 재료로 건강하게 만들 수 있는 홈메이드 피그 뉴턴의 레시피를 소개할게요. 간식이 생각나는 출출한 오후에 뱃속을 든든하게 해줄 피그 뉴턴을 만들어보세요. 무화과 필링이 가득 든 홈메이드 피그 뉴턴 하나면 저녁 식사 때까지 거뜬하게 버틸 수 있을 거예요.

+ 피그 뉴턴 24개
+ 오븐시간 180℃ 12~15분

+ **필요한 도구**
베이킹 팬, 유산지, 레몬 제스터, 냄비, 블렌더, 볼, 핸드 믹서, 비닐 랩, 밀대, 파이용 나이프, 나이프, 식힘망

+ **재료**
무염 버터 1/2컵, 백설탕 1/2컵, 오렌지 제스트 1/2ts, 달걀흰자 1개 분량, 바닐라 익스트랙 1/2ts, 중력분 1 1/2컵
필링: 건무화과 1컵, 물 1 1/2컵, 사과 주스 1컵, 백설탕 1/4컵, 오렌지 제스트 1/8ts

+ *SWEET TIP*
• 반죽 위에 필링을 올리고 모양을 만든 후 반죽이 물렁해졌다면 냉동실에 10분 정도 넣었다가 자르세요. 반죽이 단단한 상태에서 잘라야 모양이 망가지지 않아요.
• 남은 필링은 잼처럼 식빵에 발라 먹어도 맛있어요.

+ **만드는 방법**
/ 준비하기 **1** 건무화과를 잘게 자르세요. **2** 레몬 제스터를 이용해 오렌지 껍질을 갈아 준비합니다.
2 필링 만들기 **3** 냄비에 건무화과, 물, 사과 주스, 설탕을 넣고 중간 불에서 끓이세요. 거품이 생기며 끓기 시

작하면 약한 불로 줄이고 건 무화과가 부드러워질 때까지 1시간 30분 정도 끓입니다. **4** ③에 ②의 오렌지 제스트를 넣고 블렌더를 이용해 간 후 충분히 식힙니다.
3 반죽하기 **5** 볼에 실온에서 말랑해진 버터와 설탕, 오렌지 제스트를 넣고 핸드 믹서를 이용해 2~3분 정도 부드럽게 풀어요. **6** ⑤에 달걀흰자, 바닐라 익스트랙을 넣고 섞어요. **7** 밀가루를 넣고 한데 뭉칠 때까지 반죽하세요.
4 휴지시키기 **8** 반죽을 비닐 랩으로 싸서 3~4시간 정도 냉장고에 넣어두어요.
5 모양 만들고 필링 올리기 **9** 오븐을 180℃로 예열하고 베이킹 팬에 유산지를 깔아둡니다. **10** 작업대에 밀가루를 뿌린 후 밀대를 이용해 반죽을 40×30cm 정도로 밀어요. 파이용 나이프를 이용해 4등분으로 나누어 반죽 1개의 크기를 10×30cm 정도로 만듭니다. **11** ④에서 만든 필링을 각각의 반죽 위에 바르세요. 이때 반죽의 중간 부분에만 필링을 바릅니다. **12** 반죽 양쪽의 긴 면을 반으로 접어 반대쪽 면과 만나게 한 후 끝부분을 눌러 붙여요. (반죽이 잘 붙지 않는다면 물이나 달걀물을 살짝 발라 붙이세요.) **13** 날카로운 나이프를 이용해 각 반죽을 6등분으로 자릅니다.
6 팬닝하고 굽기 **14** 준비한 팬 위에 반죽을 올린 후 예열된 오븐에 넣고 노릇해질 때까지 12~15분 정도 구워요. **15** 오븐에서 꺼낸 피그 뉴턴은 식힘망에 옮겨 충분히 식힙니다.

cookie

우피 파이 Whoopie Pies

마카롱과 비슷한 모양의 우피 파이는 초콜릿 반죽의 중간에 마시멜로가 들어간 샌드위치 파이예요. 우피 파이의 레시피는 펜실베이니아에 살던 아미쉬(Amish) 사람들에 의해 전해져 왔어요. 아미쉬는 그들의 조상으로부터 내려온 그들만의 레시피로 요리를 했기 때문에 모든 요리들이 그들의 삶과 같이 매우 소박하고 예스럽답니다. 본래 우피 파이는 중간에 들어간 필링이 마시멜로가 아닌 쇼트닝을 부풀려 만든 것이었고, 크기도 햄버거만큼 커서 작은 케이크에 가까운 형태였어요. 아미쉬의 전설에 따르면 주부들은 전날 초콜릿 케이크를 만들고 남은 반죽을 버리기 아까워 쿠키 같은 형태로 작은 초콜릿 파이를 만들어 아이들의 점심 도시락에 넣어줬다고 해요. 점심 시간에 도시락을 열어 이 달콤한 파이를 발견한 아이들이 "우피(Whoopie)!"라고 외쳤다고 해서 우피 파이라는 이름이 붙었답니다.

+ 작은 크기의 우피 파이 18개
+ 오븐시간 190℃ 6분+2분

+ 필요한 도구
베이킹 팬, 유산지, 볼, 체, 냄비, 거품기, 고무 주걱, 식힘망

+ 재료
중력분 1컵, 코코아 파우더 1/4컵, 베이킹 파우더 1/2 ts, 소금 3/4ts, 다크 초콜릿 1/2컵, 밀크 초콜릿 1/2 컵, 무염 버터 1/2컵, 달걀 3개, 백설탕 1컵, 바닐라 익스트랙 1ts, 마시멜로 18개

+ SWEET TIP
원통 모양의 마시멜로를 파이 위에 올릴 때 손으로 살짝 눌러 고정시킨 후 오븐에 넣으세요.

+ 만드는 방법
1 준비하기 1 오븐을 190℃로 예열하고 베이킹 팬에 유산지를 깔아둡니다.
2 반죽하기 2 볼에 밀가루, 코코아 파우더, 베이킹 파우더를 체 쳐 넣은 후 소금을 넣고 섞어요. 3 다크 초콜릿, 밀크 초콜릿을 잘게 잘라 볼에 담은 후 버터를 넣고 중탕으로 녹여 식힙니다. 4 ③에 달걀을 풀어 넣고 설탕, 바닐라 익스트랙을 넣어 섞어요. 5 ④에 ②의 가루를 넣고 고무 주걱을 이용해 한데 뭉칠 때까지 반죽하세요.
3 팬닝하고 굽기 6 계량 테이블 스푼으로 하나씩 떠서 준비한 팬 위에 5cm 간격으로 올리세요. 총 36개의 반죽을 올립니다. 7 ⑥을 예열된 오븐에 넣고 6분 정도 구워요. 8 오븐에서 꺼낸 파이 중 18개를 식힘망에 옮깁니다. 9 팬에 남아 있는 18개 파이는 거꾸로 뒤집은

후 각각 마시멜로를 직각으로 올리세요. 다시 오븐에 넣고 마시멜로가 살짝 녹기 시작할 때까지 2분 정도 굽습니다. 10 ⑨를 오븐에서 꺼낸 후 그 위에 식힘망에서 식힌 18개 파이를 올려 살짝 누르세요. 식힘망에 옮겨 충분히 식힙니다.

Sexton
Quality

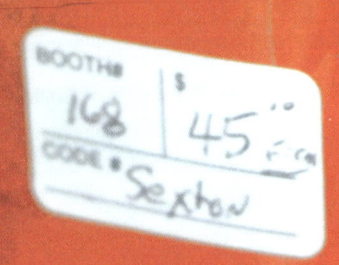

NET WEIGHT 5 LBS.

RAINBOW
Petite
Marshmallows

Ingredients: Sugar, Corn Syrup, Gelatine, fresh
Egg Whites, and Artificial Flavor.
U. S. Certified Color added.

DISTRIBUTED BY

JOHN SEXTON & CO.

스니커두들 Snickerdoodles

스니커두들 쿠키의 맛을 처음 본 건 다 함께 모여 풋볼 게임을 보기 위해 친구네 집에 갔을 때였어요. 각자 음식이나 디저트를 준비해오기로 했는데, 디저트 담당으로 초콜릿 컵케이크를 구워간 저와 대적할 만한 강력한 맛을 지닌 쿠키를 발견했으니…. 그게 바로 스니커두들 쿠키였답니다. 보통 쿠키와 다를 바 없는 기본적인 형태에 쫄깃하면서도 부드러운 촉감의 그 쿠키 맛은 제 생애 최고의 쿠키라고 할 수 있을 만큼 인상적이었어요.

스니커두들 쿠키는 영국, 독일에서 미국으로 건너온 이민자들에 의해 뉴잉글랜드 지역에 처음 전해지기 시작했다고 해요. 그 당시 미국 요리책에는 쿠키를 소개하는 섹션이 따로 존재하지 않았기 때문에 요리책 뒷부분에 케이크 레시피를 소개하며 구석에 몇 가지 쿠키 레시피가 실리곤 했어요. 스니커두들 쿠키는 1900년대 요리책에 공식적으로 소개되면서 유명해지기 시작했지만, 그전부터 레시피가 존재했을 거라고 짐작되고 있답니다. 안타깝게도 이 쿠키에 어떻게 이런 엉뚱한 이름이 붙여졌는지에 대해 정확한 자료가 남아 있지 않아요. 다만 당시 뉴잉글랜드 지역의 요리사들은 자신들이 좋아하는 요리에 발음이 재미있고 기발한 이름을 붙이기를 즐겼는데 스니커두들 또한 그렇게 이름 지어졌을 거라고 짐작될 뿐이랍니다.

+ 큰 쿠키 36개
+ 오븐시간 200℃ 10분

+ **필요한 도구**
베이킹 팬, 유산지, 볼, 체, 핸드 믹서, 비닐 랩, 식힘망

+ **재료**
중력분 2 3/4컵, 주석산 2ts, 베이킹 소다 1ts, 소금 1/4ts,
무염 버터 1컵, 백설탕 1 1/2컵, 달걀 2개
토핑: 백설탕 1/4컵, 시나몬 파우더 2Ts

+ **SWEET TIP**
오븐에서 굽는 시간이 길어지면 쿠키 전체가 바삭해지니
주의하세요. 쿠키의 겉부분은 바삭하고 안은 부드럽게
씹히는 맛이 스니커두들 쿠키의 가장 큰 특징이니까요.

+ **만드는 방법**
1 반죽하기 **1** 볼에 밀가루, 주석산, 베이킹 소다를 체
쳐 넣은 후 소금을 넣고 골고루 섞어요. **2** 다른 볼에 실
온에서 말랑해진 버터와 설탕을 넣고 핸드 믹서를 이
용해 2분 정도 부드럽게 풀어줍니다. **3** ②에 달걀을 1
개씩 풀어요. **4** ③에 ①의 가루를 넣고 한데 뭉칠 때까
지 반죽하세요.
2 휴지시키기 **5** ④의 믹싱 볼을 비닐 랩으로 싸서 1시간
정도 냉장고에 넣어둡니다.
3 코팅 만들기 **6** 접시에 설탕과 시나몬 파우더를 골고
루 섞어 준비해요.
4 모양 만들어 팬닝하기 **7** 오븐을 200℃로 예열하고 베
이킹 팬에 유산지를 깔아누세요. **8** 계량 테이블 스푼으
로 떠서 반죽을 지름 3~3.5cm 정도의 볼 모양으로 만
들어요. **9** 코팅용으로 준비한 설탕에 차례로 굴린 후
준비된 팬 위에 5cm 간격을 두고 올리세요.

5 굽기 **10** 예열된 오븐에 넣고 쿠키의 중간 부분이 갈라
지기 시작할 때까지 10분 정도 굽습니다. 오븐에서 꺼
낸 쿠키는 5분 정도 팬 위에 두었다가 식힘망에 옮겨 충
분히 식히세요.

cookie

블랙 & 화이트 쿠키 Black & White Cookies

뉴욕에 놀러 갔을 때 남편 친구들에게 저녁 식사 초대를 받았어요. 그날 식사 후의 디저트가 블랙 & 화이트 쿠키였는데 뉴욕에 온 것을 환영한다는 의미에서 친구가 준비한 디저트였답니다. 절반으로 나뉜 모양이 재미있기도 했지만 케이크처럼 부드러운 촉감의 쿠키가 그 후로도 종종 떠올랐어요. '맨해튼 윌리엄 그린버그 베이커리(Manhattan's William Greenberg Bakery)'에서 매일 아침 직접 구워 만들기 시작한 블랙 & 화이트 쿠키는 두 가지 맛으로 나뉜 재미있는 맛과 모양에 금세 유명해졌답니다. 부드러운 쇼트 브레드 같은 쿠키 위에 흑백의 프로스팅이 절반으로 나뉜 모던한 모양이 마치 뉴요커처럼 시크해요. 또한 바닐라와 초콜릿 두 가지 맛을 동시에 즐길 수 있어 먹는 재미가 있어요. 뉴욕 정통 쿠키로 불릴 만큼 뉴욕을 상징하는 쿠키로 많은 뉴요커들의 어릴 적 추억 속에는 이 쿠키를 맛본 기억이 깊이 자리 잡고 있답니다.

+ 큰 쿠키 24개
+ 오븐시간 190℃ 15~18분

+ **필요한 도구**
베이킹 팬, 유산지, 볼, 레몬 스퀴저, 핸드 믹서, 식힘망, 나무 주걱, 냄비, 스패출러

+ **재료**
박력분 2 1/2컵, 중력분 2 1/2컵, 베이킹 파우더 1/2ts, 소금 1/2ts, 무염 버터 1컵, 백설탕 1 3/4컵, 달걀 4개, 우유 1 1/2컵, 바닐라 익스트랙 1/2ts, 레몬즙 1/4ts
아이싱: 슈거 파우더 4컵, 뜨거운 물 1/3컵, 다크 초콜릿 3Ts, 물엿 1ts

+ **SWEET TIP**
아이싱을 바를 때에는 색이 연한 화이트 아이싱을 먼저 바르고 진한 블랙 아이싱을 발라야 실수의 위험이 적답니다.

+ **만드는 방법**
1 준비하기 **1** 오븐을 190℃로 예열하고 베이킹 팬에 유산지를 깔아둡니다. **2** 레몬 스퀴저를 이용해 레몬즙을 내요.
2 반죽하기 **3** 볼에 밀가루, 베이킹 파우더, 소금을 넣고 섞어요. **4** 다른 볼에 실온에서 말랑해진 버터와 설탕을 넣고 핸드 믹서를 이용해 부드럽게 풀어요. **5** ④에 달걀을 풀고 우유, 바닐라 익스트랙, 레몬즙을 넣어 잘 섞습니다. **6** ⑤에 ③의 가루를 나누어 넣으며 한데 뭉칠 때까지 반죽하세요.
3 팬닝하고 굽기 **7** ⑥의 반죽을 계량 테이블 스푼으로 가득 떠서 팬 위에 5cm 간격으로 올리세요. **8** 예열된 오븐에 넣고 노릇해질 때까지 15~18분 정도 구워요. 오븐에서 꺼낸 쿠키는 식힘망에 옮겨 충분히 식힙니다.
4 아이싱 만들기 **9** 볼에 슈거 파우더를 담고 뜨겁게 끓인 물을 천천히 부어요. 나무 주걱을 이용해 잘 저습니다. **10** ⑨의 절반을 다른 볼에 담고 잘게 자른 초콜릿, 물엿을 넣은 후 중탕으로 녹이며 잘 저으세요.
5 모양 만들기 **11** 스패출러를 이용해 쿠키의 반쪽에는 ⑨의 화이트 아이싱을 바르고 남은 반쪽에는 ⑩의 블랙 아이싱을 바릅니다.

베네 웨이퍼 Benne Wafers

베네(Benne)는 아프리카어로 참깨를 의미해요. 노예 무역이 성행했던 17세기에 동아프리카에서 미국으로 전해진 베네는 특히 미국 남부 지방으로 퍼져 폭넓게 재배되기 시작했어요. 베네 웨이퍼는 사우스 캐롤라이나 주의 전통 디저트로 알려지기 시작했고, 그 지역의 한 베이커리에서 100년 넘게 전해 내려온 자신들의 레시피가 현존하는 정통 레시피라고 주장하고 있답니다. 그게 바로 사우스 캐롤라이나 주의 '올드 콜로니 베이커리(Olde Colony Bakery)'에서 1940년부터 만들어 팔기 시작한 베네 웨이퍼의 레시피예요. 정통 레시피를 경험해보고 싶은 마음에 도전해보았는데 두 번의 시도가 모두 실패로 이어졌어요. 모양도 제멋대로 나왔고 적당하게 구워진 상태를 조절하기가 쉽지 않았거든요. 그 후 다른 레시피를 찾아 다시 만들어본 후에 저에게 맞는 이 레시피를 제 레시피 박스에 넣었답니다. 얇아서 섬세하게 다뤄야 하지만 바삭하게 씹히는 참깨 맛이 매력적인 베네 웨이퍼를 만들어보세요.

+ 웨이퍼 40개
+ 오븐시간 150℃ 10~12분

+ 필요한 도구
베이킹 팬, 유산지, 볼, 핸드 믹서, 고무 주걱, 식힘망

+ 재료
중력분 3/4컵, 베이킹 파우더 1/4ts, 소금 1/4ts, 무염 버터 3/4컵, 황설탕 1 1/2컵, 달걀 1개, 참깨 3/4컵

+ SWEET TIP
참깨를 구울 때는 150℃로 예열된 오븐에 넣고 4분 정도 구워요.

+ 만드는 방법
/ 준비하기 1 참깨를 구워 식힙니다. 2 오븐을 150℃로 예열하고 베이킹 팬에 유산지를 깔아두세요.
2 반죽하기 3 볼에 밀가루, 베이킹 파우더, 소금을 넣고 골고루 섞어요. 4 다른 볼에 실온에서 말랑해진 버터와 설탕을 넣고 핸드 믹서를 이용해 부드럽게 풀어요. 5 ④에 달걀을 풀고 골고루 젓습니다. 6 ⑤에 ③의 가루를 넣고 한데 뭉칠 때까지 반죽하세요. 7 ⑥에 참깨를 넣고 고무 주걱을 이용해 잘 저으세요.
3 팬닝하고 굽기 8 계량 티 스푼으로 하나씩 떠서 준비한 팬 위에 6cm 간격을 두고 올립니다. 9 예열된 오븐에 넣고 노릇해질 때까지 10~12분 정도 구워요. 오븐에서 꺼낸 쿠키는 그대로 5분 정도 두었다가 식힘망에 옮겨 충분히 식히세요.

Best of Class
$1,000
Winner

$1,000 Chocolate   Peek-a-Boos

by Mrs. Frank M.   *Ramsey, Philadelphia, Pe*

Here is Mrs. R
gredients for he
of the Bake-off.

Mrs. Ramsey first made these
to tempt the appetite of her
really tiny cream puffs with
chocolate inside. They look
you'll find them very simple

BAKE at 375° F. for 15 to 2

Sift together . . . . . . 1 cup sif
¼ teaspoo
¼ cup su

Measure . . . . 1 cup mi
½ cup bu

Add . . . . dry ing
stantly
compac

Blend in . . . . 4 **eggs**, o
tion un

Add . . . . 1½ teaspoo

Drop . . . . dough b
baking

Open . . . . 1 package
on each

Bake . . . . in mode
with co

*If you use Pillsbury's Best Enrie

68

...ther the in-
...s on the day

...kies
... are
... sweet
...-but

★

...KES about 4½ dozen cookies.

...est Enriched Flour*

... Add
... boiling point.

...nce, to hot liquid, stirring con-
...ure leaves sides of pan in smooth
...igorously. Remove from heat.

...ting vigorously after each addi-
...ooth again.

...vell.

...ls, 2 inches apart, on ungreased

...eet chocolate bits. Place 2 bits
...er bits with a teaspoon of dough.

...F.) 15 to 20 minutes. Sprinkle
...r, if desired. Cool.

...lour, omit salt.

69

cookie

초콜릿 피카부
Chocolate Peek-a-Boos

밀가루 회사로 유명한 필스버리(Pillsbury)에서는 주기적으로 베이킹 콘테스트를 열고 상을 탄 레시피를 모아 작은 책자를 발행했어요. 앤틱 샵에서 찾은 1952년 발행된 이 보물 같은 책자 속에는 지금 봐도 감탄할 만한 레시피와 다양한 메뉴들이 가득하답니다. 이 책의 쿠키 섹션에 실려 있던 초콜릿 피카부는 미세스 램지(Mrs. Ramsey)라는 아줌마가 발명한 레시피였어요. 아줌마는 딸의 입맛을 북돋아주기 위해 이 깜찍한 쿠키를 굽기 시작했다고 해요.
미국식 '까꿍놀이'인 피카부라는 이름이 붙은 초콜릿 피카부는 모양과 맛이 안이 비어 있는 우리의 '홈런볼'과 비슷해요. 오븐 안에서 구워지는 동안 초콜릿 칩이 반죽 사이로 터져 나와 그 모양이 재미있답니다. 레시피에서 제시하는 아래 반죽과 위 반죽의 양을 잘 맞추세요. 레시피를 응용해보려고 다른 비율로 반죽의 양을 맞췄더니 황당한 모양의 피카부가 구워졌거든요.

+ 쿠키 48개
+ 오븐시간 190℃ 15~20분

+ 필요한 도구
베이킹 팬, 유산지, 볼, 체, 냄비, 거품기, 식힘망

+ 재료
체 친 중력분 1컵, 소금 1/4ts, 백설탕 1/4컵, 우유 1컵, 무염 버터 1/2컵, 달걀 4개, 바닐라 익스트랙 1 1/2ts, 초콜릿 칩 1컵

+ SWEET TIP
기호에 따라 오븐에서 꺼낸 쿠키 위에 슈거 파우더를 뿌립니다.

+ 만드는 방법
1 준비하기 1 오븐을 190℃로 예열하고 베이킹 팬에 유산지를 깔아요.
2 반죽하기 2 볼에 체 친 밀가루, 소금, 설탕을 넣어 섞어요. 3 냄비에 우유, 버터를 넣고 중간 불에서 녹이세요. 4 ③에 ②를 넣고 거품기를 이용해 힘차게 저어요. 반죽이 한 덩어리가 될 때까지 계속 저은 후 불을 끄세요. 5 ④에 달걀을 1개씩 넣으며 풀어줍니다. 6 ⑤에 바닐라 익스트랙을 넣고 골고루 섞어요.
3 팬닝하고 굽기 7 계량 티 스푼의 절반 정도로 반죽을 떠서 팬 위에 5cm 간격을 두고 올리세요. 8 그 위에 초콜릿 칩을 2~3개씩 올립니다. 9 ⑧ 위에 계량 티 스푼으로 반죽을 하나씩 떠서 올립니다. 10 예열된 오븐에 넣고 노릇해질 때까지 15~20분 정도 구워요. 오븐에서 꺼낸 쿠키는 식힘망에 옮겨 충분히 식히세요.

cookie

조 프로거 쿠키 Joe Frogger Cookies

조 프로거 쿠키는 다양한 향신료를 넣어 손바닥만 하게 만든 쿠키예요. 향신료와 당밀의 향이 꽤 강하게 느껴지기 때문에 기호에 따라 호불호가 명확하게 나뉘는 쿠키랍니다.

이 쿠키는 약 200년 전 영국의 지배를 받았던 식민지 시대에 매사추세츠 주에 있는 한 해변 마을에서 처음 알려지기 시작했어요. 수련잎 위에 개구리가 앉아 있듯이 이 큰 크기의 쿠키 위에도 개구리가 충분히 앉을 수 있겠다는 의미와 함께 쿠키를 처음 만든 사람인 '조(Joe)'의 이름을 따서 조 프로거라고 불리기 시작했다는 재미있는 일화가 전해지고 있어요. 당시의 다른 쿠키에 비해 보관할 수 있는 기간이 길어서 어부들이 고기를 잡으러 장기간 바다에 나갈 때에 조 프로거 쿠키를 쿠키 단지에 가득 담아 준비해 갔다고 해요.

+ 큰 쿠키 26개
+ 오븐시간 190℃ 10~12분

+ **필요한 도구**
베이킹 팬, 유산지, 볼, 핸드 믹서, 나무 주걱, 비닐 랩, 밀대, 둥근 쿠키 커터(지름 7~8cm), 식힘망

+ **재료**
중력분 3 1/2컵, 소금 1 1/2ts, 베이킹 소다 1ts, 생강 가루 1 1/2ts, 클로브 파우더 1/2ts, 넛맥 파우더 1/2ts, 올스파이스 파우더 1/4ts, 다크 럼 2Ts, 뜨거운 물 1/3컵, 무염 버터 1/2컵, 당밀 1컵, 황설탕 1컵

+ *SWEET TIP*
• 조 프로거 쿠키의 반죽은 다른 쿠키 반죽에 비해 끈적거리고 단단한 편이에요.
• 오븐에서 구웠을 때 쿠키의 모양이 잡히지 않고 많이 퍼지는 이유는 반죽이 충분히 차가워지지 않았기 때문이에요. 냉장고에 최소한 2시간 이상 넣어두세요.

+ **만드는 방법**
1 반죽하기 **1** 볼에 밀가루, 소금, 베이킹 소다, 생강 가루, 클로브 파우더, 넛맥 파우더, 올스파이스 파우더를 넣고 골고루 저어요. **2** 계량컵에 다크 럼과 뜨거운 물을 넣고 섞어두세요. **3** 다른 볼에 실온에서 말랑해진 버터, 당밀, 설탕을 넣고 핸드 믹서를 이용해 풀어줍니다. **4** ③에 ①의 가루와 ②를 번갈아 넣으며 나무 주걱을 이용해 골고루 반죽하세요. 반죽이 지나치게 건조할 경우 뜨거운 물을 1~2Ts 더 넣으며 반죽하세요.
2 휴지시키기 **5** 반죽을 비닐 랩으로 싸서 2시간 정도 냉장고에 넣어둡니다.
3 모양 만들어 팬닝하기 **6** 냉장고에서 꺼낸 반죽을 실온에 3분 정도 두세요. **7** 오븐을 190℃로 예열하고 베이킹 팬에 유산지를 깔아둡니다. **8** 작업대에 밀가루를 뿌리고 밀대를 이용해 반죽을 두께 6mm 정도로 밀어요. **9** 둥근 쿠키 커터나 모서리가 뾰족한 유리잔 입구를 이용해 반죽을 자르세요. 준비된 팬 위에 5cm 간격을 두고 올립니다.
4 굽기 **10** 예열된 오븐에 넣고 가장자리가 노릇해질 때까지 10~12분 정도 구워요. 오븐에서 꺼낸 쿠키는 그대로 5분 정도 두었다가 식힘망에 옮겨 충분히 식히세요.

1

4

9

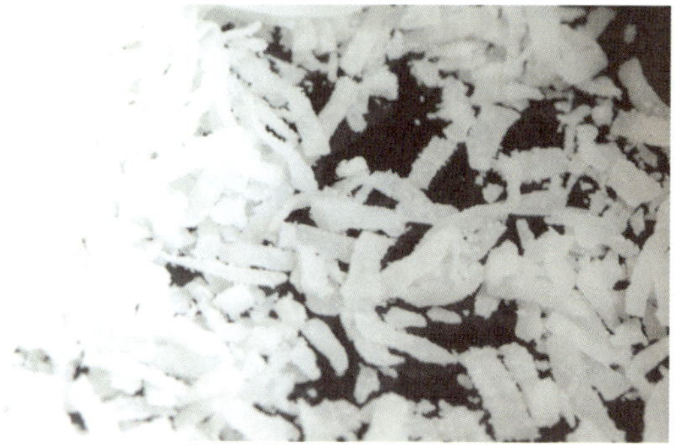
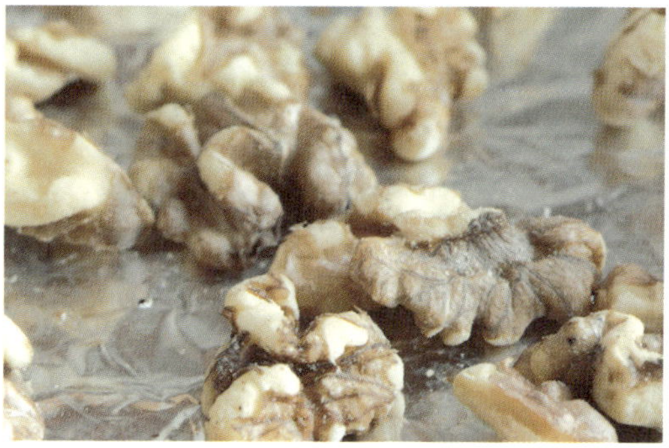

cookie

코코넛 점블 Coconut Jumbles

점블은 17세기 유럽에서 널리 알려진 쿠키랍니다. 그 당시의 점블은 반죽의 밀도가 높고 겉이 단단해서 오랜 기간 상하지 않고 보관할 수 있었기 때문에 긴 여행을 떠나는 여행자들은 항상 비스킷처럼 부드러운 점블 쿠키를 준비했다고 해요. 유럽에서 유명했던 이 쿠키는 여행자들에 의해 미국에 전해지기 시작했고, 1800년대 초부터는 미국 요리책에 레시피가 소개되기 시작했어요. 버터를 녹여 만든 프로스팅을 부드러운 쿠키 위에 올려 그 맛이 더욱 풍부하답니다.

귀여운 이름이 눈에 띄어 처음 만들어본 코코넛 점블은 속이 꽉 찬 반죽에 호두와 코코넛이 경쾌하게 씹히는 맛있는 쿠키였어요. 본래의 레시피에 따라 쿠키를 오븐에서 꺼낸 직후 프로스팅을 발랐더니 모양이 예쁘게 나오질 않아서 식힘망에서 충분히 식힌 후에 다시 올려보았답니다. 그 결과 사진과 같은 모양이 되었는데, 이 모양이 점블과 더 잘 어울린다는 생각이 들었어요. 주의할 점은 식히고 난 쿠키 위에 프로스팅을 바를 때에는 프로스팅이 굳기 전에 신속하게 발라야 한다는 거예요. 만들어서 바로 바르는 프로스팅은 윤기가 있지만 시간이 지나면 금세 건조해질 수 있거든요.

+ 쿠키 48개
+ 오븐시간 190℃ 10~12분

+ 필요한 도구

베이킹 팬, 유산지, 볼, 체, 핸드 믹서, 고무 주걱, 식힘망, 냄비, 스패출러

+ 재료

중력분 1 1/4컵, 베이킹 소다 1/4ts, 소금 1/4ts, 무염버터 1/2컵, 백설탕 1/2컵, 흑설탕 1/2컵, 달걀 1개, 바닐라 익스트랙 1ts, 코코넛 슬라이스 1컵, 호두 1/2컵, 사워 크림 1/2컵

프로스팅: 버터 3Ts, 체 친 슈거 파우더 1 1/2컵, 우유 2Ts, 바닐라 익스트랙 1/2ts

+ SWEET TIP

점블 쿠키는 오븐에서 구울 동안 많이 노릇해지지 않아요. 레시피에서 제시한 시간을 따라주세요.

+ 만드는 방법

1 준비하기 **1** 호두를 구워 잘게 자르세요. **2** 오븐을 190℃로 예열하고 베이킹 팬에 유산지를 깔아둡니다.

2 반죽하기 **3** 볼에 밀가루, 베이킹 소다, 소금을 넣고 섞어요. **4** 다른 볼에 실온에서 말랑해진 버터와 설탕을 넣고 핸드 믹서를 이용해 부드럽게 풀어요. **5** ④에 달걀을 풀고 바닐라 익스트랙을 넣어 골고루 섞어요. **6** ⑤에 ③의 가루를 넣고 한데 뭉칠 때까지 반죽한 후 코코넛, 호두, 사워 크림을 넣고 고무 주걱으로 잘 젓습니다.

3 팬닝하고 굽기 **7** 계량 테이블 스푼으로 하나씩 떠서 준비한 팬 위에 5cm 간격을 두고 올리세요. **8** 예열된 오븐에 넣고 10~12분 정도 구워요. 오븐에서 꺼낸 쿠키는 식힘망에 옮겨 충분히 식히세요.

4 프로스팅 만들어 올리기 **9** 냄비에 버터를 넣고 약한 불에서 녹이며 살짝 갈색으로 변할 때까지 3~4분 정도 끓입니다. **10** 불을 끄고 체 친 슈거 파우더를 넣어 섞은 후 우유와 바닐라 익스트랙을 넣고 윤기가 날 때까지 고무 주걱으로 저어요. **11** 스패출러로 쿠키 위에 ⑩의 프로스팅을 올리고 실온에서 굳힙니다.

02

muffin 머핀
brownie 브라우니
scone 스콘
biscuit 비스킷

19세기에 베이킹 파우더가 발명되고 난 후 사람들은 베이킹 파우더를 넣어 빵을 만들기 시작했어요. 이스트를 넣어 발효시킬 필요가 없고 손으로 반죽하지 않아도 되는 머핀이나 스콘, 비스킷은 베이킹 파우더를 넣어서 금세 만들 수 있는 빵이라는 의미에서 퀵 브레드(quick bread)로 불렸답니다. 퀵 브레드는 만드는 과정이 간단하기 때문에 평상시 아침에 바로 구워 아침 식사로 먹기에도 좋아요.

브라우니는 질감이 마치 초콜릿과 같거나, 쫄깃하게 씹히거나, 초콜릿 케이크처럼 부드러운 종류가 있어요. 그래서 같은 이름의 브라우니라도 재료의 비율이나 만드는 방법에 따라 맛이 천차만별이랍니다.

퀵 브레드나 브라우니를 만들 때 몇 가지 기억해야 할 것은 다음과 같아요.

- 머핀을 만들 때에는 버터와 마찬가지로 달걀, 우유, 크림 등의 재료를 미리 실온에 꺼내두세요.
- 머핀이나 비스킷, 스콘 반죽 시 마른 가루를 넣을 때는 핸드 믹서를 사용하지 말고 고무 주걱을 이용해 조심스럽고 빠르게 섞어 밀가루가 보이지 않을 정도로 반죽하세요. 반죽 시간이 길어지면 글루텐이 형성되기 때문에 반죽이 거칠어진답니다.
- 비스킷이나 스콘을 밀대로 밀 때는 작업대에 밀가루를 최소한으로 뿌리세요. 작업대 위의 밀가루 양이 반죽에 많이 더해지면 반죽이 건조하고 단단해질 수 있어요.
- 부드럽고 가벼운 스콘을 만들기 위해서는 버터가 찬 온도를 유지할 수 있게 냉장고에서 바로 꺼내 사용하세요.
- 비스킷이나 스콘을 반죽할 때 커터로 자르고 남은 반죽은 버리지 말고 우유를 살짝 묻혀 다시 밀고 커터로 자르세요.
- 브라우니를 깨끗하게 자르기 위해서는 날카로운 나이프에 기름칠을 해서 자르거나 플라스틱 나이프를 사용하세요.

brownie

블론디 Blondies

금발머리 색깔을 의미하는 재미있는 이름이 붙은 블론디는 버터스카치 향이 가득한 브라우니예요. 어렸을 적에 많이 먹었던 금색, 은색, 동색의 반짝이는 껍질로 쌓여 있던 버터스카치 캔디와 비슷한 향이 난답니다. 20세기 초부터 요리책이나 잡지, 신문에 등장하기 시작한 블론디는 브라우니와 맛이 다른데도 초콜릿이 들어가지 않은 '블론디 브라우니'로 언급되어왔어요. 19세기 중반에 유명했던 버터스카치 캔디의 재료인 황설탕과 당밀이 초기 블론디의 주된 재료였다고 해요. 블론디를 만들 때는 초콜릿 칩 같은 모양의 버터스카치 칩을 사용해야만 본래의 블론디 색깔을 낼 수 있어요. 케이크와 브라우니의 중간쯤 질감이 느껴지는 블론디는 출출할 때 간식으로 먹기 좋답니다.

+ 블론디 16개
+ 오븐시간 180℃ 20~25분

+ **필요한 도구**
정사각형 케이크 팬(20×20cm), 볼, 핸드 믹서, 고무 주걱, 스크래퍼, 플라스틱 나이프

+ **재료**
중력분 1컵, 베이킹 파우더 1/2ts, 베이킹 소다 1/8ts, 소금 1/8ts, 무염 버터 1/2컵, 흑설탕 1컵, 달걀 1개, 바닐라 익스트랙 1ts, 버터스카치 칩 1/2컵

+ *SWEET TIP*
플라스틱 나이프를 사용하면 블론디를 깨끗하게 자를 수 있답니다.

+ **만드는 방법**
1 준비하기 1 오븐을 180℃로 예열하세요. 케이크 팬에 버터로 기름칠을 하고 그 위에 밀가루를 살짝 뿌려둡니다. 2 볼에 밀가루, 베이킹 파우더, 베이킹 소다, 소금을 넣고 섞어요.
2 반죽하기 3 다른 볼에 실온에서 말랑해진 버터와 설탕을 넣고 핸드 믹서를 이용해 1~2분 정도 부드럽게 풀어요. 4 ③에 달걀을 푼 후 바닐라 익스트랙을 넣어 고무 주걱을 이용해 저으세요. 5 ④에 ②의 가루를 넣고 가루가 보이지 않을 때까지 골고루 섞어요. 6 ⑤에 버터스카치 칩을 넣고 젓습니다.
3 팬닝하고 굽기 7 준비해놓은 케이크 팬에 ⑥의 반죽을 천천히 붓고 윗면을 스크래퍼로 평평하게 정리합니다. 8 예열된 오븐에 넣고 20~25분 정도 구워요. 9 오븐에서 꺼낸 블론디는 팬에 넣은 채로 충분히 식힌 후 플라스틱 나이프를 이용해 16등분하세요.

11

 *muffin*

메이플 시럽 팬케이크 머핀
Maple Syrup Pancake Muffins

달콤한 메이플 시럽을 올린 팬케이크의 머핀 버전이라고 할 수 있는 재치 있는 머핀 레시피를 소개할게요. 팬케이크의 반죽을 묘하게 응용한 이 머핀은 메이플 글레이즈를 올려 메이플 시럽을 뿌린 팬케이크의 맛을 떠올리게 해요. 옛날 레시피는 아니지만 인터넷에서 우연히 발견한 이후 팬케이크 대신 자주 굽게 되어 제 레시피 박스의 한 부분에 자리 잡게 되었답니다. 주말 브런치로 팬케이크 대신 깜찍한 모양의 메이플 시럽 팬케이크 머핀을 구워보세요.

+ 머핀 12개
+ 오븐시간 190℃ 18~20분

+ **필요한 도구**
12구 머핀 팬, 머핀 컵 12개, 볼, 레몬 스퀴저, 냄비, 나무 주걱, 식힘망

+ **재료**
중력분 1 1/2컵, 백설탕 3/4컵, 베이킹 파우더 1 1/2ts, 소금 3/4ts, 무염 버터 1/2컵, 달걀 1개, 달걀노른자 1개, 우유 1/3컵, 메이플 시럽 1Ts, 바닐라 익스트랙 1ts
글레이즈: 메이플 시럽 3/4컵, 레몬즙 1Ts

+ *SWEET TIP*
• 글레이즈를 만들 때 레몬즙 대신 애플 주스를 넣어도 맛있어요.
• 글레이즈는 금방 끈끈해지므로 만들고 난 후 바로 사용하세요.

+ **만드는 방법**
1 준비하기 1 오븐을 190℃로 예열하고 머핀 팬에 머핀 컵을 깔아둡니다. 2 레몬 스퀴저를 이용해 글레이즈에 넣을 레몬즙을 짜두세요.
2 반죽하기 3 볼에 밀가루, 설탕, 베이킹 파우더, 소금을 넣고 섞어요. 4 냄비에 버터를 넣고 중간 불에서 녹이며 살짝 갈색으로 변하기 시작할 때 불을 끕니다. 5 다른 볼에 달걀, 달걀노른자를 풀고 우유, 메이플 시럽, 바닐라 익스트랙을 넣어 골고루 섞으세요. 6 ⑤에 ④의 버터를 넣고 저어요. 7 ⑥에 ③의 가루를 넣고 나무 주걱을 이용해 골고루 섞으세요.
3 팬닝하고 굽기 8 ⑦의 반죽을 준비해놓은 머핀 팬에 하나하나 채웁니다. 9 예열된 오븐에 넣고 노릇해질 때까지 18~20분 정도 구워요. 오븐에서 꺼낸 머핀을 팬에 넣은 채로 5~10분 정도 식히세요.
4 글레이즈 만들고 바르기 10 작은 냄비에 메이플 시럽, 레몬즙을 넣고 나무 주걱으로 저어가며 약한 불에서 10분 정도 끓이세요. 11 머핀 컵을 손으로 집어 ⑩에서 만든 글레이즈에 머핀의 윗부분만 담갔다가 꺼내요. 나머지 머핀도 같은 과정을 반복한 뒤 식힘망에서 굳힙니다.

scone

스트로베리 스콘 Strawberry Scones

어느 곳에 놀러 가도 그 동네의 앤틱 샵에는 꼭 들러보는 습관이 있습니다. 그렇게 앤틱 샵을 둘러보다 우연히 만난 스트로베리 스콘 레시피를 소개할게요. 초가을 팬실베이니아에 있는 작은 앤틱 샵에서 한 시간이 넘게 이 것저것 꼼꼼히 둘러보며 시간을 보내고 있었어요. 한국이나 미국이나 작은 동네 사람들의 인심은 좋아서 주인 할머니께서 천천히 구경하라며 딸기가 콕콕 박혀 있는 스콘 한 조각과 우유 한 잔을 내주셨어요. 그동안 먹었던 스콘은 대부분 조금 퍽퍽한 느낌이 있는데 이 스콘은 반죽이 굉장히 부드러워서 한 입 베어먹는 순간 놀랄 정도 였어요. 여든이 넘은 주인 할머니께서는 오랜 시간 블루베리나 크랜베리 등 다른 여러 가지 종류의 과일을 넣은 과일 스콘을 만들어 가족들에게 구워주셨다고 해요.

부드럽고 특별한 맛을 간직한 스트로베리 스콘에 반해 그 자리에서 할머니께 부탁해서 받은 레시피에는 부드 러운 맛을 내는 비밀이 숨어 있었어요. 휘핑크림이 들어간 스트로베리 스콘 레시피로 촉촉하고 풍부한 맛의 스 콘을 구워보세요.

+ 스콘 8개
+ 오븐시간 200℃ 20분

+ **필요한 도구**
베이킹 팬, 유산지, 볼, 패스트리 블렌더, 고무 주걱, 밀
대, 나이프, 식힘망

+ **재료**
딸기 1컵, 백설탕 1Ts+3Ts, 중력분 2컵, 베이킹 파우더
2ts, 소금 1/4ts, 무염 버터 1/3컵, 휘핑크림 2/3컵

+ *SWEET TIP*
• 손으로 반죽할 때 너무 오래 치대면 글루텐이 과도하
게 형성되기 때문에 스콘을 구웠을 때 표면이 거칠어져
요. 재료가 골고루 섞일 만큼만 적당히 반죽하세요.
• 스트로베리 스콘은 따뜻하게 먹는 것이 가장 맛있어
요. 오븐에서 갓 구운 스트로베리 스콘에 바닐라 아이스
크림을 올려 먹으면 더욱 촉촉하답니다.
• 기호에 따라 반죽 위에 설탕을 뿌려서 구워도 좋아요.

+ **만드는 방법**
1 준비하기 **1** 오븐을 200℃로 예열하고 베이킹 팬에 유
산지를 깔아둡니다. **2** 딸기를 잘게 잘라 볼에 담고 설탕
1Ts을 뿌려 10분 정도 두세요.
2 반죽하기 **3** 다른 볼에 밀가루, 베이킹 파우더, 설탕 3Ts,
소금을 넣고 섞으세요. **4** ③에 차가운 버터를 잘게 잘
라 넣은 후 패스트리 블렌더로 잘라가며 부슬부슬한 소
보로 상태가 될 때까지 섞습니다. **5** ④에 준비해놓은 딸
기와 휘핑크림을 넣고 고무 주걱을 이용해 골고루 섞어
요. **6** 작업대에 밀가루를 뿌린 후 ⑤의 반죽이 한 덩어
리가 되도록 손으로 살살 뭉칩니다. 이때 딸기가 부서지
지 않게 주의하세요.
3 모양 만들고 팬닝하기 **7** 밀대로 반죽을 두께 2.5cm 정
도의 원 모양으로 밀어요. **8** 나이프를 이용해 반죽을 V
자(웨지) 모양으로 8등분하세요. **9** 8개의 반죽을 준비
된 팬 위에 3cm 간격을 두고 올립니다.
3 굽기 **10** 예열된 오븐에 넣고 노릇해질 때까지 20분 정
도 구워요. 오븐에서 꺼낸 스콘은 식힘망으로 옮겨 5~10
분 정도 식힙니다.

워타임 피넛 브라우니
Wartime Peanut Brownies

brownie

지금은 땅콩과 초콜릿을 함께 넣어 만드는 디저트가 흔하지만 100년 전만 해도 그건 상상할 수 없는 일이었다고 해요. 혼란이 거듭되던 제2차 세계대전 당시 물가가 오르고 음식이 부족해지자 미국 정부에서는 국민 모두가 음식을 먹을 수 있도록 식품 배급을 시작했어요. 정부에서는 국민을 상대로 다양한 캠페인을 진행했는데 국민들의 영양 증진을 위해 단백질과 비타민 B가 많이 함유되어 있는 땅콩을 적극 권장했던 것도 캠페인 중의 하나였답니다. 당시 사람들은 수프나 스튜에서부터 빵, 파이 크러스트에 이르기까지 모든 음식에 땅콩을 넣어 만들었어요. 그런 이유로 1940년대에 널리 알려진 요리나 디저트에는 유독 땅콩을 넣어 만든 음식들이 많답니다. 얇은 초콜릿 막이 덮인 브라우니 안에 고소한 땅콩이 콕콕 박혀 있는 워타임 피넛 브라우니로 입 안에 생기를 불어넣어보세요.

+ 브라우니 16개
+ 오븐시간 180℃ 25~28분+2~3분

+ **필요한 도구**
정사각형 케이크 팬(20×20cm), 쿠킹호일, 볼, 냄비, 나무 주걱, 거품기, 스크래퍼, 식힘망, 나이프

+ **재료**
초콜릿 칩 1컵+1컵, 무염 버터 1/4컵, 백설탕 3/4컵, 달걀 2개, 중력분 1컵, 소금 1/4ts, 바닐라 익스트랙 1ts, 땅콩 2/3컵+1/3컵

+ *SWEET TIP*
• 피넛 브라우니에 들어가는 땅콩의 양은 1컵이지만 브라우니 반죽에 넣거나 토핑에 나누어 넣는 비율은 기호에 따라 조절할 수 있어요.
• 초콜릿 칩과 버터를 녹일 때는 볼에 담고 전자레인지를 돌려 녹일 수도 있어요.

+ **만드는 방법**
1 준비하기 1 땅콩을 구워 잘게 자르세요. 2 오븐을 180℃로 예열해요. 케이크 팬의 가장자리에 걸칠 수 있게 쿠킹호일을 깔고 버터로 기름칠을 한 뒤 그 위에 밀가루를 살짝 뿌려둡니다.
2 반죽하기 3 볼에 초콜릿 칩 1컵과 버터를 담고 나무 주걱으로 저어가며 중탕으로 녹이세요. 4 ③에 설탕을 넣고 섞은 후 달걀을 1개씩 풀어 넣어요. 5 ④에 밀가루, 소금을 넣고 골고루 섞습니다. 6 ⑤에 바닐라 익스트랙을 넣고 땅콩을 2/3컵 넣어 저으세요.
3 패닝하고 굽기 7 준비해놓은 케이크 팬에 반죽을 천천히 붓고 윗면을 스크래퍼로 평평하게 정리합니다. 8 예열된 오븐에 넣고 25~28분 정도 구워요. 9 오븐에서 팬을 꺼낸 후 남은 초콜릿 칩 1컵을 골고루 뿌립니다. 다시 오븐에 넣고 2~3분 정도 초콜릿 칩을 녹이세요. 10 오븐에서 꺼낸 브라우니 위에 남은 땅콩 1/3컵을 골고루 뿌립니다. 11 브라우니는 팬에 넣은 채로 식힘망으로 옮겨 충분히 식힌 후 냉장고에 1시간 정도 넣으세요. 12 날카로운 나이프를 이용해 16등분하세요.

9

10

7

biscuit

 엔젤 비스킷 Angel Biscuits

엔젤 비스킷은 우리가 흔히 알고 있는 비스킷과 다른 방식으로 만들고 오븐에서 꺼냈을 때의 모양도 일반적인 비스킷과는 차이가 있어요. 엔젤 비스킷은 베이킹 파우더, 베이킹 소다에 이스트를 넣어 부풀려 만들기 때문에 맛과 질감이 가벼운 롤과 비슷하답니다. 엔젤 푸드 케이크처럼 '천사의 음식'이라고 불리는 엔젤 비스킷은 가볍고 부드러운 맛 때문에 '신부의 비스킷'이라고 불리기도 해요. 미국에서는 일반적으로 스콘을 먹을 때 중간을 잘라 달콤한 잼이나 크림을 곁들여 먹는 데에 비해 비스킷은 주로 비스킷 그대로 메인 음식에 곁들여 먹는답니다. 식사와 함께 먹기에 좋은 부드러운 엔젤 비스킷은 웬만한 디너 롤 못지않을 거예요.

+ 비스킷 30개
+ 오븐시간 230℃ 8~10분

+ **필요한 도구**
베이킹 팬, 유산지, 볼, 패스트리 블렌더, 고무 주걱, 밀대, 비스킷 커터(지름 7~8cm), 비닐 백, 식힘망

+ **재료**
우유 2컵, 식초 1 1/2Ts, 인스턴트 드라이 이스트 2 1/4 ts, 따뜻한 물 1/4컵, 중력분 5컵, 베이킹 파우더 2ts, 베이킹 소다 1ts, 백설탕 1/3컵, 소금 2ts, 쇼트닝 1컵

+ **SWEET TIP**
• 비스킷을 반죽할 때는 핸드 믹서보다는 패스트리 블렌더로 반죽하세요. 비스킷은 반죽의 정도가 맛과 질감에 큰 영향을 미치니 반죽이 과하게 되지 않도록 주의하세요.
• 오븐에서 꺼낸 비스킷 위에 버터를 녹여 발라도 맛있어요.

+ **만드는 방법**
1 **준비하기** 1 계량 컵에 우유, 식초를 넣고 10분 정도 둔 후 따뜻하게 데웁니다. 2 볼에 따뜻한 물을 담고 이스트를 넣어 5분 정도 녹이세요.
2 **반죽하기** 3 다른 볼에 밀가루, 베이킹 파우더, 베이킹 소다, 설탕, 소금을 넣고 섞어요. 4 ③에 쇼트닝을 넣은 후 패스트리 블렌더로 잘라가며 부슬부슬한 소보로 상태가 될 때까지 섞습니다. 5 ④에 준비해놓은 ①, ②를 넣고 고무 주걱을 이용해 골고루 섞어요. 6 작업대에 밀가루를 뿌린 후 반죽이 한 덩어리가 되도록 손으로 살살 뭉치세요.
3 **모양 만들고 팬닝하기** 7 밀대로 반죽을 두께 1~1.5cm 정도로 민 다음 비스킷 커터를 이용해 반죽을 자릅니다. 8 준비한 팬 위에 반죽을 5cm 간격을 두고 올리세요.
4 **발효시키기** 9 비닐 백으로 팬을 덮고 1시간 30분 정도 따뜻한 곳에 둡니다.
5 **굽기** 10 오븐을 230℃로 예열하세요. 11 예열된 오븐에 넣고 노릇해질 때까지 7~9분 정도 구워요.

아메리칸 메이플 너트 스콘
American Maple Nut Scones

scone

제가 가장 즐겨 먹는 아침 식사는 뜻밖에 달콤한 맛을 간직한 메이플 너트 스콘이에요. 몸에 좋은 재료들을 넣어 만들기 때문에 '건강 스콘'이라는 별명을 붙여주었답니다. 호두와 오트밀이 함께 씹혀 고소하고 메이플 시럽의 깊은 향이 잘 어우러져 풍부한 맛을 느낄 수 있어요. 또한 보통 스콘보다 겉이 바삭하답니다. 스콘은 간이 짧고 만들기 간단하기 때문에 따뜻하게 구워 아침 식사로 먹기에 아주 좋아요. 오븐 안에서 아메리칸 메이플 너트 스콘이 구워지는 동안 온 집 안에 퍼지는 메이플 시럽의 달콤한 향으로 가족들을 깨워보는 건 어떨까요? 먹고 남은 스콘은 비닐 랩과 쿠킹호일로 두 번 싸거나 지퍼 락에 넣어서 냉동실에 2~3주 정도 보관이 가능해요. 다시 먹을 때는 실온에 두었다가 150℃로 예열된 오븐에 넣고 10~15분 정도 따뜻하게 데워주세요. 커피 한 잔과 따뜻한 메이플 너트 스콘은 궁합이 환상적이랍니다.

+ 스콘 12개
+ 오븐시간 220℃ 15~18분

+ 필요한 도구
베이킹 팬, 유산지, 볼, 체, 패스트리 블렌더, 고무 주걱, 밀대, 나이프, 베이킹 붓, 식힘망

+ 재료
중력분 3컵, 베이킹 파우더 1Ts, 베이킹 소다 1/2ts, 시나몬 파우더 1/2ts, 황설탕 1/4컵, 소금 1ts, 무염 버터 1/3컵, 호두 1/2컵, 오트밀 1/2컵, 메이플 시럽 1/2컵, 우유 1/2컵, 바닐라 익스트랙 1ts
토핑: 무염 버터 1/4컵, 황설탕 1/4컵, 오트밀 1/4컵, 메이플 시럽 1/4컵

+ SWEET TIP
손으로 반죽할 때 너무 오래 치대면 글루텐이 과도하게 형성되고 스콘을 구웠을 때 표면이 기울어져요. 재료가 골고루 섞일 만큼만 적당히 반죽하세요.

+ 만드는 방법
1 준비하기 **1** 오븐을 220℃로 예열하고 베이킹 팬에 유산지를 깔아두세요. **2** 호두를 구워 잘게 잘라요.
2 반죽하기 **3** 볼에 밀가루, 베이킹 파우더, 베이킹 소다, 시나몬 파우더, 설탕, 소금을 넣고 섞어요. **4** ③에 차가운 버터를 잘게 잘라 넣은 후 패스트리 블렌더로 잘라가며 부슬부슬한 소보로 상태가 될 때까지 반죽합니다. **5** ④에 호두와 오트밀을 넣고 섞은 후 메이플 시럽, 우유, 바닐라 익스트랙을 넣고 고무 주걱으로 골고루 저어요. **6** 작업대에 밀가루를 뿌린 후 반죽이 한 덩어리가 되도록 손으로 살살 뭉치세요.

3 모양 만들고 팬닝하기 **7** 반죽을 절반으로 나누어 밀대로 각각 두께 1.5~2cm 정도의 원으로 밀어요. **8** 나이프를 이용해 2개의 반죽을 각각 V자(웨지) 모양으로 6등분합니다. **9** 12개의 반죽을 준비된 팬 위에 4cm 간격을 두고 올리세요.
4 토핑 만들어 올리기 **10** 볼에 토핑용 설탕과 오트밀을 넣고 섞어요. **11** 버터를 녹여 각 반죽 위에 베이킹 붓을 이용해 바른 후 ⑩을 골고루 뿌리세요. 그 위에 메이플 시럽을 살살 뿌립니다.
5 굽기 **12** ⑪을 예열된 오븐에 넣고 노릇해질 때까지 15~18분 정도 구워요.

10

11

biscotti

헤이즐넛 비스코티 Hazelnut Biscotti

이탈리아 사람들은 여러 종류의 쿠키를 통틀어 비스코티라고 부른다고 해요. 이탈리아어로 두 번을 의미하는
'비스(bis)'에 굽기나 요리를 뜻하는 '코토(cotto)'를 붙여 비스코티(biscotti)라고 불렀다고 합니다. 비스코티는
미국 북부 지방으로 이주해온 이탈리아인들에 의해 처음 미국에 전해진 후 커피에 찍어 먹을 수 있는 길고 단단
한, 두 번 구운 쿠키로 알려지기 시작했어요.
그동안 간편하게 즐길 수 있는 여러 종류의 비스코티를 만들어보았지만 헤이즐넛이 들어간 이 비스코티는 평
생 먹어본 그 어떤 비스코티보다 맛있었어요. 이탈리아 전통의 건조하고 딱딱한 비스코티에 비해 부드러우면서
도 바삭한 질감이 느껴진답니다. 헤이즐넛 비스코티를 베어 먹는 순간 헤이즐넛의 깊은 향이 입 안에 가득 퍼
져 그 맛에 빠져들 거예요.

+ 비스코티 26개
+ 오븐시간 180℃ 30분+10분

+ **필요한 도구**
베이킹 팬, 유산지, 볼, 체, 핸드 믹서, 고무 주걱, 나이프, 식힘망

+ **재료**
중력분 2 1/2컵, 시나몬 파우더 1 1/2ts, 베이킹 파우더 3/4ts, 소금 1/2ts, 무염 버터 3/4컵, 백설탕 1컵, 달걀 2개, 바닐라 익스트랙 1 1/2ts, 헤이즐넛 1컵

+ **SWEET TIP**
비스코티는 밀폐 용기에 담아 실온에서 3~4일 정도 보관 가능해요.

+ **만드는 방법**
/ 준비하기 1 오븐을 180℃로 예열하고 베이킹 팬에 유산지를 깔아둡니다. 2 헤이즐넛을 구운 후 껍질을 벗겨서 잘게 자르세요.
2 반죽하기 3 볼에 밀가루, 시나몬 파우더, 베이킹 파우더를 체 쳐서 넣은 후 소금을 넣고 섞으세요. 4 다른 볼에 실온에서 말랑해진 버터와 설탕을 넣고 핸드 믹서를 이용해 부드럽게 풀어줍니다. 5 ④에 달걀을 풀고 바닐라 익스트랙을 넣어 저어요. 6 ⑤에 ③의 가루를 넣고 골고루 섞은 후 준비해놓은 헤이즐넛을 넣고 고무 주걱을 이용해 저어요.
3 모양 만들고 팬닝하기 7 ⑥의 반죽을 절반으로 나눈 후 각각 긴 원통 모양으로 만들어 준비한 팬 위에 올립니다. 8 각 반죽을 손바닥으로 살짝 눌러 윗부분을 평평하게 만들어요.
4 1차 굽기 9 예열된 오븐에 ⑧을 넣고 가장자리가 노릇해질 때까지 25~30분 정도 구운 후 오븐에서 꺼내 10분 정도 식힙니다. 10 ⑨를 작업대에 올리고 날카로운 나이프를 이용해 1.5cm 정도의 두께로 자릅니다. 11 ⑩을 다시 팬 위에 올립니다. 이때 자른 단면이 팬 위에 닿도록 올리세요.
5 2차 굽기 12 팬을 다시 오븐에 넣고 5분 정도 구운 뒤 한 번 뒤집은 다음 다시 5분 정도 구워 양면이 고루 구워지게 하세요. 오븐에서 꺼낸 비스코티는 식힘망으로 옮겨 충분히 식힙니다.

biscuit

메릴랜드 비튼 비스킷
Maryland Beaten Biscuits

메릴랜드 비튼 비스킷은 버지니아 주에서 처음 알려진 시작한 후 미국 남부 지방으로 전해져 유명해지기 시작했답니다. 옛날 남부 지방 사람들에게 비튼 비스킷은 장소를 가리지 않고 누구에게나 편리하게 대접할 수 있는 간식거리였어요. 그래서 비튼 비스킷은 많은 가정 주부들의 일상이 될 정도로 매일 만들어 흔하게 먹는 스낵이었답니다. 하지만 맛있는 질감과 부피를 지닌 비튼 비스킷을 만들기 위해서는 적어도 30분 동안 주먹으로 반죽을 치대야 할 만큼 큰 정성이 필요한 일이었어요. 시간과 정성을 요구하는 반죽 과정 때문에 어떤 사람들은 비튼 비스킷을 상류층 사람들이 먹는 고급 간식으로 간주하기도 했습니다. 담백한 맛의 비튼 비스킷은 꿀이나 메이플 시럽에 찍어 먹어도 맛있고 2개의 비스킷 사이에 잼을 발라 샌드위치처럼 먹어도 맛있어요. 간단한 재료에 정성을 담아 메릴랜드 비튼 비스킷을 구워보세요.

+ 비스킷 40개
+ 오븐시간 230℃ 15분

+ 필요한 도구
베이킹 팬, 유산지, 볼, 체, 패스트리 블렌더, 고무 주걱, 밀대, 꽃 모양 비스킷 커터(지름 6~7cm), 이쑤시개, 식힘망

+ 재료
우유 1컵, 중력분 4컵, 베이킹 파우더 1/2ts, 소금 1/2ts, 쇼트닝 1/2컵

+ SWEET TIP
• 비스킷의 크기는 기호에 맞게 크거나 작은 크기의 비스킷 커터로 찍어서 만들 수 있어요.
• 비스킷의 크기에 따라 오븐에서 굽는 시간을 조절하세요.

+ 만드는 방법
1 준비하기 1 계량 컵에 우유 1컵을 붓고 얼음을 넣어 총 2컵 분량을 만드세요. 2 오븐을 230℃로 예열하고 베이킹 팬에 유산지를 깔아두어요.

2 반죽하기 3 볼에 밀가루, 베이킹 파우더를 체 쳐서 넣은 후 소금을 넣고 섞어요. 4 ③에 쇼트닝을 넣은 후 패스트리 블렌더로 잘라가며 부슬부슬한 소보로 상태가 될 때까지 반죽합니다. 5 ①에서 얼음을 꺼내고 차가운 우유를 ④에 넣은 뒤 고무 주걱을 이용해 저어요. 6 작업대에 밀가루를 살짝 뿌리고 반죽이 단단해질 때까지 주먹으로 치대며 반죽합니다.

3 모양 만들고 팬닝하기 7 반죽을 두께 1~1.5cm 정도로 밀고 비스킷 커터를 이용해 자릅니다. 8 반죽을 준비된 팬 위에 3cm 간격을 두고 올리세요. 9 각 반죽을 이쑤시개로 찔러 구멍을 냅니다.

4 굽기 10 예열된 오븐에 넣고 노릇해질 때까지 12~15분 정도 구우세요. 오븐에서 꺼낸 비스킷은 식힘망으로 옮겨 충분히 식힙니다.

brownie

로키 로드 브라우니 Rocky Road Brownies

로키 로드는 영어권 나라마다 조금씩 차이는 있지만 보통 밀크 초콜릿과 마시멜로를 넣어 만든 디저트를 의미한답니다. 아이스크림광이었던 윌리엄 드레이어(William Dreyer)라는 청년은 친구와 함께 작은 아이스크림 공장을 운영했어요. 어느 날 그는 초콜릿 아이스크림에 견과류와 마시멜로를 잘라 넣어 먹었는데 그 맛이 굉장히 조화로웠답니다. 그렇게 해서 1929년 로키 로드 아이스크림이 탄생했어요. 당시부터 지금까지 굉장한 인기를 누리고 있는 로키 로드 아이스크림에서 아이디어를 얻어 만들어진 로키 로드 브라우니를 소개할게요. 깊은 초콜릿 맛과 마시멜로의 쫄깃한 토핑이 어우러져 사람들의 입맛을 사로잡은 로키 로드 브라우니는 아이스크림만큼 오랫동안 사람들의 사랑을 받아오고 있는 디저트랍니다.

5

11

+ 브라우니 16개
+ 오븐시간 170℃ 25분+3~5분

+ **필요한 도구**
정사각형 케이크 팬(20×20cm), 쿠킹호일, 볼, 냄비, 나무 주걱, 스크래퍼, 식힘망, 나이프

+ **재료**
중력분 3/4컵, 소금 1/4 ts, 무염 버터 1/2컵, 다크 초콜릿 1컵, 백설탕 1컵, 달걀 2개, 바닐라 익스트랙 1ts
토핑: 초콜릿 칩 1/2컵, 마시멜로 1컵(작은 크기), 혼합 견과류 1/2컵(아몬드, 피칸, 호두, 헤이즐넛, 피스타치오 등)

+ ***SWEET TIP***
토핑으로 올린 마시멜로가 타지 않게 주의하세요.

+ **만드는 방법**
1 준비하기 1 다크 초콜릿을 잘게 자릅니다. 토핑용 혼합 견과류를 구워 잘게 자르고 마시멜로도 잘라 준비합니다. 2 오븐을 170℃로 예열하세요. 케이크 팬에 쿠킹호일을 깔고 버터로 기름칠을 한 뒤 그 위에 밀가루를 살짝 뿌려둡니다.
2 반죽하기 3 볼에 밀가루, 소금을 넣고 섞어요. 4 냄비에 버터와 잘게 자른 초콜릿을 넣고 중탕으로 녹입니다. 5 불을 끈 후 설탕을 넣고 나무 주걱을 이용해 저어요. 6 ⑤에 달걀을 1개씩 넣으며 풀고 바닐라 익스트랙을 넣어 섞습니다. 7 ⑥에 ③의 가루를 넣고 골고루 젓습니다.
3 팬닝하고 굽기 8 반죽을 준비해놓은 케이크 팬에 천천히 붓고 윗면을 스크래퍼로 평평하게 정리합니다. 9 예열된 오븐에 넣고 25분 정도 구워요.
4 토핑 올리고 자르기 10 볼에 초콜릿 칩, 마시멜로, 혼합 견과류를 넣고 골고루 섞으세요. 11 오븐에서 꺼낸 브라우니는 케이크 팬에 넣은 채로 ⑩의 토핑을 골고루 뿌립니다. 12 다시 오븐에 넣고 3~5분 정도 더 구워요. 13 오븐에서 꺼낸 브라우니는 팬에 넣은 채로 식힘망으로 옮겨 충분히 식힌 후 냉장고에 1시간 정도 넣으세요. 14 날카로운 나이프를 이용해 16등분하세요.

03

cake

케이크

케이크는 미국 음식 역사에서 비교적 늦게 발전한 디저트랍니다. 오븐이 보편화되지 않았을 당시 파이나 코블러 같은 종류의 디저트는 난로를 이용해 구울 수 있었지만 케이크는 오븐 없이는 구울 수 없었으니까요. 1600년대 네덜란드에서 미국으로 이주해온 이민자들은 베이커리를 열고 처음으로 케이크를 구워 팔기 시작했어요. 하지만 이때까지만 해도 베이킹 소다나 베이킹 파우더가 소개되기 전이었기 때문에 지금의 케이크와는 다른 형식의 케이크였다고 해요.

케이크를 굽는 과정은 복잡하게 느껴지기도 하지만 대부분의 케이크는 만드는 과정이 기본적인 틀 안에서 이루어지기 때문에 기본 과정을 알아두면 쉽게 만들 수 있어요. 세심한 손길을 기울여 케이크를 완성한 후의 만족감은 굉장히 크답니다. 케이크를 만드는 기본 과정을 살펴보면 다음과 같아요.

🧁 케이크 팬에 기름칠을 할 때에는 베이킹 붓이나 손가락을 이용해 버터, 카놀라 오일을 베이킹 팬 바닥과 옆면에 일정하게 바릅니다. 그리고 그 위에 밀가루를 체에 내려 살짝 뿌리세요. 유지류와 밀가루 사이에 얇은 막이 생겨 팬에서 케이크를 꺼낼 때 부서지지 않고 안전하게 꺼낼 수 있어요. 케이크 팬에 직접 기름칠을 하는 대신 유산지를 잘라 팬 바닥에 깔고 살짝 기름칠을 할 수도 있어요.

🧁 케이크 반죽은 버터와 설탕을 부드럽게 푸는 과정에서 시작해요. 실온에서 말랑해진 버터와 설탕을 핸드 믹서를 이용해 크림처럼 부드럽게 만드는 과정은 반죽의 모양을 잡는 기초 과정이라고 할 수 있답니다. 충분한 시간을 들여 버터와 설탕을 풀어주세요.

🧁 다음은 달걀을 섞는 과정이에요. 달걀은 냉장고에서 꺼낸 후 1시간 정도 실온에 두었다가 사용하세요. 흰자와 노른자를 분리해서 반죽에 넣을 경우에는 냉장고에서 바로 꺼낸 달걀의 흰자와 노른자를 분리한 후 실온에 둡니다. 차가운 달걀이 흰자와 노른자를 분리하기 쉽거든요. 반죽 시 2개 이상의 달걀을 넣을 때에는 1개씩 넣으며 각 달걀을 완전히 풀어주세요. 이 과정을 통해 반죽의 질감이 균일해지고 부드러워진답니다.

🧁 밀가루와 같은 마른 가루를 함께 섞은 후 젖은 재료에 넣고 반죽할 때에는 마른 가루를 3~4회 나누어 넣으며 골고루 섞어야 합니다. 마른 가루와 액체류를 번갈아 넣으면서 반죽하는 거죠. 예를 들어, 마른 가루를 넣고 젓고, 액체류를 넣고 젓고, 마른 가루를 넣고 젓는 방식이에요. 대신 이 과정에서 재료를 넣는 시작과 끝은 마른 가루가 되도록 하세요. 마른 가루 반죽 시 반죽이 지나치게 되면 케이크의 질감이 거칠어질 수 있으니 마른 가루가 골고루 섞여 가루가 보이지 않을 정도만 저으세요. 핸드 믹서를 이용할 경우에는 가장 낮은 속도로 젓고, 나무 주걱이나 고무 주걱을 이용해 저어줍니다.

🧁 반죽이 끝나면 바로 준비된 케이크 팬에 옮겨 담고 예열된 오븐에 넣어 구워요.

🧁 케이크를 굽는 중간에 오븐을 열어 팬의 방향을 바꿉니다. 눈으로 봤을 때 반죽이 노릇하게 구워졌거나 케이크의 중간 부분을 살짝 눌렀을 때 튕겨 나오면 적당히 구워진 상태를 의미해요. 케이크 중간에 이쑤시개나 뾰족한 케이크 테스터를 넣었다가 빼냈을 때 젖은 반죽이 묻어 나오지 않는지 확인하세요.

🧁 오븐에서 꺼낸 케이크 팬은 식힘망 위에 그대로 10분 정도 두었다가 케이크를 꺼냅니다. 얇은 나이프로 케이크 팬의 가장자리 부분을 돌린 후에 꺼내야 케이크의 모양이 망가지지 않게 꺼낼 수 있어요.

+ 지름 25cm 번트 케이크 1개
+ 오븐시간 170℃ 1시간 5~10분+18~20분(토핑)

+ **필요한 도구**
번트 케이크 팬(지름 25cm), 볼, 체, 핸드 믹서, 나이
프, 식힘망, 쿠킹호일, 냄비, 나무 주걱, 케이크 스탠드

+ **재료**
중력분 2 1/2컵, 베이킹 파우더 1ts, 베이킹 소다 1/2ts,
소금 1/4ts, 무염 버터 1컵, 크림치즈 1컵, 흑설탕 2컵, 달
걀 4개, 사워 크림 1컵, 바닐라 익스트랙 2ts, 피칸 1컵
토핑(프랄린): 달걀흰자 1개 분량, 피칸 4컵, 백설탕 1/3
컵, 황설탕 1/3컵
프로스팅: 무염 버터 1/2컵, 우유 1/4컵, 황설탕 1컵,
체 친 슈거 파우더 1컵, 바닐라 익스트랙 1ts

+ *SWEET TIP*
• 피칸 토핑(프랄린)을 구울 때는 중간에 베이킹 팬을
꺼내 피칸을 골고루 젓고 다시 오븐에 넣으세요.
• 프로스팅은 쉽게 굳기 때문에 만들고 나서 바로 사용
해요.
• 남은 피칸 토핑은 밀폐 용기에 담아 냉동실에서 3주
정도 보관이 가능해요.

+ **만드는 방법**
1 준비하기 1 케이크 팬에 버터로 기름칠을 하고 그 위에
밀가루를 살짝 뿌려둡니다. 2 반죽에 넣을 피칸을 구워
잘게 잘라요. 3 오븐을 170℃로 예열합니다.
2 반죽하기 4 볼에 밀가루, 베이킹 파우더, 베이킹 소

다를 체 쳐 넣은 후 소금을 넣고 섞어요. **5** 다른 볼에
실온에서 말랑해진 버터와 크림치즈를 넣고 핸드 믹서
를 이용해 부드럽게 푼 후 설탕을 넣고 2분 정도 더 풀
어요. **6** ⑤에 달걀을 1개씩 넣으며 풀어요. **7** ⑥에 ④
의 가루와 사워 크림을 두 번에 나누어 번갈아 넣으며
반죽합니다. **8** ⑦에 바닐라 익스트랙, 피칸을 넣고 골
고루 저어요.
3 팬닝하고 굽기 **9** 반죽을 준비된 케이크 팬에 천천히
부어요. **10** 예열된 오븐에 넣고 1시간 5분~1시간 10분
정도 굽습니다. 오븐에서 꺼낸 케이크는 팬에 넣은 채
로 15분 정도 식힌 후 얇은 나이프를 케이크 팬 가장자
리에 넣어 살살 돌려가며 꺼내세요. 식힘망에 옮겨 충
분히 식히세요.
4 토핑(프랄린) 만들기 **11** 오븐을 170℃로 예열하세요.
베이킹 팬에 쿠킹호일을 깔고 버터로 살짝 기름칠을 합
니다. **12** 볼에 달걀흰자를 넣고 거품이 생길 때까지 푼
후 피칸을 넣고 섞어요. **13** ⑫에 설탕을 넣고 피칸에 골
고루 묻을 수 있게 젓습니다. **14** 준비된 베이킹 팬에 ⑬
의 피칸을 올린 후 예열된 오븐에 넣고 18~20분 정도
구워요. 오븐에서 꺼낸 피칸은 충분히 식힙니다.
5 프로스팅 만들기 **15** 냄비에 무염 버터, 우유, 황설탕
을 넣고 나무 주걱으로 저어가며 중간 불에서 1분 정도
끓입니다. **16** 불을 끄고 체 친 슈거 파우더, 바닐라 익
스트랙을 넣어 부드러워질 때까지 골고루 저어요.
6 장식하기 **17** 케이크 스탠드 위에 케이크를 올리고 ⑯
의 프로스팅을 천천히 부어요. **18** 프로스팅 위에 ⑭에
서 만든 토핑을 골고루 뿌립니다. 실온에 두거나 냉장
고에 넣어 프로스팅을 굳히세요.

프랄린 케이크 Praline Cake

프랄린이라는 단어는 프랑스어로 견과류를 설탕에 졸여 만든 달콤한 스낵을 의미해요. 미국으로 이주한 프랑스인들은 사탕수수와 피칸이 풍부한 루이지애나 주에 프랄린을 처음 알리기 시작했어요. 19세기에 루이지애나 주 뉴올리언스의 한 요리사가 견과류에 크림과 설탕을 넣어 만들었던 것이 남부 지방으로 퍼져 지금의 프랄린으로 미국 전역에 알려지게 되었답니다. 그 후 사람들은 바삭한 프랄린을 캔디처럼 간식으로 먹기도 하고 다양한 디저트 위에 토핑으로 올리기도 했어요. 피칸의 향이 가득한 부드러운 케이크 위에 바삭한 피칸 프랄린을 토핑으로 올린 프랄린 케이크는 피칸을 좋아하는 사람이라면 누구나 열광할 만한 깊은 피칸 향이 매력적인 케이크예요. 이 책에 소개되는 피칸 프랄린 토핑의 레시피는 케이크 토핑으로 쓰고 충분히 남을 만한 양이에요. 케이크에 올리고 남은 프랄린은 지퍼 백에 담아 냉동실에 넣어놓고 달콤한 피칸이 생각날 때마다 간식거리로 즐겨보세요.

cake

미니 보스턴 크림 파이
Mini Boston Cream Pies

파이라고 불리지만 실은 초콜릿 프로스팅을 올린 케이크와 같은 보스턴 크림 파이의 작은 버전인 미니 보스턴 크림 파이의 레시피를 소개합니다. 깜찍한 미니 보스턴 크림 파이를 〈마사 스튜어트(Martha Stewart) 리빙〉 잡지에서 발견했을 때 재치 가득한 레시피에 눈이 번쩍 뜨였어요. 일반 케이크 팬으로 구웠던 보스턴 크림 파이가 그대로 축소된 듯한 미니 보스턴 크림 파이는 크기가 작아 먹기에 편하고 입 안에서 살살 녹는 바닐라 커스터드가 매력적이랍니다.

1855년에 문을 연 보스턴의 파커 하우스 호텔(현재는 Omni Parker House Hotel)은 당시 보스턴에서 냉·온수 시스템과 엘리베이터를 갖춘 최초의 호텔로 명성이 높았어요. 보스턴 크림 파이는 이 호텔의 셰프였던 프랑스인 상지앙(Sanzian)이 디저트 메뉴로 개발했다고 해요. 처음에는 '파커 하우스 초콜릿 파이'라는 메뉴로 손님들에게 내놓기 시작했는데 시간이 지나며 보스턴 크림 파이라는 이름으로 불리게 되었답니다. 케이크 팬이 따로 없었던 당시에는 사람들이 케이크를 구울 때 얇은 파이 팬을 사용했어요. 그런 이유로 보스턴 크림 파이의 이름이 케이크가 아닌 '파이'라고 지어졌을 거라고 짐작된답니다.

케이크 사이에는 촉촉한 바닐라 커스터드가 듬뿍 들어 있고, 케이크 위에는 달콤한 초콜릿 글레이즈가 올려져 있어 그 맛이 매우 부드럽고 풍부해요. 보기에도 예쁘지만 한 번 맛을 보면 멈출 수 없는 미니 보스턴 크림 파이의 매력에 빠져보세요.

7

19

20

21

+ 미니 파이 18개
+ 오븐시간 180℃ 12~14분

+ **필요한 도구**
12구 머핀 팬, 볼, 냄비, 핸드 믹서, 식힘망, 나무 주걱, 거품기, 체, 비닐 랩, 나이프, 스푼

+ **재료**
중력분 1 1/2컵, 베이킹 파우더 1 1/2ts, 소금 1/2ts, 버터 1/3컵, 우유 1/2컵, 달걀 3개, 백설탕 1컵, 바닐라 익스트랙 1ts
커스터드 필링: 달걀노른자 2개, 백설탕 1/4컵, 옥수수 전분 2Ts+1/2ts, 소금 1/8ts, 우유 1컵, 바닐라 익스트랙 1/2ts
초콜릿 글레이즈: 휘핑크림 2/3컵, 다크 초콜릿 1 1/2컵, 물엿 1Ts

+ *SWEET TIP*
케이크를 반죽할 때 지나치게 많이 저으면 케이크 표면에 거친 질감이 생기니 주의하세요.

+ **만드는 방법**

1 **준비하기 1** 오븐을 180℃로 예열하고 머핀 팬에 버터로 기름칠을 한 뒤 그 위에 밀가루를 살짝 뿌립니다.

2 **반죽하기 2** 볼에 밀가루, 베이킹 파우더, 소금을 넣고 섞어요. **3** 냄비에 버터와 우유를 넣고 약한 불에서 녹이며 거품이 생기기 시작할 때 불을 끕니다. **4** 다른 볼에 달걀, 설탕을 넣고 핸드 믹서를 이용해 상아색을 띠며 끈적일 때까지 5분 정도 충분히 풀어요. **5** ④에 ②의 가루를 넣고 젓습니다. **6** ⑤에 ③을 넣고 골고루 섞은 후 바닐라 익스트랙을 넣고 저어요.

3 **팬닝하고 굽기 7** 반죽을 준비해놓은 머핀 팬의 절반까지만 채웁니다. **8** 예열된 오븐에 넣고 살짝 노릇해질 때까지 12~14분 정도 구워요. 오븐에서 꺼낸 케이크는 팬에 넣은 채로 10분 정도 식힌 후 식힘망으로 옮겨 충분히 식힙니다.

4 **커스터드 필링 만들기 9** 볼에 달걀노른자를 넣고 거품기를 이용해 풀어요. **10** 냄비에 설탕, 옥수수 전분, 소금을 넣고 중간 불에서 녹입니다. **11** ⑩에 우유를 천천히 넣으며 끓여요. 나무 주걱으로 잘 저어가며 거품이 생기기 시작하면서 끈적일 때까지 5분 정도 끓입니다. **12** ⑪의 1/3 정도를 ⑨에 한 번에 조금씩 천천히 넣어요. 이때 달걀노른자의 멍울이 생기지 않도록 거품기로 잘 저어가며 넣어야 합니다. **13** ⑫를 다시 ⑪의 냄비에 담고 잘 저어가며 끈적일 때까지 중간 불에서 3분 정도 끓여요. **14** 바닐라 익스트랙을 넣고 섞어요. **15** 체를 이용해 ⑭에서 만든 필링의 작은 덩어리를 걸러줍니다. 필링의 윗부분에 비닐 랩이 닿을 수 있도록 볼을 덮고 냉장고에 넣어 충분히 식힙니다.

5 **초콜릿 글레이즈 만들기 16** 초콜릿을 잘게 잘라요. **17** 냄비에 휘핑크림을 담고 거품이 생기기 시작할 때까지 끓입니다. **18** 불을 끄고 잘게 자른 초콜릿과 물엿을 넣어 5분 정도 그대로 두세요. 거품기나 핸드 믹서를 이용해 부드러워질 때까지 젓습니다.

6 **모양 만들기 19** 날카로운 나이프를 이용해 각 케이크의 중간을 가로 방향으로 잘라요. **20** 각 케이크의 아랫부분에 ⑮에서 만든 필링 1Ts을 올린 후 샌드위치처럼 윗부분을 덮어 살짝 누르세요. **21** 그 위에 ⑱에서 만든 글레이즈를 스푼으로 떠서 살살 올리며 모양을 만듭니다.

cake

엔젤 푸드 케이크 Angel Food Cake

엔젤 푸드 케이크는 색깔이 뽀얗고 맛과 질감이 공기처럼 가벼워 천사의 음식에 비유되어왔어요. 버터나 베이킹 파우더를 넣지 않고 특별한 방식으로 만드는 이 케이크는 달걀흰자의 양과 반죽 정도가 케이크 전체의 모양과 맛, 질감을 좌우하는 가장 중요한 요소랍니다. 달걀흰자를 반죽하는 동안 늘어나는 반죽의 부피를 직접 느껴보는 것은 엔젤 푸드 케이크를 만드는 또 하나의 즐거움이에요.

1800년대 후반에 처음 인쇄매체에 소개되기 시작한 엔젤 푸드 케이크는 튜브 모양의 케이크 팬을 사용한 시초였어요. 당시 사람들은 케이크 팬 중간에 있는 튜브가 반죽에 열을 골고루 전달하는 역할을 한다고 확신했고, 그 후로 튜브 모양의 케이크 팬은 엔젤 푸드 케이크 팬이라는 고유의 이름으로 불리게 되었답니다.

+ 지름 25cm 튜브형 케이크 1개
+ 오븐시간 190℃ 30~35분

+ **필요한 도구**
튜브형 케이크 팬(지름 25cm), 볼, 체, 스탠드 믹서(또는 핸드 믹서), 고무 주걱, 나이프

+ **재료**
박력분 1컵, 슈거 파우더 1 1/2컵, 달걀흰자 1 1/2컵(달걀 12~13개 분량), 주석산 1 1/2ts, 백설탕 1컵, 바닐라 익스트랙 1 1/2ts, 아몬드 익스트랙 1/2ts, 소금 1/4ts

+ *SWEET TIP*
• 많은 양의 달걀흰자로 머랭을 내는 엔젤 푸드 케이크를 만들 때는 스탠드 믹서를 사용하면 더욱 편리하고 짧은 시간에 머랭을 만들 수 있어요.
• 엔젤 푸드 케이크 팬(튜브 팬)을 사용할 때 기름칠은 절대 금물이에요. 오븐에서 꺼낸 케이크를 거꾸로 식히는 이유는 식는 동안 케이크의 모양이 수축되거나 납작해지지 않게 하기 위해서예요.
• 기호에 따라 완전히 식은 엔젤 푸드 케이크 위에 레몬 글레이즈를 올려도 좋아요. 레몬 글레이즈는 볼에 슈거 파우더 2컵, 레몬즙 5Ts을 넣고 부드러워질 때까지 섞어 만들어요.

+ **만드는 방법**
1 준비하기 1 달걀을 분리해 달걀흰자를 실온에 30분 정도 두세요. 2 오븐을 190℃로 예열합니다. 3 볼에 밀가루와 슈거 파우더를 체 쳐 넣고 섞어요.
2 반죽하기(머랭 만들기) 4 볼에 달걀흰자와 주석산을 넣고 거품이 생길 때까지 스탠드 믹서를 이용해 빠른 속도로 돌리세요. 5 믹서가 돌아가는 중에 설탕을 한 번에 2Ts씩 여러 번에 나누어 넣은 후 바닐라 익스트랙, 아몬드 익스트랙, 소금을 차례로 넣습니다. 6 단단하고 윤기나는 봉오리 모양의 머랭이 생길 때까지 믹서를 빠른 속도로 계속 돌리세요. 7 믹서의 작동을 멈춘 뒤 ③의 가루를 천천히 나누어 넣으며 고무 주걱으로 살살 젓습니다. 이때 많이 젓지 말고 가루가 머랭과 골고루 섞일 정도로만 저으세요.
3 팬닝하고 굽기 8 반죽을 케이크 팬에 천천히 부어요. 고무 주걱으로 팬 전체를 크게 저어 반죽 안에 생긴 기포를 없앱니다. 9 예열된 오븐에 넣고 30~35분 정도 구워요. 10 오븐에서 꺼낸 즉시 케이크 팬을 거꾸로 뒤집어 세워놓고 케이크가 완전히 식을 때까지 2~3시간 정도 식힙니다. 11 얇은 나이프를 케이크 팬 가장자리에 넣어 살살 돌려가며 꺼내세요.

cake

허밍버드 컵케이크
Hummingbird Cupcakes

열대지방을 떠올리게 하는 파인애플과 바나나가 하얀 크림치즈 필링과 절묘한 조화를 이루는 허밍버드 케이크의 레시피는 1978년 2월 〈서던 리빙(Southern Living)〉 잡지에 처음으로 소개되었어요. 하지만 이름에 대한 설명 없이 레시피만 소개되었기 때문에 그 기원에 대해서는 정확히 전해지지 않았어요. 상큼한 향과 부드러운 맛이 잘 어우러진 허밍버드 케이크는 잡지에 소개된 후 급격히 유명해지기 시작했고 같은 해 켄터키 주 품평회에서 케이크 부문 최고 레시피상을 수상하기도 했답니다.

허밍버드 케이크를 컵케이크 모양으로 작게 만든 여러 가지 레시피를 구해서 시도해보았지만 본래의 허밍버드 케이크와 같은 맛을 내는 레시피를 찾기가 힘들었어요. 그렇게 포기하려고 하던 참에 우연히 도서관 책장에 꽂혀 있던 《사계절을 위한 베이킹(Baking for All Occasions)》이라는 베이킹 책에서 발견한 것이 바로 이 레시피였어요. 촉촉하고 달콤한 크림치즈 프로스팅을 올린 케이크를 한 입 베어 먹는 순간 느껴지는 바나나 향, 케이크 안에서 아삭하게 씹히는 파인애플이 열대의 향을 느끼게 해준답니다.

+ 컵케이크 15개
+ 오븐시간 180℃ 22~24분

+ 필요한 도구
12구 머핀 팬, 머핀 컵 15개, 볼, 체, 핸드 믹서, 고무 주걱, 식힘망, 스패출러

+ 재료
으깬 바나나 1컵, 우유 3Ts, 바닐라 익스트랙 1ts, 박력분 1 3/4컵, 베이킹 파우더 1ts, 베이킹 소다 1/2ts, 소금 1/2ts, 무염 버터 1/2컵, 백설탕 1컵, 달걀 1개
파인애플 필링: 으깬 파인애플 1/3컵+2/3컵(물기 짠 것 1컵), 크림치즈 3/4컵, 백설탕 1/4컵, 달걀 1개, 소금 1/8ts
프로스팅: 크림치즈 1/2컵, 바닐라 익스트랙 1/2ts, 무염 버터 1/4컵, 체 친 슈거 파우더 2컵
토핑: 피칸 1/2컵

+ SWEET TIP
• 컵케이크는 총 15개를 만들 수 있어요. 12구 머핀 팬을 한 번 굽고 다시 굽거나 머핀 팬 2개를 함께 팬닝해 오븐에 함께 넣으세요.
• 프로스팅을 올리고 그 위에 피칸을 뿌리는 대신 프로스팅을 만들 때 잘게 자른 피칸을 넣어 함께 섞을 수도 있어요. 그렇게 하면 하얀 프로스팅 사이로 피칸이 콕콕 박혀 있는 색다른 느낌의 프로스팅을 만들 수 있답니다.
• 허밍버드 컵케이크는 반죽이 충분히 달콤하기 때문에 프로스팅을 높게 올릴 필요가 없어요. 하지만 기호에 따라 프로스팅의 양을 많이 만들고 싶다면 프로스팅 재료의 양을 2배로 늘려서 만들어보세요.

+ 만드는 방법
1 **준비하기** 1 오븐을 180℃로 예열하고 머핀 팬에 머핀 컵을 깔아둡니다. 2 토핑용 피칸을 구워 잘게 잘라요. 3 잘 익은 바나나와 파인애플을 각각 으깹니다. 파인애플은 체에 걸러 스푼으로 눌러가며 물기를 꼭 짜서 1컵을 만드세요.
2 **파인애플 필링 만들기** 4 볼에 실온에서 말랑해진 크림치즈와 설탕을 넣고 핸드 믹서를 이용해 부드럽게 풀어요. 5 ④에 달걀을 풀고 소금을 넣어 골고루 섞어요. 6 ⑤에 준비해놓은 파인애플 중 1/3컵을 넣고 젓습니다.
3 **반죽하기** 7 작은 그릇에 ③에서 으깬 바나나, 우유, 바닐라 익스트랙을 넣고 고무 주걱으로 저어요. 8 볼에 밀가루, 베이킹 파우더, 베이킹 소다를 체 쳐 넣은 후 소금을 넣고 섞어둡니다. 9 다른 볼에 실온에서 말랑해진 버터와 설탕을 넣고 핸드 믹서를 이용해 부드럽게 풀어요. 10 ⑨에 달걀을 풀고 ⑦을 넣어 골고루 섞습니다. 11 ⑩에 ⑧의 가루를 세 번에 나누어 넣으며 잘 섞어요.
4 **팬닝하고 굽기** 12 ⑪의 반죽을 1Ts씩 떠서 준비된 머핀 팬에 채워요. 13 그 위에 ⑥에서 만든 파인애플 필링을 1Ts 올리고 남겨둔 으깬 파인애플(2/3컵)을 1ts씩 올리세요. 14 그 위에 다시 ⑪의 반죽을 1 1/2~2Ts씩 떠서 올립니다. 15 예열된 오븐에 넣고 노릇해질 때까지 22~24분 정도 구워요. 오븐에서 꺼낸 케이크는 팬에 넣은 채로 10분 정도 식힌 후 식힘망에 옮겨 충분히 식힙니다.
5 **프로스팅 만들고 모양 내기** 16 볼에 실온에서 말랑해진 크림치즈와 바닐라 익스트랙을 넣고 핸드 믹서를 이용해 부드럽게 풀어요. 17 ⑯에 실온에서 말랑해진 버터를 넣고 함께 푼 후 슈거 파우더를 넣고 골고루 섞어요. 18 ⑮의 케이크 위에 스패출러를 이용해 프로스팅을 적당히 바릅니다. 19 그 위에 토핑용 피칸을 골고루 뿌린 후 실온에 두거나 냉장고에 넣어 프로스팅을 굳히세요.

6

13

18

19

cake

일렉션 케이크
Election Cake

17세기 뉴잉글랜드 지역의 청교도들은 크리스마스와 부활절 축하 행사를 금지시켰답니다. 즐거운 축제 분위기로 특별한 날을 기념하길 원했던 그 지방 사람들은 그래서 선거 날을 추수감사절 다음으로 중요한 휴일로 여기게 되었어요. 선거 날이면 크리스마스를 대신해 종교적인 행사나 무도회를 열기도 했고, 특별한 음식을 준비해 서로 나누어 먹기도 했답니다. 뉴잉글랜드 지역의 사람들이 선거 날을 기념하기 위해 준비했던 특별한 디저트가 일렉션 케이크로 1700년대 말에 처음으로 요리책에 레시피가 실리기 시작했으니 역사가 꽤 오래되었답니다. 베이킹 파우더가 개발되기 전이었기 때문에 이스트를 넣어 반죽을 부풀려 구웠던 것이 일렉션 케이크를 특별하게 만들었지요. 이후 베이킹 파우더가 개발되고 사람들이 베이킹 파우더를 사용하기 시작한 후에도 이 케이크의 전통은 그대로 이어져 이스트를 넣어 만드는 독특한 케이크로 명맥이 이어져 오고 있답니다. 전통적인 커피 케이크와 같이 일렉션 케이크는 많이 달지 않기 때문에 커피와 함께 담백하게 아침 식사로 즐기기에 좋아요.

+ 지름 25cm 번트 케이크 1개
+ 오븐시간 180℃ 40~45분

+ 필요한 도구
번트 케이크 팬(지름 25cm), 볼, 고무 주걱, 비닐 랩, 핸드 믹서,
나무 주걱, 나이프, 식힘망, 거품기, 케이크 스탠드

+ 재료
인스턴트 드라이 이스트 4 1/2ts, 따뜻한 물 1/2컵, 따뜻한 우유
1/2컵, 중력분 1 1/2컵+1 3/4컵, 소금 1ts, 시나몬 파우더 1 1/2ts,
넛멕 파우더 1/2ts, 클로브 파우더 1/4ts, 건크랜베리 1컵, 피칸
1/2컵, 무염 버터 1/2컵, 백설탕 3/4컵, 달걀 3개
글레이즈: 슈거 파우더 1 1/4컵, 우유 3Ts, 바닐라 익스트랙 1/4ts

+ SWEET TIP
• 건크랜베리 대신 건포도를 넣어도 좋아요.
• 발효 후 글루텐이 형성되어 끈적이는 반죽을 섞을 때는 핸드 믹
서로 섞기 힘들답니다. 나무 주걱을 이용하거나 스탠드 믹서를 이
용해 반죽하세요.

+ 만드는 방법
1 준비하기 1 건크랜베리와 피칸을 잘게 잘라 섞어둡니다. 2 케이
크 팬에 버터로 기름칠을 하고 그 위에 밀가루를 살짝 뿌리세요.
2 1차 발효시키기 3 볼에 따뜻한 물과 우유를 담고 이스트를 넣어
녹입니다. 4 ③에 밀가루 1 1/2컵을 천천히 넣으며 고무 주걱으로
골고루 저어요. 볼에 비닐 랩을 덮은 후 거품이 생기면서 살짝 부
풀어오를 때까지 40분 정도 따뜻한 곳에 두세요.
3 반죽하기 5 볼에 밀가루 1 3/4컵, 소금, 시나몬 파우더, 넛멕 파
우더, 클로브 파우더를 넣고 섞어둡니다. 6 다른 볼에 실온에서
말랑해진 버터와 설탕을 넣고 핸드 믹서를 이용해 부드럽게 풀어
요. 7 ⑥에 달걀을 1개씩 넣으며 풀어준 후 발효시킨 ④의 반죽
을 넣고 나무 주걱으로 골고루 섞어요. 8 ⑤의 가루를 세 번에 나
누어 넣으며 골고루 젓습니다. 9 준비해놓은 건크랜베리와 피칸
을 넣고 섞으세요.
4 팬닝하고 2차 발효시키기 10 반죽을 케이크 팬에 천천히 부으
세요. 케이크 팬을 비닐 랩으로 덮은 뒤 반죽이 2배로 부풀어오
를 때까지 2시간 정도 따뜻한 곳에 둡니다. 11 오븐을 180℃로 예
열하세요.
5 굽기 12 예열된 오븐에 ⑩을 넣고 40~45분 정도 구워요. 13 오
븐에서 꺼낸 케이크는 팬에 넣은 채로 10분 정도 식힌 후 얇은 나
이프를 케이크 팬 가장자리에 넣어 살살 돌려가며 꺼내세요. 식힘
망에 옮겨 충분히 식힙니다.
6 글레이즈 만들어 올리기 14 볼에 슈거 파우더, 우유, 바닐라 익
스트랙을 넣고 거품기를 이용해 잘 섞어요. 15 케이크 스탠드 위
에 케이크를 올리고 글레이즈를 천천히 뿌립니다.

13

cake

레이디 볼티모어 케이크
Lady Baltimore Cake

결혼식에 빠지지 않고 등장하는 순백의 레이디 볼티모어 케이크는 미국 남부 지방에서 매우 유명한 케이크예요. 17세기 말부터 존재했던 레이디 볼티모어 케이크는 1902년 출판된 오언 위스터(Owen Wister)의 로맨틱 소설 《레이디 볼티모어(Lady Baltimore)》에서 이 케이크가 묘사된 이후로 유명해지기 시작했답니다. 찰스턴(Charleston)에 있는 '레이디 볼티모어 티룸'에 들른 소설의 주인공은 다른 남자가 눈부시게 하얀 웨딩 케이크를 주문하는 것을 보고는 종업원에게 같은 케이크를 주문했어요. 우연히 이 케이크의 맛을 본 주인공은 부드럽고 달콤한 그 맛에 입 안에 침이 고여 더 이상 말로 형언할 수 없을 만큼 케이크의 맛에 빠져들었다고 감탄했답니다.

고운 이름을 가진 레이디 볼티모어 케이크의 가장 큰 특징은 프로스팅을 만들 때 버터를 넣지 않고 달걀흰자로 만들기 때문에 프로스팅의 맛과 부피가 매우 가볍다는 거예요. 또한 케이크 반죽 안의 무화과 씨가 입 안에서 톡톡 터지며 씹히는 맛이 재미있답니다.

레이디 볼티모어 케이크는 겉에 바르는 프로스팅과 안에 바르는 필링을 따로 만들어 바르기 때문에 레시피가 복잡해 보일 수 있어요. 프로스팅과 필링을 만드는 레시피의 과정을 꼼꼼히 확인한 후에 만들어보세요. 다른 케이크에 비해 만드는 시간이 많이 걸리지만 눈처럼 하얀 프로스팅이 덮인 케이크를 잘랐을 때 나오는 4층의 레이어와 무화과가 가득한 필링이 케이크의 맛을 더욱 특별하게 한답니다.

6

7

17

19

+ 지름 18cm 4층 케이크 1개
+ 오븐시간 180℃ 25~30분

+ **필요한 도구**
원형 케이크 팬(지름 18cm) 4개, 유산지, 볼, 체, 핸드 믹서, 고무 주걱, 나이프, 식힘망, 냄비, 조리용(캔디용) 온도계, 케이크 스탠드, 스패출러, 스푼

+ **재료**
박력분 3 1/2컵, 베이킹 파우더 4ts, 소금 1/4ts, 무염 버터 1컵, 백설탕 2컵, 우유 1컵, 바닐라 익스트랙 2ts, 아몬드 익스트랙 1/2ts, 달걀흰자 8개 분량
프로스팅, 필링: 호두 1/2컵, 건포도 1/2컵, 따뜻한 홍차 1/4컵, 건무화과 1/2컵, 백설탕 2컵, 물 1/2컵, 달걀흰자 4개 분량, 소금 1ts, 바닐라 익스트랙 2ts

+ **SWEET TIP**
• 필링의 시럽을 만들 때는 조리용(캔디용) 온도계를 사용해 온도를 정확히 체크하세요. 머랭을 내는 필링은 온도에 민감하기 때문에 온도를 정확히 맞추지 않으면 필링의 모양이 망가질 수 있어요.
• 필링의 머랭을 만들 때는 핸드 믹서 대신 스탠드 믹서를 사용하면 더욱 편리해요.

+ **만드는 방법**
1 준비하기 1 오븐을 180℃로 예열하세요. 4개의 케이크 팬에 각각 유산지를 동그랗게 잘라 바닥에 깔아요. 유산지 위에 버터를 살짝 바르고 그 위에 밀가루를 뿌려둡니다. 2 계량 컵에 우유와 반죽에 들어가는 바닐라 익스트랙, 아몬드 익스트랙을 섞어둡니다.
2 반죽하기 3 볼에 밀가루, 베이킹 파우더를 체 쳐 넣은 후 소금을 넣고 섞어요. 4 다른 볼에 실온에서 말랑해진 버터와 설탕을 넣고 핸드 믹서를 이용해 부드럽게 풀어요. 5 ④에 ③의 가루와 ②의 우유를 세 번에 나누어 번갈아 넣으며 반죽합니다. 6 다른 볼에 달걀흰자를 넣고

단단하고 매끈한 봉오리 모양이 생길 때까지 핸드 믹서를 이용해 저어요. 7 ⑤에 ⑥에서 만든 머랭을 두 번에 나누어 넣으면서 고무 주걱으로 골고루 섞어요.
3 팬닝하고 굽기 8 ⑦의 반죽을 나누어 준비해놓은 4개의 케이크 팬에 담아요. 케이크 팬을 바닥에 살짝 쳐서 반죽 안에 생긴 기포를 뺍니다. 9 예열된 오븐에 넣고 25~30분 정도 구워요. 오븐에서 꺼낸 케이크는 팬에 넣은 채로 10분 정도 식힌 후 얇은 나이프를 케이크 팬 가장자리에 넣어 살살 돌려가며 꺼내세요. 식힘망에 옮겨 충분히 식힙니다.
4 프로스팅, 필링 만들기 10 호두를 구워 잘게 잘라요. 11 건포도를 잘게 자른 후 따뜻한 홍차에 담가 준비합니다. 건무화과도 잘게 잘라요. 12 프로스팅 만들기: 냄비에 설탕, 물을 담고 조리용 온도계로 온도를 재어 113℃가 될 때까지 끓여요. 13 볼에 달걀흰자를 넣고 핸드 믹서를 이용해 거품이 생길 때까지 저어요. 소금을 넣고 단단하고 매끈한 봉오리 모양이 생길 때까지 젓습니다. 14 핸드 믹서로 계속 저으면서 ⑫에서 만든 뜨거운 시럽을 아주 조금씩 천천히 넣어요. 뜨거운 기운이 날아갈 때까지 3분 정도 젓다가 바닐라 익스트랙을 넣고 섞어서 프로스팅을 완성합니다. 15 필링 만들기: ⑭에서 만든 프로스팅의 1/3을 다른 볼로 옮기세요. 16 ⑪에서 준비해놓은 건포도의 물기를 짜내고 호두, 건무화과와 함께 ⑮에 넣고 고무 주걱으로 골고루 섞어 필링을 만들어요.
5 장식하기 17 케이크 표면의 볼록한 부분을 나이프로 정리합니다. 18 케이크 스탠드 위에 케이크 1개를 올린 후 스패출러를 이용해 ⑯의 필링을 나누어 골고루 바르세요. 그 위에 남은 케이크 2개를 쌓아가며 같은 과정을 반복합니다. 남은 케이크 한 층을 올린 후 스패출러를 깨끗이 닦아요. 19 맨 위(4층) 케이크의 윗부분과 케이크 옆부분에는 ⑭에서 만든 프로스팅을 골고루 바릅니다. 20 스푼을 이용해 소용돌이 모양을 만들어요. 실온에 두거나 냉장고에 넣어 프로스팅을 굳힙니다.

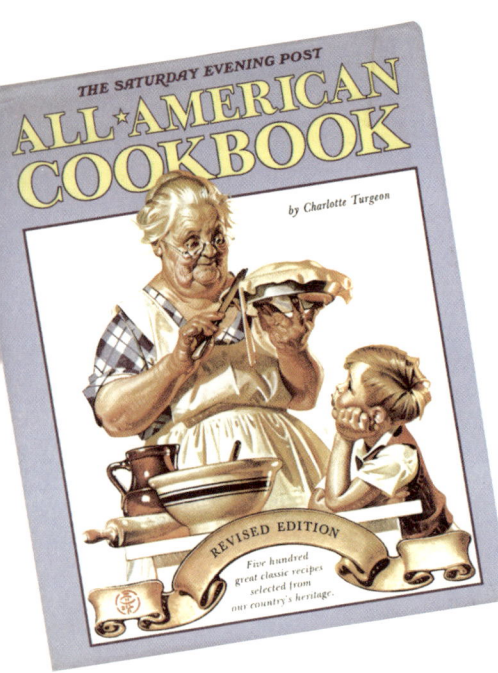

 # 그랜드마더 크럼 케이크
Grandmother's Crumb Cake

할머니의 크림 케이크라는 이름을 가진 이 케이크는 소보루 토핑을 빽빽이 올린 클래식한 커피 케이크예요. 미국에서는 보통 커피에 곁들여 먹는 케이크류를 통틀어서 커피 케이크라고 부른답니다. 많은 미국 베이킹 책들은 메뉴를 분류할 때 커피 케이크 섹션을 따로 넣을 정도로 종류가 다양해요.

이 레시피는 1976년에 출판한 《올 아메리칸 쿡북(All American Cookbook)》이라는 책에서 발견한 레시피예요. 중고 서점에서 7달러에 팔고 있던 이 책을 들춰보며 그 안에 실린 오래된 일러스트와 사진에 반해 그대로 손에 쥐게 되었답니다. 책 제목처럼 미국인들이 오랜 세월 즐겨온 전통적인 레시피들이 가득 담겨 있고 중간 중간 실려 있는 재미있는 문구나 따뜻한 일러스트가 '미국적인' 것들이었어요. 이 레시피에 대한 간단한 설명에 따르면, "빠르고 쉽게 만들 수 있는 커피 케이크"라고 묘사되어 있답니다. 할머니가 만드신 전통적인 방법으로 크림 케이크를 구워 진한 커피 한 잔과 함께 즐겨보세요.

+ 33×23cm 케이크 1개
+ 오븐시간 180℃ 35~40분

+ **필요한 도구**
직사각형 케이크 팬(33×23cm), 볼, 패스트리 블렌더, 고무 주걱, 나이프, 식힘망, 체

+ **재료**
반죽, 토핑 1: 박력분 2컵, 황설탕 2컵, 소금 1/2ts, 버터 1/2컵, 우유 1컵, 베이킹 소다 1/2ts, 달걀 2개, 베이킹 파우더 2ts, 시나몬 파우더 1/2ts, 넛멕 파우더 1/2ts, 피칸 1/2컵
토핑 2: 슈거 파우더 1/4컵

+ *SWEET TIP*
직사각형 케이크 팬 대신 같은 크기의 오븐용 접시를 사용할 수도 있어요.

+ **만드는 방법**
1 준비하기 **1** 오븐을 180℃로 예열해요. 케이크 팬에 버터로 기름칠을 하고 그 위에 밀가루를 살짝 뿌려둡니다. **2** 피칸을 구워 잘게 잘라요.
2 반죽하고 토핑 만들기 **3** 볼에 밀가루, 설탕, 소금을 넣고 섞어요. **4** ③에 냉장고에서 바로 꺼낸 차가운 버터를 잘게 잘라 넣은 후 패스트리 블렌더로 잘라가며 부슬부슬한 소보로 상태가 될 때까지 반죽합니다. 반죽의 절반을 따로 담아 토핑용으로 준비합니다. **5** 다른 볼에 우유, 베이킹 소다를 넣고 섞은 후 ④의 반죽에 넣고 골고루 섞으세요. **6** 달걀을 풀어 ⑤에 넣고 베이킹 파우더, 시나몬 파우더, 넛멕 파우더를 넣어 고무 주걱으로 골고루 섞습니다.
3 팬닝하고 굽기 **7** ⑥의 반죽을 준비된 케이크 팬에 천천히 부어요. **8** 그 위에 ④에서 남겨놓은 토핑용 반죽을 뿌리고 그 위에 피칸을 골고루 뿌립니다. **9** 예열된 오븐에 넣고 토핑이 노릇해질 때까지 35~40분 정도 구워요. 오븐에서 꺼낸 케이크는 팬에 넣은 채로 10분 정도 식힌 후 얇은 나이프를 케이크 팬 가장자리에 넣어 살살 돌려가며 꺼냅니다. 식힘망에 옮겨 충분히 식히세요.
4 장식하기 **10** 케이크 윗면에 슈거 파우더를 체에 내려 골고루 뿌린 후 먹기 좋은 크기로 자릅니다.

 *cake*

세인트 루이스 구이 버터 케이크
St. Louis Gooey Butter Cake

보기와 다르게 엄청나게 달콤한 맛과 쫄깃한 질감이 특별한 버터 케이크를 소개합니다. 울룩불룩하게 보이는 모습과 부드러우면서도 쫄깃하게 씹히는 반죽은 보통의 케이크와는 다른 특별한 매력이 있어요. 반듯하게 정돈된 모양의 케이크보다는 자연스럽고 먹음직스러운 모양의 케이크를 더 좋아하는 저는 세인트 루이스 구이 버터 케이크를 처음 맛본 순간 마치 종합 선물 세트를 받는 것 같은 기분이었어요.

1940년대 세인트 루이스 지방의 한 제빵사가 커피 케이크를 만들던 중 실수로 재료의 배합을 엉뚱하게 했던 것이 세인트 루이스 구이 버터 케이크가 만들어진 우연한 계기였다고 해요. 이스트를 넣어 부풀린 케이크에 위에 쫄깃하고 달콤한 토핑을 한 층 올린 구이 버터 케이크는 세인트 루이스 지방에서 별난 케이크로 알려져 있답니다. 구이 버터 케이크는 디저트로 즐길 수도 있지만 차가운 우유와 함께 식사 대용으로 먹기에 좋은 케이크예요.

+ 33×23cm 케이크 1개
+ 오븐시간 180℃ 40~45분

+ **필요한 도구**
직사각형 케이크 팬(33×23cm), 볼, 거품기, 체, 스탠드 믹서, 비닐 랩, 고무 주걱, 핸드 믹서, 스크래퍼

+ **재료**
우유 3Ts, 따뜻한 물 2Ts, 인스턴트 드라이 이스트 1 3/4 ts, 무염 버터 1/3컵, 백설탕 3Ts, 소금 1ts, 달걀 1개, 중력분 1 3/4집
토핑 : 물엿 3Ts, 물 2Ts, 바닐라 익스트랙 2 1/2ts, 무염 버터 3/4컵, 백설탕 1 1/2컵, 소금 1/2ts, 달걀 1개, 중력분 1 1/8컵, 슈거 파우더 2Ts

+ **SWEET TIP**
• 직사각형 케이크 팬 대신 같은 크기의 오븐용 접시를 사용할 수도 있어요.
• 세인트 루이스 구이 버터 케이크를 만들 때는 케이크 팬에 기름칠을 하지 않아요.
• 발효된 반죽 위에 토핑을 올릴 때 글루텐이 형성된 반죽이 출렁거리는 느낌이 있어요. 놀라지 말고 스크래퍼로 살살 정리한 후에 오븐에 넣으세요. 정리되지 않은 모습이 세인트 루이스 구이 버터 케이크의 매력이랍니다.

+ **만드는 방법**
1 준비하기 1 실온에 두었던 우유와 따뜻한 물을 볼에 담은 후 이스트를 넣고 거품기로 저어가며 녹입니다.
2 반죽하기 2 다른 볼에 실온에서 말랑해진 버터와 설탕, 소금을 넣고 스탠드 믹서를 이용해 부드럽게 풀어요. 3 ②에 달걀을 넣고 풀어줍니다. 4 ③에 체 친 밀가루와 ①을 세 번에 나누어 번갈아 넣으며 반죽에 탄력이 생길 때까지 충분히 반죽하세요.
3 발효시키기 5 반죽을 케이크 팬에 옮겨 담고 비닐 랩으로 덮어요. 반죽이 2배로 부풀어 오를 때까지 2시간 30분~3시간 정도 따뜻한 곳에 두세요.
4 토핑 만들기 6 오븐은 180℃로 예열합니다. 7 볼에 물엿, 물, 바닐라 익스트랙을 넣고 고무 주걱으로 섞어요. 8 다른 볼에 실온에서 말랑해진 버터와 설탕, 소금을 넣고 핸드 믹서를 이용해 부드럽게 풀어요. 9 ⑧에 달걀을 넣고 풀어줍니다. 10 ⑨에 체 친 밀가루와 ⑦을 세 번에 나누어 번갈아 넣으며 골고루 섞습니다.
5 토핑 올리고 굽기 11 발효가 끝난 ⑤의 반죽 위에 ⑩에서 만든 토핑을 올린 뒤 스크래퍼로 모양을 정리해요. 12 예열된 오븐에 넣고 윗부분이 노릇해질 때까지 40~45분 정도 구워요.
6 장식하기 13 오븐에서 꺼낸 케이크는 케이크 팬에 넣은 채로 슈거 파우더를 체에 내려 골고루 뿌린 후 먹기 좋은 크기로 자릅니다.

데빌 푸드 케이크 Devil's Food Cake

'악마의 음식'이라는 이름이 강렬하게 느껴지지 않나요? 옛날 요리책에는 빠지지 않고 등장하는 데빌 푸드 케이크는 먹어도 먹어도 자꾸 먹고 싶게 만드는 매력이 있는 케이크예요.

옛날 사람들은 맛이 진하고 중독성이 강한 음식에 '데빌 푸드'라는 이름을 붙이기 시작했어요. 속이 하얗고 가벼운 엔젤 푸드 케이크와 대비되는, 초콜릿이 뒤덮인 데빌 푸드 케이크의 레시피는 1880년대부터 요리책에 등장하기 시작했어요. 초콜릿을 넣어 만든 반죽 위에 초콜릿 프로스팅을 올려 초콜릿 레이어 케이크로 불리던 이 케이크는 1900년대 초반부터 데빌 푸드 케이크라는 이름으로 불리게 되었답니다.

거칠고 단단한 프로스팅을 올린 데빌 푸드 케이크 레시피와 실크처럼 부드러운 프로스팅을 올린 레시피 두 가지를 시도해봤는데 제 입맛에는 부드러운 프로스팅이 잘 맞았어요. 두 가지 레시피는 프로스팅을 만드는 과정도 다르지만 케이크를 반죽하는 방법도 다르기 때문에 완성된 케이크의 맛은 꽤 차이가 있답니다. 입 안에서 살살 녹는 초콜릿 프로스팅과 케이크 깊숙한 곳에서부터 뿜어져 나오는 달콤함을 한번 맛보면 악마의 유혹을 거부할 수 없을 거예요.

(부드러운 프로스팅을 올린 레시피)

+ 지름 23cm 2층 케이크 1개
+ 오븐시간 180℃ 25분

+ 필요한 도구
원형 케이크 팬(지름 23cm) 2개, 유산지, 볼, 체, 핸드 믹서, 나이프, 식힘망, 냄비, 케이크 스탠드, 스패출러, 스푼

+ 재료
다크 코코아 파우더 9Ts, 박력분 1 1/2컵, 베이킹 소다 1ts, 베이킹 파우더 1/4ts, 소금 1/2ts, 무염 버터 1/2컵, 백설탕 1 1/2컵, 달걀 2개, 에스프레소 커피(또는 진한 일반 원두 커피) 1/2컵, 우유 1/2컵
프로스팅: 다크 초콜릿 1 2/3컵, 휘핑크림 1/2컵, 무염 버터 3/4컵

+ SWEET TIP
• 데빌 푸드 케이크를 장식할 때는 악마의 모습이 느껴질 수 있도록 정돈되지 않은 소용돌이 모양을 만드세요.
• 프로스팅을 만들 때는 핸드 믹서나 거품기로 충분히 저어야 끈기가 생긴답니다. 충분히 젓지 않으면 프로스팅을 바를 때 물처럼 흘러내릴 수 있어요.

+ 만드는 방법
1 준비하기 1 오븐을 180℃로 예열하세요. 2개의 케이크 팬에 유산지를 동그랗게 잘라 바닥에 깐 뒤 유산지 위에 버터를 살짝 바르고 그 위에 밀가루를 뿌려 준비합니다.

2 반죽하기 2 볼에 코코아 파우더, 밀가루, 베이킹 소다, 베이킹 파우더를 체 쳐서 넣은 후 소금을 넣고 섞습니다. 3 계량 컵에 커피와 우유를 넣고 섞어둡니다. 4 다른 볼에 실온에서 말랑해진 버터와 설탕을 넣고 핸드 믹서를 이용해 부드러워질 때까지 풀어요. 5 ④에 달걀을 1개씩 넣으며 풀어요. 6 ⑤에 ②의 가루와 ③을 두 번에 나누어 번갈아 넣으며 반죽합니다.

3 팬닝하고 굽기 7 반죽을 반으로 나누어 준비해놓은 2개의 케이크 팬에 각각 부은 뒤 케이크 팬을 바닥에 살짝 쳐서 반죽 내부에 생긴 기포를 빼세요. 8 예열된 오븐에 넣고 25분 정도 구워요. 오븐에서 꺼낸 케이크는 팬에 넣은 채로 15분 정도 식힌 후 얇은 나이프를 케이크 팬 가장자리에 넣어 살살 돌려가며 꺼냅니다. 식힘망에 옮겨 충분히 식히세요.

4 프로스팅 만들기 9 초콜릿을 잘게 자르고, 버터도 작은 크기로 잘라 실온에 두어 말랑하게 하세요. 10 볼에 잘게 자른 초콜릿과 휘핑크림을 넣고 중탕으로 녹인 후 냄비에서 볼을 꺼내둡니다. 11 ⑩에 버터를 넣고 핸드 믹서로 저으며 녹이세요. 케이크에 바를 수 있을 만큼 끈적이는 상태가 될 때까지 충분히 저은 뒤 실온에서 식힙니다.

5 모양 만들고 장식하기 12 케이크 스탠드 위에 케이크 1개를 올린 후 스패출러를 이용해 프로스팅을 골고루 바르세요. 13 그 위에 남은 케이크를 올리고 옆부분과 윗부분에 프로스팅을 골고루 바릅니다. 14 스푼의 뒷부분을 이용해 자유롭게 소용돌이 모양을 만드세요. 실온에 두거나 냉장고에 넣어 프로스팅을 굳힙니다.

4

10

13

18

19

20-1

20-2

21

(건조한 프로스팅을 올린 레시피)

+ 지름 23cm 2층 케이크 1개
+ 오븐시간 180℃ 35~45분

+ 필요한 도구
원형 케이크 팬(지름 23cm) 2개, 유산지, 냄비, 거품기, 볼, 체, 핸드 믹서, 고무 주걱, 나이프, 식힘망, 케이크 스탠드, 스패츌러, 스푼

+ 재료
체 친 박력분 2 1/4컵, 베이킹 소다 1/2ts, 소금 1/2ts, 무염 버터 1/2컵, 바닐라 익스트랙 2ts, 황설탕 3/4컵, 달걀노른자 2개, 우유 1/2컵, 달걀흰자 3개 분량, 백설탕 2Ts
초콜릿 커스터드: 우유 1/2컵, 다크 초콜릿 1/2컵, 황설탕 1컵, 달걀노른자 1개
프로스팅: 다크 초콜릿 3/4컵, 무염 버터 3Ts, 사워 크림 3/4컵, 바닐라 익스트랙 2ts, 소금 1/8ts, 슈거 파우더 4컵

+ 만드는 방법
1 준비하기 **1** 달걀을 노른자와 흰자로 분리해 실온에 두세요. 초콜릿을 잘게 잘라 준비해요. **2** 오븐을 180℃로 예열해요. 2개의 케이크 팬에 유산지를 동그랗게 잘라 바닥에 깐 뒤 유산지 위에 버터를 살짝 바르고 그 위에 밀가루를 뿌려 준비합니다.
2 초콜릿 커스터드 만들기 **3** 냄비에 우유를 넣고 약한 불에서 끓여요. 거품이 생기기 시작할 때 잘게 자른 초콜릿을 넣고 거품기로 저어가며 녹입니다. **4** ③에 설탕을 넣고 녹인 후 달걀노른자를 천천히 넣고 저어요. 중간 불로 올려 걸쭉해질 때까지 끓인 후 불을 끄고 실온에서 충분히 식히세요.
3 반죽하기 **5** 볼에 밀가루, 베이킹 소다를 체 쳐서 넣은 후 소금을 넣고 섞으세요. **6** 다른 볼에 실온에서 말랑해진 버터를 핸드 믹서를 이용해 부드럽게 푼 후 바닐라 익스트랙을 넣고 젓습니다. **7** ⑥에 황설탕을 넣고 3분 정도 골고루 섞으세요. **8** ⑦에 달걀노른자를 넣고 풀어요. **9** ⑧에 ⑤의 가루와 우유를 세 번에 나누어 번갈아 넣으며 반죽합니다. **10** ⑨에 ④에서 준비해놓은 초콜릿 커스터드를 넣고 골고루 섞어요. **11** 다른 볼에 달걀흰자를 넣고 핸드 믹서를 이용해 봉오리 모양이 생길 때까지 저은 후 백설탕을 넣고 단단하고 윤기 있는 봉오리가 생길 때까지 저어요. **12** ⑩에 ⑪에서 만든 머랭을 두 번에 나누어 넣으며 고무 주걱으로 골고루 섞습니다.
4 팬닝하고 굽기 **13** ⑫의 반죽을 나누어 준비해놓은 2개의 케이크 팬에 각각 부은 뒤 케이크 팬을 바닥에 살짝 쳐서 반죽 내부에 생긴 기포를 빼세요. **14** 예열된 오븐에 넣고 35~45분 정도 구워요. 오븐에서 꺼낸 케이크는 팬에 넣은 채로 10분 정도 식힌 후 얇은 나이프를 케이크 팬 가장자리에 넣어 살살 돌려가며 꺼내세요. 식힘망에 옮겨 충분히 식힙니다.
5 프로스팅 만들기 **15** 볼에 잘게 자른 초콜릿, 버터를 넣고 잘 저어가며 중탕으로 녹인 후 불을 끄고 실온에서 완전히 식혀요. **16** 볼에 사워 크림, 바닐라 익스트랙, 소금을 넣고 핸드 믹서를 이용해 섞어요. **17** ⑯에 슈거 파우더를 네 번에 나누어 넣으면서 부드러워질 때까지 골고루 저으세요. **18** ⑰에 ⑮에서 식힌 초콜릿을 넣고 저어요.
6 모양 만들고 장식하기 **19** 케이크 스탠드 위에 케이크 1개를 올린 후 스패츌러를 이용해 프로스팅을 골고루 바르세요. **20** 그 위에 남은 케이크를 올리고 옆부분과 윗부분에 프로스팅을 골고루 바릅니다. **21** 스푼의 뒷부분을 이용해 소용돌이 모양을 만드세요. 1시간 정도 실온에서 굳게 합니다.

파인애플 업사이드 다운 케이크
Pineapple Upside Down Cake

'업사이드 다운 케이크'라는 명칭은 1800년대 후반부터 인쇄 매체에 언급되기 시작했어요. 그중에서도 파인애플 업사이드 다운 케이크는 업사이드 다운 케이크의 전설이라고 할 수 있을 만큼 오랜 시간 동안 미국인들의 사랑을 받아온 케이크랍니다. 당시에는 오븐이 널리 보급되지 않은 시기였기 때문에 사람들은 더치 오븐(석쇠) 프라이팬을 이용해 업사이드 다운 케이크를 만들었고 그런 이유로 프라이팬 케이크로 불리기도 했어요.

우리에게도 익숙한 파인애플 통조림 회사인 돌(Dole)은 1925년 광고 마케팅의 일환으로 파인애플을 이용한 레시피 콘테스트를 열었어요. 수많은 레시피가 접수되었는데 그중에 2000가지가 넘는 레시피가 각기 다른 파인애플 업사이드 다운 케이크 레시피였다고 해요. 이 회사는 즉시 파인애플 업사이드 다운 케이크를 광고하기 시작했고 그 후 급격히 유명해지기 시작했답니다.

+ 33×23cm 케이크 1개
+ 오븐시간 180℃ 40분

+ **필요한 도구**
직사각형 케이크 팬(33×23cm), 체, 볼, 핸드 믹서, 스크래퍼, 나이프, 베이킹 팬

+ **재료**
중력분 2컵, 베이킹 파우더 2ts, 넛멕 파우더 1/8ts, 소금 1/2ts, 무염 버터 1/2컵, 백설탕 1컵, 달걀 2개, 우유 1/2컵, 바닐라 익스트랙 1ts
토핑: 파인애플 통조림 1개(파인애플 링 12개), 무염 버터 1/4컵, 흑설탕 1/2컵

+ *SWEET TIP*
• 파인애플 업사이드 다운 케이크는 따뜻하게 먹어야 맛있어요.
• 파인애플 업사이드 다운 케이크 레시피 중에는 파인애플 링 안의 작은 구멍에 통조림 체리를 1개씩 꽂아 함께 구운 것이 많답니다. 체리를 파인애플 링 안에 꽂으면 케이크를 뒤집었을 때 체리의 선명한 색깔이 케이크와 잘 어울리겠죠?

+ **만드는 방법**
1 준비하기 1 오븐을 180℃로 예열하세요.
2 토핑 만들기 2 파인애플은 체에 걸러 물기를 빼고 반죽에 넣을 과즙 1/2컵을 작은 볼에 남겨둡니다. 3 케이크 팬에 버터를 넣고 예열된 오븐에 4분 정도 넣어 버터를 녹여요. 4 오븐에서 꺼낸 케이크 팬에 설탕을 골고루 뿌린 후 준비해놓은 파인애플을 올립니다. 이때 파인애플이 겹치지 않게 나란히 공간을 채우고, 오븐을 끄지 않아요.
3 반죽하기 5 볼에 밀가루, 베이킹 파우더, 넛멕 파우더, 소금을 넣고 섞어요. 6 다른 볼에 실온에서 말랑해진 버터와 설탕을 넣고 핸드 믹서를 이용해 부드럽게 풀어요. 7 ⑥에 달걀을 1개씩 넣으며 풀어줍니다. 8 ⑦에 ⑤의 가루와 ②에서 남겨놓은 파인애플 과즙을 두 번에 나누어 번갈아 넣으며 반죽하세요. 9 바닐라 익스트랙을 넣고 잘 젓습니다.
4 팬닝하고 굽기 10 ⑨의 반죽을 ④에서 준비해놓은 파인애플 위에 천천히 부은 뒤 윗면을 스크래퍼로 평평하게 정리하세요. 11 예열된 오븐에 넣고 40분 정도 구워요. 오븐에서 꺼낸 케이크는 팬에 넣은 채로 10분 정도 식힌 후 얇은 나이프를 케이크 팬 가장자리에 넣어 살살 돌리세요. 12 케이크 팬 위에 베이킹 팬을 얹고 뒤집은 뒤 케이크 팬을 들어 올려 케이크를 꺼냅니다.

+ 지름 23cm 케이크 1개
+ 오븐시간 120℃ 2시간 30분~3시간

+ **필요한 도구**
원형 케이크 팬(지름 23cm), 레몬 제스터, 레몬 스퀴저, 볼, 핸드 믹서, 고무 주걱, 나이프, 식힘망

+ **재료**
중력분 1 1/2컵, 베이킹 파우더 1/2ts, 시나몬 파우더 1ts, 넛멕 파우더 1/2ts, 클로브 파우더 1/4ts, 올스파이스 파우더 1/4ts, 소금 1/4ts, 피칸 1 1/2컵, 호두 1 1/2컵, 혼합 건과일 7컵(체리, 파인애플, 살구, 무화과, 건포도 등), 무염 버터 1/2컵, 흑설탕 1컵, 달걀 3개, 딸기잼 1/3컵, 당밀 1/3컵, 오렌지 제스트 1Ts, 오렌지즙 1/2컵

+ *SWEET TIP*
혼합 건과일 대신 혼합 과일 젤리를 사용하면 아주 오랜 옛날 사람들이 만들었던 달콤한 프룻케이크를 만들 수 있어요.

+ **만드는 방법**
1 준비하기 **1** 오븐을 120℃로 예열하세요. 케이크 팬에 버터로 기름칠을 하고 그 위에 밀가루를 살짝 뿌려둡니다. **2** 레몬 제스터를 이용해 오렌지 껍질을 갈고, 레몬 스퀴저로 오렌지즙을 냅니다. **3** 피칸과 호두를 구워 잘게 잘라요. **4** 혼합 건과일을 섞어 함께 잘게 잘라 준비해요.
2 반죽하기 **5** 볼에 밀가루, 베이킹 파우더, 시나몬 파우더, 넛멕 파우더, 클로브 파우더, 올스파이스 파우더, 소금을 넣고 섞어요. **6** 다른 볼에 준비해놓은 피칸, 호두, 혼합 건과일을 담고 ⑤의 가루 1/2컵을 넣어 손으로 골고루 섞습니다. **7** 다른 볼에 실온에서 말랑해진 버터와 설탕을 넣고 핸드 믹서를 이용해 부드럽게 풀어요. **8** ⑦에 달걀을 1개씩 넣으며 풀어준 후 딸기잼, 당밀, 오렌지 제스트를 넣고 섞어요. **9** ⑧에 남은 ⑤의 가루와 오렌지즙을 세 번에 나누어 번갈아 넣으며 고무 주걱을 이용해 반죽합니다. **10** ⑨에 ⑥을 넣고 골고루 젓습니다.
3 팬닝하고 굽기 **11** 반죽을 준비된 케이크 팬에 천천히 부어요. **12** 예열된 오븐에 넣고 2시간 30분~3시간 정도 구워요. 오븐에서 꺼낸 케이크는 팬에 넣은 채로 30분 정도 식힌 후 얇은 나이프를 케이크 팬 가장자리에 넣어 살살 돌려가며 꺼냅니다. 식힘망으로 옮겨 충분히 식히세요.

cake

다크 프룻케이크 Dark Fruitcake

16세기 유럽 사람들은 과일을 설탕에 절이면 특별한 보관 방법이 필요 없이 오랜 기간 상하지 않게 보관할 수 있다는 사실을 발견했어요. 그 후 설탕에 절인 건조 과일은 폭넓게 사용되기 시작했고 덕분에 프룻케이크도 탄생했답니다. 유럽에서 유명했던 프룻케이크는 영국의 통치를 받았던 미국 남부 지방에 처음으로 전해지기 시작했답니다. 미국 남부 텍사스 주의 콜린 스트리트 베이커리(Collin Street Bakery)에서는 1800년대 후반부터 프룻케이크를 팔기 시작하여 현재까지도 그 전통의 맛을 지키고 있다고 해요.

프룻케이크는 전통적으로 추수감사절이나 크리스마스에 많이 즐기는 케이크랍니다. 옛날 사람들은 머핀 팬이나 작은 오븐용 접시에 작은 프룻케이크를 구워 가족들을 위한 크리스마스 선물로 준비하기도 했어요. 전통 레시피의 과일 젤리 대신 혼합 건과일을 올려 만드는 영양 가득한 홈메이드 다크 프룻케이크 레시피를 소개합니다. 향신료의 향이 깊게 우러나는 다크 프룻케이크를 구워 가족들과 함께 즐겨보세요.

레드 벨벳 컵케이크
Red Velvet Cupcakes

강한 유혹의 컬러를 띠는 레드 벨벳 케이크는 1920년대 뉴욕의 상징적인 호텔인 월도프 아스토리아(Waldorf-Astoria) 호텔에서 팔기 시작하면서 사람들의 입소문을 타고 유명해지기 시작했답니다. 미국 남부 지방에서는 새빨간색의 케이크와 하얀 프로스팅의 대비가 눈길을 잡아 끄는 레드 벨벳 케이크를 결혼식 때 신랑을 위한 케이크로 주로 꽃과 함께 장식했다고 해요. 결혼식 리셉션 테이블 위에 놓여 있는 레드 벨벳 케이크는 축제 분위기를 내기에 손색이 없었을 거예요.

어느 컵케이크 가게를 가도 깜찍한 레드 벨벳 컵케이크는 빠지지 않고 등장하는 메뉴 중의 하나랍니다. 유혹적인 컬러와 상큼하면서도 촉촉한 맛을 지닌 이 케이크를 크리스마스나 밸런타인데이때 만들어 사랑하는 사람에게 선물해보세요. 특별한 날, 색다른 분위기를 위해 이보다 더 잘 어울릴 만한 케이크는 없을 거예요.

3

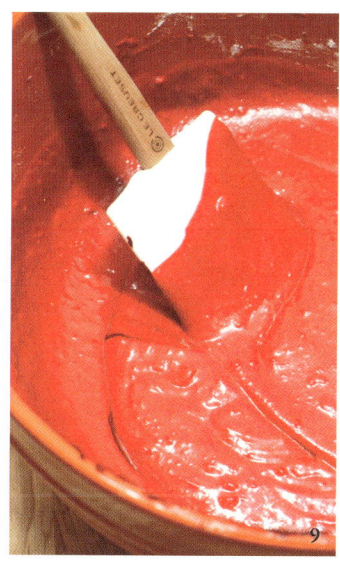  

+ 컵케이크 24개
+ 오븐시간 170℃ 16~18분

+ **필요한 도구**
12구 머핀 팬, 머핀 컵 24개, 볼, 거품기, 체, 핸드 믹서, 고무 주걱, 식힘망, 짤주머니, 깍지

+ **재료**
다크 코코아 파우더 1/4컵, 빨간색 식용 색소 2Ts, 뜨거운 물 1/4컵, 우유 1컵, 식초 1Ts+1Ts, 박력분 2 1/2컵, 소금 1ts, 무염 버터 1/3컵, 쇼트닝 2Ts, 백설탕 1 2/3컵, 달걀 3개, 바닐라 익스트랙 1ts, 베이킹 소다 1ts
프로스팅: 슈거 파우더 3 1/2컵, 무염 버터 1컵, 소금 1/8ts, 우유 1ts, 바닐라 익스트랙 1ts

+ *SWEET TIP*
기호에 따라 식용 색소의 양을 줄일 수도 있지만 그럴 경우에는 레드 벨벳 고유의 선명한 빨간색을 띠지 않는답니다.

+ **만드는 방법**
1 **준비하기** **1** 오븐을 170℃로 예열하고 머핀 팬에 머핀 컵을 깔아요. **2** 계량 컵에 우유 1컵과 식초 1Ts을 넣어둡니다. **3** 볼에 코코아 파우더, 식용 색소를 넣고 뜨거운 물을 부으며 거품기로 잘 저어요. 반죽을 할 동안 식히세요.
2 **반죽하기** **4** 볼에 밀가루를 체 쳐서 넣고 소금을 넣어 섞어요. **5** 다른 볼에 실온에서 말랑해진 버터와 쇼트닝을 넣고 핸드 믹서를 이용해 부드럽게 풀어요. **6** ⑤에 설탕을 넣고 3분 정도 저은 후 달걀을 1개씩 넣으며 풀어줍니다. **7** ②의 우유와 바닐라 익스트랙을 ③에 넣고 섞어요. **8** ⑥에 ④의 가루와 ⑦을 세 번에 나누어 번갈아 넣으며 반죽합니다. **9** 작은 볼에 식초 1Ts, 베이킹 소다를 넣고 저으며 녹인 후 ⑧에 넣고 고무 주걱으로 골고루 섞어요.
3 **팬닝하고 굽기** **10** 반죽을 나누어 준비해놓은 머핀 팬의 절반이 조금 넘을 정도로 채우세요. **11** 예열된 오븐에 넣고 노릇해질 때까지 16~18분 정도 구워요. 오븐에서 꺼낸 케이크는 팬에 넣은 채로 10분 정도 식힌 후 식힘망에 옮겨 충분히 식힙니다.
4 **프로스팅 만들고 모양 내기** **12** 볼에 슈거 파우더를 체 쳐서 넣은 후 실온에서 말랑해진 버터, 소금을 넣고 핸드 믹서나 거품기를 이용해 부드럽게 풀어줍니다. **13** ⑫에 우유, 바닐라 익스트랙을 넣고 골고루 섞어요. **14** 짤주머니에 마음에 드는 모양의 깍지를 끼우고 ⑬의 프로스팅을 담은 후 각 케이크 위에 모양을 냅니다. 실온에 두거나 냉장고에 넣어 프로스팅을 굳히세요.

+ 지름 25cm 번트 케이크 1개
+ 오븐시간 180℃ 50~55분

+ 필요한 도구
번트 케이크 팬(지름 25cm), 레몬 제스터, 레몬 스퀴저, 볼, 체, 핸드 믹서, 고무 주걱, 나이프, 식힘망, 거품기, 케이크 스탠드

+ 재료
박력분 2컵, 베이킹 파우더 1ts, 소금 1/4ts, 무염 버터 1컵, 백설탕 2컵, 달걀 2개, 사워 크림 1컵, 포피시드(양귀비 씨) 1/4컵, 레몬즙 3Ts, 레몬 제스트 2ts
글레이즈: 슈거 파우더 1컵, 레몬즙 2Ts, 소금 1/8ts

+ SWEET TIP
• 번트 케이크 팬을 사용할 때는 오븐에서 꺼낸 케이크의 윗면이 갈라져 있어도 놀라지 마세요. 케이크 스탠드 위에 케이크를 거꾸로 놓기 전에 케이크 바닥의 튀어나온 부분이나 갈라진 부분을 정리할 수 있답니다. 날카로운 나이프나 톱니 모양 나이프를 이용해 면을 정리하세요.
• 글레이즈를 만들 시간이 없을 때는 글레이즈 대신 슈거 파우더를 골고루 뿌려도 좋습니다.
• 글레이즈 위에 레몬 껍질을 잘게 잘라 장식하세요.

+ 만드는 방법
1 준비하기 1 오븐을 180℃로 예열하세요. 케이크 팬에 버터로 기름칠을 하고 그 위에 밀가루를 살짝 뿌려요. 2 레몬 제스터를 이용해 레몬 껍질을 갈고, 레몬 스퀴저를 이용해 레몬즙을 냅니다.
2 반죽하기 3 볼에 밀가루, 베이킹 파우더를 체 쳐서 넣은 후 소금을 넣고 섞어요. 4 다른 볼에 실온에서 말랑해진 버터와 설탕을 넣고 핸드 믹서를 이용해 부드럽게 풀어요. 5 ④에 달걀을 1개씩 넣으며 풀어준 후 사워 크림, 포피시드를 넣고 골고루 섞습니다. 6 ⑤에 ③의 가루를 세 번에 나누어 넣으며 고무 주걱으로 반죽하세요. 7 ⑥에 ②의 레몬즙, 레몬 제스트를 넣고 잘 저어요.
3 패닝하고 굽기 8 ⑦의 반죽을 케이크 팬에 천천히 부으세요. 9 예열된 오븐에 넣고 50~55분 정도 구워요. 오븐에서 꺼낸 케이크는 팬에 넣은 채로 20분 정도 식힌 후 얇은 나이프를 케이크 팬 가장자리에 넣어 살살 돌려가며 꺼내세요. 식힘망으로 옮겨 충분히 식힙니다.
4 글레이즈 만들어 올리기 10 볼에 슈거 파우더를 체 쳐서 넣은 후 레몬즙, 소금을 넣고 핸드 믹서나 거품기를 이용해 부드러워질 때까지 섞어요. 11 케이크 스탠드 위에 케이크를 올리고 ⑩의 글레이즈를 천천히 올려 장식합니다. 실온에 두거나 냉장고에 넣어 프로스팅을 굳히세요.

레몬 포피시드 케이크
Lemon Poppy Seed Cake

앤틱 샵에서 우연히 발견한 레몬 포피시드 케이크 레시피는 1970년대에 발행된 지역별 요리책에 실려 있었어요. 이 레시피를 쓱 읽어보는 순간, 초여름 뉴욕의 한 노천카페에서 맛보았던 잊을 수 없는 맛의 레몬 케이크가 떠올랐어요. 입 안에 감도는 그 상쾌한 맛을 떠올리며 앤틱 샵 책장 사이에 앉아 열심히 베껴왔답니다. 케이크에 포피시드가 촘촘히 박혀 있어 씹는 맛이 재미있고 상큼한 레몬 향이 감미로워요. 여름의 향기를 느끼고 싶다면 레몬 포피시드 케이크를 구워보세요. 이보다 더 좋을 수는 없을 거예요.

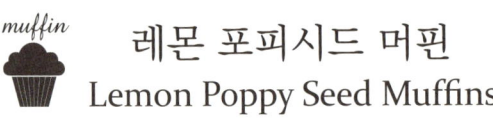

레몬 포피시드 머핀
Lemon Poppy Seed Muffins

레몬 포피 시드 케이크의 매력에 푹 빠져 있던 한때, 시카고 시립도서관 앞에 있는 '스타벅스'에 커피를 한잔 사러 들렀어요. 배도 출출한 참에 머핀이나 스콘을 함께 먹어야겠다는 마음으로 둘러보던 중에 맨 윗줄에 떡 하니 놓여있던 레몬 포피시드 머핀이 단번에 제 시선을 사로잡았답니다. 레몬 포피시드 케이크의 축소판이라고 할 수 있는 깜찍한 이 머핀은 깜찍한 레몬 포피시드 케이크와는 다른 매력이 있었어요. 그날 도서관에 다시 돌아가 여러 베이킹 책과 자료를 뒤져가며 발견한 포피시드가 촘촘히 박힌 레몬 포피시드 머핀의 레시피를 소개합니다.

+ 머핀 15개
+ 오븐시간 200℃ 18~20분

+ **필요한 도구**
12구 머핀 팬, 머핀 컵 15개, 레몬 제스터, 레몬 스퀴저,
볼, 포크, 핸드 믹서, 고무 주걱, 식힘망, 체, 스푼

+ **재료**
레몬 제스트 1Ts, 백설탕 2/3컵, 중력분 2컵, 베이킹 파
우더 2ts, 베이킹 소다 1/4ts, 소금 1/4ts, 무염 버터 1/2
컵, 사워 크림 3/4컵, 달걀 2개, 바닐라 익스트랙 1ts,
레몬즙 2Ts, 포피시드(양귀비 씨) 2Ts
글레이즈: 체 친 슈거 파우더 1컵, 레몬즙 2Ts

+ *SWEET TIP*
좀 더 풍부한 레몬 향을 느끼고 싶다면 글레이즈를 뿌
린 후에 레몬 제스터를 이용해 레몬 껍질을 갈아 뿌리
세요. 이때 글레이즈가 마르기 전에 뿌려야 머핀 위에
고정이 된답니다.

+ **만드는 방법**
1 준비하기 1 오븐을 200℃로 예열하고 머핀 팬에 머핀
컵을 깔아두어요. 2 레몬 제스터를 이용해 레몬 껍질을
갈고, 레몬 스퀴저를 이용해 레몬즙을 냅니다.
2 반죽하기 3 볼에 레몬 제스트와 설탕을 담고 포크를
이용하거나 손가락으로 비벼 잘 섞으세요. 4 ③에 밀가
루, 베이킹 파우더, 베이킹 소다, 소금을 넣고 섞어요.
5 다른 볼에 실온에서 말랑해진 버터를 핸드 믹서를 이
용해 부드럽게 풀고 사워 크림, 달걀, 바닐라 익스트랙,
레몬즙을 넣어 골고루 젓습니다. 6 ⑤에 ④의 가루를 넣
고 잘 섞일 때까지 고무 주걱으로 반죽하세요. 7 ⑥에
포피시드를 넣고 골고루 섞어요.
3 팬닝하고 굽기 8 반죽을 나누어 준비해놓은 머핀 팬의
70% 정도까지 채웁니다. 9 예열된 오븐에 넣고 노릇해
질 때까지 18~20분 정도 구워요. 오븐에서 꺼낸 머핀
은 팬에 넣은 채로 10분 정도 식힌 후 식힘망에 옮겨 충
분히 식힙니다.
4 글레이즈 만들고 모양 내기 10 볼에 체 친 슈거 파우더,
레몬즙을 넣고 고무 주걱으로 골고루 저어요. 11 각 머핀
위에 스푼이나 포크를 이용해 글레이즈를 뿌립니다.

+ 지름 23cm 케이크 1개
+ 오븐시간 180℃ 40~45분

+ **필요한 도구**
원형 케이크 팬(지름 23cm), 레몬 제스터, 볼, 핸드 믹서, 나이프, 식힘망, 체

+ **재료**
중력분 2컵, 베이킹 소다 1ts, 생강 가루 1ts, 시나몬 파우더 1 1/2ts, 클로브 파우더 1/8ts, 소금 1/4ts, 무염 버터 1/2컵, 황설탕 1/2컵, 달걀 2개, 레몬 제스트 1Ts, 당밀 1/2컵, 우유 1컵
토핑: 슈거 파우더 1Ts, 레몬 1개

+ *SWEET TIP*
• 생강을 갈거나 잘게 잘라서 반죽에 넣으면 더욱 강한 생강 향을 느낄 수 있어요.
• 슈거 파우더 토핑을 생략하고 레몬 프로스팅을 만들어 곁들여도 좋습니다. 레몬 프로스팅은 볼에 슈거 파우더 1 1/2컵을 체 쳐서 넣은 후 레몬즙 2Ts을 넣고 거품기를 이용해 부드러워질 때까지 섞어 만들어요.

+ **만드는 방법**
1 준비하기 1 오븐을 180℃로 예열해요. 케이크 팬에 버터로 기름칠을 하고 그 위에 밀가루를 살짝 뿌려둡니다. 2 레몬 제스터를 이용해 레몬 껍질을 갈아 준비해요.
2 반죽하기 3 볼에 밀가루, 베이킹 소다, 생강 가루, 시나몬 파우더, 클로브 파우더, 소금을 넣고 섞어요. 4 다른 볼에 실온에서 말랑해진 버터와 설탕을 넣고 핸드 믹서를 이용해 부드럽게 풀어줍니다. 5 ④에 달걀을 1개씩 넣으면서 풀어준 후 ②의 레몬 제스트와 당밀을 넣고 골고루 섞어요. 6 ⑤에 ③의 가루와 우유를 세 번에 나누어 번갈아 넣으며 반죽합니다.
3 팬닝하고 굽기 7 ⑥의 반죽을 케이크 팬에 천천히 부으세요. 8 예열된 오븐에 ⑦을 넣고 40~45분 정도 구워요. 오븐에서 꺼낸 케이크는 팬에 넣은 채로 10분 정도 식힌 후 얇은 나이프를 케이크 팬 가장자리에 넣어 살살 돌려가며 꺼내세요. 식힘망에 옮겨 충분히 식힙니다.
4 토핑 올리기 9 케이크 윗면에 슈거 파우더를 체에 내려 골고루 뿌립니다. 10 레몬 제스터를 이용해 레몬 껍질을 길게 갈아 케이크 위에 올려 장식해요.

cake

진저브레드 케이크 Gingerbread Cake

미국의 디저트에 대해 이야기할 때 절대로 빼놓을 수 없는 메뉴 중의 하나가 생강 향을 넣어 만든 진저브레드 같은 종류의 디저트예요. 케이크나 쿠키, 빵류 등 생강 향이 들어간 디저트의 종류는 셀 수 없을 정도로 다양하답니다. 진저브레드는 기원전 2800년경에 그리스에서 처음 만들기 시작했다고 하니 그 역사가 굉장히 오래되었어요. 초기의 진저브레드는 빵 부스러기와 꿀을 섞어 만들었는데 시간이 흐르며 여러 나라로 전해지면서 각 나라의 문화와 환경에 따라 다양한 형태로 변화했답니다. 미국에서는 단단한 진저브레드 쿠키와 구별하기 위해 진저브레드 케이크라고 부르게 되었고 꿀 대신 당밀을 이용해 만들었어요.

추운 겨울날 집 안에 가득 퍼진 진저브레드 케이크의 깊은 향을 상상해보세요. 따뜻한 차 한 잔과 함께 먹는 진저브레드 케이크는 몸을 따뜻하게 데워줄 거예요.

cake

마블 파운드 케이크 Marble Pound Cake

바닐라와 초콜릿 반죽이 대리석 무늬처럼 구불구불 휘어져서 패턴처럼 섞여 있는 마블 파운드 케이크는 케이크 단면의 모양이 눈길을 사로잡아요. 사계절 언제든 쉽게 만들어 즐길 수 있는 마블 케이크는 반죽이 꽉 차 있어 한 조각만 먹어도 배가 든든하답니다.

대비되는 두 가지 반죽을 휘휘 젓고 난 후의 결과를 오븐에서 굽고 자르기 전까지는 알 수가 없어요. 간단하게 보이는 마블 케이크의 첫 도전은 맛은 좋지만 반죽의 패턴이 잘 나오지 않아 실패로 끝났어요. 레시피에서 분명히 반죽을 대여섯 번만 저으라고 했는데 괜히 욕심이 나서 몇 번을 더 저었더니 두 가지 반죽이 모양을 내며 섞이질 않고 완전히 섞여 갈색의 반죽이 되어버렸거든요. 케이크를 잘랐을 때 얼마나 멋진 패턴이 나올지 궁금해서 팬을 오븐에 넣고 어린아이처럼 마음을 졸이게 만드는 케이크랍니다.

+ 21.5×11.5cm 파운드 케이크 1개
+ 오븐시간 170℃ 1시간 15~25분

+ **필요한 도구**
로프 팬(21.5×11.5cm), 냄비, 유산지, 볼, 핸드 믹서, 나이프, 식힘망

+ **재료**
중력분 2컵, 베이킹 파우더 1 1/4ts, 소금 1/2ts, 버터 3/4컵, 백설탕 1컵, 달걀 4개, 바닐라 익스트랙 1/2ts, 우유 1/2컵, 다크 초콜릿 3/4컵, 코코아 파우더 2ts

+ **SWEET TIP**
두 가지 색의 반죽을 과도하게 많이 저어 섞으면 반죽이 그대로 섞여 마블 파운드 케이크를 상징하는 예쁜 패턴이 나오지 않으니 주의하세요.

+ **만드는 방법**
1 준비하기 1 초콜릿을 잘게 잘라 중탕으로 녹여 식힙니다. 2 오븐을 170℃로 예열하세요. 로프 팬의 바닥에 유산지를 깐 뒤 버터를 살짝 바르고 그 위에 밀가루를 뿌려 준비해요.
2 반죽하기 3 볼에 밀가루, 베이킹 파우더, 소금을 넣고 섞어요. 4 다른 볼에 실온에서 말랑해진 버터와 설탕을 넣고 핸드 믹서를 이용해 부드럽게 풀어요. 5 ④에 달걀을 1개씩 넣으며 풀고 바닐라 익스트랙을 넣어 섞어요. 6 ⑤에 ③의 가루와 우유를 세 번에 나누어 번갈아 넣으며 반죽합니다. 7 ⑥의 1/3 정도를 덜어서 다른 볼에 옮겨 담고 ①에서 녹인 초콜릿과 코코아 파우더를 넣어 섞어요.
3 팬닝하고 굽기 8 ⑥의 하얀 반죽과 ⑦의 갈색 반죽을 번갈아가며 로프 팬에 담아요. 9 나이프를 이용해 반죽을 지그재그로 대여섯 번 정도 저어요. 10 예열된 오븐에 ⑨를 넣고 1시간 15분~1시간 25분간 구워요. 오븐에서 꺼낸 케이크는 팬에 넣은 채로 15분 정도 식힌 후 얇은 나이프를 케이크 팬 가장자리에 넣어 살살 돌려가며 꺼내세요. 식힘망에 옮겨 충분히 식힙니다.

켄터키 애플소스 스택 케이크
kentucky Applesauce Stack Cake

다른 지역에 비해 경제적으로 낙후되었던 애팔래치아 지역 사람들은 경제적인 이유로 결혼식을 기념하는 특별한 웨딩 케이크를 준비할 수가 없었어요. 그래서 각 손님들이 프로스팅을 바르지 않은 케이크를 구워서 가지고 오면 파티의 호스트는 그 케이크를 겹겹이 쌓아 준비해놓은 사과잼이나 사과 소스를 발라 웨딩 케이크를 만들었답니다. 얇은 케이크 시트를 여러 겹으로 쌓아올린 스택 케이크는 1774년 켄터키 주의 초기 개척자인 제임스 해러드(James Harrod)에 의해 켄터키 주에 전해지며 켄터키 스택 케이크라는 이름으로 불리게 되었다고 해요. 전통 애플 스택 케이크는 주로 말린 사과를 이용해서 만드는 것으로 알려져 있어요. 이 책에서는 홈메이드 애플소스를 넣어 반죽을 만드는 3층의 애플소스 스택 케이크의 레시피를 소개할게요. 반죽에 들어가는 다양한 향신료가 애플소스와 함께 어우러져 케이크의 맛을 깊고 풍부하게 한답니다.

+ 지름 23cm 3층 케이크 1개
+ 오븐시간 180℃ 35~40분

+ 필요한 도구
원형 케이크 팬(지름 23cm) 3개, 냄비, 나무 주걱, 유산지, 볼, 핸드 믹서, 나이프, 식힘망, 케이크 스탠드, 스패출러, 체

+ 재료
중력분 3컵, 베이킹 소다 3ts, 베이킹 파우더 1 1/2ts, 시나몬 파우더 3/4ts, 넛멕 파우더 3/4ts, 클로브 파우더 1/4ts, 무염 버터 3/4컵, 백설탕 1 1/2컵, 달걀 2개, 바닐라 익스트랙 3ts, 애플소스 3컵
애플소스(3컵): 사과 8개, 물 1컵, 백설탕 3Ts, 시나몬 파우더 1ts
필링: 휘핑크림 2컵, 슈거 파우더 3/4컵, 시나몬 파우더 1ts, 바닐라 익스트랙 1/2ts
토핑. 슈거 파우디 2Ts

+ SWEET TIP
• 필링을 만들 때 휘핑크림을 너무 오래 저으면 순식간에 푸석푸석해질 수 있어요. 케이크에 바를 수 있을 정도의 끈기가 만들어질 때까지만 저으세요.
• 케이크 위에 필링을 바를 때는 케이크의 가장자리 부분에 필링을 많이 올리고 스패출러로 필링을 중간으로 모아가며 바르세요.

+ 만드는 방법
1 애플소스 만들기 **1** 사과는 껍질을 벗겨 잘게 자른 뒤 냄비에 담아요. **2** ①에 물을 부은 후 뚜껑을 닫고 중간 불에서 끓입니다. **3** 끓기 시작하면 약한 불로 줄이고 가끔씩 저어가면서 사과가 말랑해질 때까지 20분 정도 더 끓입니다. **4** ③에 설탕, 시나몬 파우더를 넣고 설탕이 녹을 때까지 끓이세요. **5** 사과가 충분히 말랑해지면 불을 끄고 나무 주걱을 이용해 사과를 으깬 뒤 충분히 식힙니다.

2 준비하기 **6** 오븐을 180℃로 예열하세요. 3개의 케이크 팬에 유산지를 동그랗게 잘라 바닥에 깔아요. 유산지 위에 버터를 살짝 바르고 그 위에 밀가루를 뿌려둡니다.

3 반죽하기 **7** 볼에 밀가루, 베이킹 소다, 베이킹 파우더, 시나몬 파우더, 넛멕 파우더, 클로브 파우더를 넣고 골고루 섞어요. **8** 다른 볼에 실온에서 말랑해진 버터와 설탕을 넣고 핸드 믹서를 이용해 부드럽게 풀어요. **9** ⑧에 달걀을 1개씩 넣어 풀고 바닐라 익스트랙을 넣어 섞으세요. **10** ⑨에 ⑦의 가루와 ⑤에서 준비해놓은 애플소스를 세 번에 나누어 번갈아 넣으며 반죽합니다.

4 팬닝하고 굽기 **11** 반죽을 나누어 준비해놓은 3개의 케이크 팬에 부어요. 케이크 팬을 바닥에 살짝 쳐서 반죽 안에 생긴 기포를 뺍니다. **12** 예열된 오븐에 ⑪을 넣고 35~40분 정도 구우세요. 오븐에서 꺼낸 케이크는 팬에 넣은 채로 10분 정도 식힌 후 얇은 나이프를 케이크 팬 가장자리에 넣어 살살 돌려가며 꺼냅니다. 식힘망에 옮겨 충분히 식히세요.

5 필링 만들고 모양내기 **13** 볼에 필링의 모든 재료를 넣고 매끈하고 단단한 봉오리 모양이 생길 때까지 핸드 믹서를 이용해 저어요. **14** 케이크 스탠드 위에 케이크 1개를 올린 후 스패출러를 이용해 필링의 절반을 골고루 바릅니다. 그 위에 남은 케이크를 올려 윗부분에 골고루 바른 후 남은 케이크를 올리세요. 맨 윗부분의 케이크 위에는 필링을 바르지 않습니다. **15** 케이크 맨 위에 토핑용 슈거 파우더를 체에 내려 골고루 뿌리세요.

cake

블랙 포레스트 컵케이크
Black Forest Cupcakes

컵케이크 가게에 자주 드나들었어도 한 번도 들어본 적이 없는 이 케이크의 이름을 도서관에서 베이킹 책을 들 춰보다가 발견했어요. 본래 블랙 포레스트 케이크라는 큰 크기의 케이크로 알려졌는데 언제부터인가 사람들이 작은 컵케이크로 만들기 시작했다고 해요.

어두운 숲 속에 있는 듯한 느낌의 미스터리한 이름의 블랙 포레스트 케이크는 16세기 말 독일의 블랙 포레스트 라는 지역에서 처음 알려지기 시작했어요. 이 지역은 전통적으로 체리와 체리 브랜디인 키르슈로 유명한 곳이었 기 때문에 사람들은 체리와 키르슈에 초콜릿을 넣어 이 케이크를 만들기 시작했답니다. 그 후 미국 북부 지역으 로 이주해온 독일인들이 이 케이크의 레시피를 미국에 전했어요. 이 책에서는 초콜릿의 깊은 맛과 체리가 잘 어 우러진 블랙 포레스트 케이크에서 아이디어를 얻어 탄생한 블랙 포레스트 컵케이크 레시피를 소개할게요.

+ 컵케이크 16개
+ 오븐시간 180℃ 18~20분

+ 필요한 도구
12구 머핀 팬, 머핀 컵 16개, 볼, 나무 주걱, 핸드 믹서, 식힘망, 짤주머니, 깍지, 고무 주걱

+ 재료
중력분 1 2/3컵, 체 친 다크 코코아 파우더 2/3컵, 베이 킹 소다 1 1/2ts, 소금 1ts, 에스프레소 파우더 1ts, 무염 버터 1/2컵, 백설탕 1 1/2컵, 달걀 2개, 바닐라 익스트 랙 1ts, 우유 1 1/3컵, 식초 1Ts
필링: 체리 500g, 백설탕 2Ts, 키르슈(체리 브랜디) 약 간
프로스팅: 휘핑크림 1 1/4컵, 체 친 슈거 파우더 7Ts, 바닐라 익스트랙 1ts
토핑: 체리 16개, 초콜릿 슬라이스 약간

+ SWEET TIP
• 에스프레소 파우더는 그라인더를 이용해 커피 빈을 잘게 갈아 직접 준비해도 좋아요.
• 프로스팅을 만들 때 휘핑크림을 너무 오래 저으면 순 식간에 푸석푸석해질 수 있어요. 모양을 낼 수 있을 정 도의 끈기가 만들어질 때까지만 저으세요.

+ 만드는 방법
1 준비하기 1 오븐을 180℃로 예열하고 머핀 팬에 머 핀 컵을 깔아두세요. 2 계량 컵에 우유와 식초를 섞어 둡니다.

2 필링 만들기 3 필링에 넣을 체리를 깨끗이 씻어 꼭지 를 따고 씨를 제거한 후 나무 주걱으로 잘게 으깹니다. 설탕을 뿌린 뒤 골고루 섞으세요.

3 반죽하기 4 다른 볼에 밀가루, 체 친 코코아 파우더, 베 이킹 소다, 소금, 에스프레소 파우더를 넣고 섞으세요. 5 또 다른 볼에 실온에서 말랑해진 버터와 설탕을 넣고 핸드 믹서를 이용해 3분 정도 부드럽게 풀어요. 6 ⑤에 달걀을 1개씩 넣고 푼 후 바닐라 익스트랙을 넣고 섞으 세요. 7 ⑥에 ④의 가루와 ②를 세 번에 나누어 번갈아 넣 으며 골고루 반죽합니다.

4 패닝하고 굽기 8 ⑦의 반죽을 나누어 준비해놓은 머핀 팬의 절반이 조금 넘을 정도로 채우세요. 9 예열된 오 븐에 넣고 노릇해질 때까지 18~20분 정도 구워요. 오 븐에서 꺼낸 케이크는 팬에 넣은 채로 10분 정도 식힌 후 식힘망에 옮겨 충분히 식히세요.

5 필링 올리기 10 계량 테이블 스푼을 이용해 구워놓은 각 케이크 위의 중간 부분을 도려냅니다. 11 ③에서 으 깨놓은 체리를 떠서 도려낸 부분을 채우세요. 그 위에 키르슈(체리 브랜디)를 1/2ts 정도씩 살짝 뿌리세요.

6 프로스팅 만들고 모양내기 12 볼에 휘핑크림을 넣고 핸 드 믹서를 이용해 저으세요. 끈기가 생기기 시작할 때 체 친 슈거 파우더를 1Ts씩 넣어가며 계속 저어요. 13 매 끈하고 단단한 봉오리 모양이 생길 때까지 저은 후 바닐 라 익스트랙을 넣고 고무 주걱으로 섞습니다. 14 짤주 머니에 마음에 드는 모양의 깍지를 끼우고 ⑬의 프로스 팅을 담은 후 각 케이크 위에 모양을 냅니다.

7 토핑 올리기 15 ⑭ 위에 꼭지를 따지 않은 체리를 1개 씩 올리고 초콜릿 슬라이스를 뿌려 장식하세요. 실온에 두거나 냉장고에 넣어 프로스팅을 굳히세요.

앨라배마 레인 케이크 Alabama Lane Cake

앨라배마에 살고 있던 에마 라이랜더 레인(Emma Rylander Lane)은 레인 케이크 레시피로 조지아 주에서 열린 품평회에서 상을 받았어요. 처음에는 프라이즈 케이크(Prize Cake)로 불린 이 케이크는 점차 유명해졌고, 그후 본인의 이름을 따서 레인 케이크라는 이름을 붙였답니다. 1898년 에마 레인이 직접 출판한 요리책에 실렸던 레인 케이크는 금세 사람들의 입소문을 타고 유명해졌어요. 앨라배마 주를 배경으로 한 하퍼 리(Harper Lee)의 소설《앵무새 죽이기》에서도 손님에게 접대하기 위해 레인 케이크를 구웠다고 묘사할 정도로 남부 지방에서는 오래전부터 유명한 케이크랍니다.

독특한 질감의 프로스팅 안에 뽀얀 케이크가 숨어 있는 앨라배마 레인 케이크는 취향이 어떻든 많은 사람들에게 기쁨을 줄 수 있는 케이크예요. 이 레시피를 처음 손에 쥔 후 그 맛에 반해 여러 번 구워서 주변 사람들과 함께 나누었는데 그 어떤 디저트보다도 최고의 찬사를 받은 케이크랍니다.

+ 지름 23cm 3층 케이크 1개
+ 오븐시간 170℃ 20~25분

+ **필요한 도구**
원형 케이크 팬(지름 23cm) 3개, 유산지, 볼, 체, 핸드
믹서, 고무 주걱, 나이프, 식힘망, 냄비, 거품기, 조리용
(캔디용) 온도계, 케이크 스탠드, 스패츌러

+ **재료**
박력분 3 1/2컵, 베이킹 파우더 1Ts, 소금 1/4ts, 우유
1컵, 바닐라 익스트랙 1ts, 무염 버터 1컵, 백설탕 2컵,
달걀흰자 8개 분량
필링: 무염 버터 1/2컵, 백설탕 1컵, 달걀노른자 8개,
피칸 1컵, 건포도 1컵, 코코넛 슬라이스 1 1/4컵, 버번
위스키 1/4컵, 바닐라 익스트랙 1ts

+ *SWEET TIP*
• 필링을 만들 때는 버터를 녹이고 충분히 식힌 후에 달
걀노른자를 넣으세요. 버터가 뜨거운 상태에서 달걀노
른자를 넣으면 멍울이 생길 수 있습니다.
• 필링을 바를 때에는 각 층과 옆면, 윗면에 바를 양을
고려해서 적당한 양으로 나누어 바르세요.

+ **만드는 방법**
1 준비하기 1 달걀노른자와 흰자를 분리해 실온에 두어
요. 2 오븐을 170℃로 예열하고, 3개의 케이크 팬에 유
산지를 동그랗게 잘라 바닥에 깔아요. 유산지 위에 버
터를 살짝 바르고 그 위에 밀가루를 뿌려 준비합니다.
3 피칸을 구워 잘게 잘라요.

2 반죽하기 4 볼에 밀가루, 베이킹 파우더를 체 쳐서 넣
고 소금을 넣어 섞습니다. 5 계량 컵에 우유와 바닐라
익스트랙을 넣고 섞어요. 6 다른 볼에 실온에서 말랑해
진 버터와 설탕을 넣고 핸드 믹서를 이용해 부드럽게
풀어요. 7 ⑥에 ④의 가루와 ⑤를 세 번에 나누어 번갈
아 넣으며 반죽합니다. 8 또 다른 볼에 달걀흰자를 넣고
부드러운 봉오리 모양의 머랭이 생길 때까지 핸드 믹서
를 이용해 저어요. 두 번에 나누어 ⑦에 넣으며 고무 주
걱을 이용해 골고루 섞으세요.

3 팬닝하고 굽기 9 ⑧의 반죽을 준비해놓은 3개의 케이
크 팬에 나누어 부어요. 케이크 팬을 바닥에 살짝 쳐서
반죽 안에 생긴 기포를 뺍니다. 10 ⑨를 예열된 오븐에
넣고 20~25분 정도 구워요. 오븐에서 꺼낸 케이크는
팬에 넣은 채로 10분 정도 식힌 후 얇은 나이프를 케이
크 팬 가장자리에 넣어 살살 돌리며 꺼내세요. 식힘망
에 옮겨 충분히 식힙니다.

4 필링 만들기 11 버터를 냄비에 담고 약한 불에서 녹
인 후 식히세요. 12 ⑪에 설탕, 달걀노른자를 넣고 거
품기를 이용해 저어요. 13 냄비를 다시 중간 불에 올려
놓고 잘 저어가며 조리용 온도계의 온도가 78~80℃ 정
도가 될 때까지 10분 정도 끓입니다. 14 불을 끄고 피
칸, 건포도, 코코넛 슬라이스, 버번위스키, 바닐라 익스
트랙을 넣고 골고루 섞은 뒤 냉장고에 2시간 정도 넣어
필링을 식히세요.

5 모양 만들기 15 케이크 스탠드 위에 케이크 1개를 올
린 후 스패츌러를 이용해 ⑭에서 만든 필링을 골고루 바
릅니다. 16 그 위에 케이크를 쌓아가며 같은 과정을 반
복하고 옆부분과 윗부분에도 골고루 발라요. 실온에 두
거나 냉장고에 넣어 필링을 굳힙니다.

cake 뉴욕 치즈케이크 New York Cheesecakes

뉴욕 맨해튼은 셀 수 없을 만큼 여러 상징적인 것들로 유명하지만 물론 그중에서 치즈케이크는 뉴욕을 이야기할 때 **빼놓을 수 없는** 디저트랍니다. 치즈케이크는 각 나라마다 다른 조리 방법과 형태로 발전해왔는데 그 차이가 어떻든 달콤함과 상큼하게 톡 쏘는 맛, 탱탱한 질감이 완벽하게 조화를 이루어야 맛있는 치즈케이크라고 할 수 있어요.

이 책에서는 바닥의 패스트리 없이 푸딩처럼 만드는 치즈케이크의 레시피를 소개할게요. 손님들을 초대했을 때 디저트로 작은 접시에 예쁘게 담아 대접할 수 있는 치즈케이크예요. 치즈케이크의 표면에 금이 갈 위험을 없애기 위해 작은 그릇에 각각 반죽을 담아 여러 개의 작은 치즈케이크를 만들었답니다.

+ 작은 치즈케이크 8개
+ 오븐시간 150℃ 25~30분

+ **필요한 도구**
작은 오븐용 그릇 (지름 7~8cm) 8개, 볼, 핸드 믹서,
직사각형 케이크 팬 (33×23cm), 나이프, 비닐 랩

+ **재료**
크림치즈 2컵, 백설탕 1컵, 바닐라 익스트랙 2ts, 달걀
4개, 달걀흰자 1개 분량, 사워 크림 1컵

+ **SWEET TIP**
• 촉촉한 질감의 치즈케이크를 만들 때는 크림치즈를 실
온에 충분히 두어 말랑하게 해야 해요. 시간이 없을 때에
는 크림치즈를 작은 큐브 모양으로 잘라서 실온에 둡니
다. 절대로 전자레인지에 넣어 녹이지 마세요.
• 라즈베리, 블루베리, 딸기 등으로 치즈케이크 위에
장식해도 좋아요.

+ **만드는 방법**
1 준비하기 1 오븐을 150℃로 예열합니다. 오븐용 그릇
에 버터로 골고루 기름칠을 한 뒤 유산지를 동그랗게
잘라 바닥에 깔아요.
2 반죽하기 2 볼에 실온에서 말랑해진 크림치즈와 설탕,
바닐라 익스트랙을 넣고 핸드 믹서를 이용해 부드럽게
풀어요. 3 ②에 달걀 1개씩과 달걀흰자를 넣으며 푼 후
사워 크림을 넣고 섞어요.
3 팬닝하고 굽기 4 반죽을 8개의 작은 오븐용 그릇에 나
누어 담으세요. 5 직사각형 케이크 팬에 8개의 그릇을
담고 그릇의 아랫부분이 잠길 수 있도록 따뜻한 물을 담
아요. 6 예열된 오븐에 넣고 케이크가 약간 부풀어 오
를 때까지 25~30분 정도 구워요. 7 오븐의 전원을 끄
고 팬을 오븐에 넣어둔 채 오븐 문을 살짝 열어 고정시
키세요. 35~40분 정도 그대로 둡니다. 8 오븐에서 꺼
낸 케이크는 얇은 나이프를 접시 가장자리에 넣어 살
살 돌려가며 조심스럽게 거꾸로 꺼낸 뒤 큰 접시로 옮
기거나, 오븐 접시 그대로 비닐 랩을 덮어 냉장고에 넣
어 차갑게 해요.

cake

미니 캐럿 케이크
Mini Carrot Cakes

단맛을 내는 감미료가 부족하고 값이 비쌌던 중세시대에 사람들은 다른 어떤 채소보다 당도가 높은 당근을 이용해 달콤한 디저트 케이크를 만들기 시작했답니다. 몸에 좋은 당근을 갈아 넣어 만드는 당근 케이크가 미국 사람들에게 알려지기 시작했을 때는 건강한 디저트로 강조되어 소개되었다고 해요.

당근 케이크의 레시피는 셀 수 없을 만큼 다양한 종류가 있는데 그중에서도 당근 퓌레를 따로 만들어 넣는 레시피를 소개할게요. 이 깜찍한 당근 케이크의 레시피는 보통 케이크와는 다르게 독특한 방법으로 모양을 만들 수 있어 제 눈길을 끌었답니다. 케이크 반죽을 다 굽고 난 다음에 원하는 크기와 모양의 비스킷 커터로 자르고 프로스팅을 발라 레이어 케이크를 만들거든요. 담백히면서도 당근 향이 가득한 케이크와 오렌지 제스트가 들어간 상큼한 프로스팅은 굉장히 잘 어울린답니다.

+ 지름 8~9cm 2층 미니 케이크 3개
+ 오븐시간 190℃ 20분

+ **필요한 도구**

직사각형 케이크 팬(33×23cm), 냄비, 블렌더, 쿠킹호일, 강판, 레몬 제스터, 레몬 스퀴저, 볼, 핸드 믹서, 고무 주걱, 식힘망, 원형 비스킷 커터(지름 8~9cm), 스패츌러, 짤주머니, 깍지

+ **재료**

중력분 1 3/4컵, 베이킹 파우더 1 3/4ts, 베이킹 소다 1/2ts, 시나몬 파우더 1ts, 넛멕 파우더 1/2ts, 소금 1/2ts, 달걀 1개, 당근 퓨레 1컵, 잘게 간 당근 2/3컵, 오렌지즙 3/4컵, 백설탕 1/2컵, 카놀라 오일 1/4컵, 바닐라 익스트랙 1ts

당근 퓨레(1컵 분량): 잘게 자른 당근 1컵, 잘게 자른 사과 1컵

프로스팅: 크림치즈 3/4컵, 무염 버터 1/4컵, 체 친 슈거 파우더 2컵, 오렌지 제스트 2 1/2ts, 오렌지즙 1Ts, 바닐라 익스트랙 1ts

+ *SWEET TIP*

• 당근의 맛을 더 강하게 내고 싶다면 당근 퓨레를 만들 때 당근과 사과의 비율을 조절해서 만들어보세요.
• 프로스팅을 만들 때 건조한 느낌이 든다면 물을 1~2ts 넣어서 저으세요. 반대로 묽은 상태라면 슈거 파우더를 조금씩 더 넣어가며 케이크에 바르기 적당한 끈기로 만듭니다.

+ **만드는 방법**

1 당근 퓨레 만들기 **1** 당근과 사과를 잘게 잘라 냄비에 담고 잠길 정도로 물을 부은 뒤 뚜껑을 덮고 중간 불에서 끓이세요. **2** 당근과 사과가 물렁해질 때까지 끓인 후에 블렌더를 이용해 잘게 갈고 충분히 식힙니다.

2 준비하기 **3** 오븐을 190℃로 예열하세요. 케이크 팬보다 크게 쿠킹호일을 잘라 케이크 팬 바닥에 깔고 버터로 기름칠을 합니다. **4** 당근을 강판에 갈아요. **5** 레몬 제스터를 이용해 오렌지 껍질을 갈고, 레몬 스퀴저를 이용해 오렌지즙을 냅니다.

3 반죽하기 **6** 볼에 밀가루, 베이킹 파우더, 베이킹 소다, 시나몬 파우더, 넛멕 파우더, 소금을 넣고 섞어요. **7** 다른 볼에 달걀을 풀고 ②의 당근 퓨레, ④에서 갈아놓은 당근, 오렌지즙, 설탕, 카놀라 오일, 바닐라 익스트랙을 넣고 핸드 믹서를 이용해 저어요. **8** ⑦에 ⑥의 가루를 두 번에 나누어 넣고 고무 주걱으로 골고루 섞습니다.

4 팬닝하고 굽기 **9** ⑧을 준비된 케이크 팬에 천천히 부어요. **10** 예열된 오븐에 넣고 20분 정도 굽습니다. 오븐에서 꺼낸 케이크는 팬에 넣은 채로 10분 정도 식힌 후 케이크 팬 양쪽에 걸려 있는 쿠킹호일을 들어 올려 케이크를 꺼내요. 식힘망에 옮겨 충분히 식힙니다.

5 프로스팅 만들기 **11** 볼에 실온에서 말랑해진 크림치즈와 버터, 체 친 슈거 파우더, 오렌지 제스트, 오렌지즙, 바닐라 익스트랙을 넣고 핸드 믹서를 이용해 골고루 섞어요.

6 모양 만들기 **12** ⑩의 케이크를 작업대로 옮긴 후 원형 비스킷 커터를 이용해 6개가 되도록 자릅니다. **13** 3개의 케이크 위에 스패츌러를 이용해 프로스팅을 바르고 그 위에 남은 케이크를 한 층 더 쌓아요. **14** 짤주머니에 마음에 드는 깍지를 끼우고 프로스팅을 담은 후 각 케이크 위에 모양을 냅니다. 실온에 두거나 냉장고에 넣어 프로스팅을 굳히세요.

cake

오트밀 케이크 Oatmeal Cake

오트밀을 워낙 좋아하는 저에게 오트밀 케이크는 그야말로 최고의 디저트라고 할 수 있어요. 달콤한 프로스팅 사이로 오트밀과 코코넛, 피칸이 바삭하게 씹히며 독특한 질감을 만들어낸답니다. 오랫동안 미국 사람들의 사랑을 받아온 오트밀 케이크는 평상시에 집에서 쉽게 만들어 즐길 수 있는 케이크예요. 부드러운 케이크에 오트밀과 코코넛이 함께 고소하게 씹히는 맛이 잘 어우러져 오트밀을 좋아하지 않는 사람이라도 이 케이크를 맛보는 순간 그 매력에 빠져들 거예요. 식이섬유가 풍부한 오트밀로 케이크를 만들어 따뜻한 홍차와 함께 곁들여보세요.

+ 33×23cm 케이크 1개
+ 오븐시간 180℃ 25~30분

+ **필요한 도구**
직사각형 케이크 팬(33×23cm), 볼, 핸드 믹서, 나무 주
걱, 스크래퍼, 냄비

+ **재료**
오트밀 1컵, 무염 버터 1/2컵, 뜨거운 물 1 1/2컵, 중력분
1 1/2컵, 베이킹 소다 1ts, 넛멕 파우더 1ts, 소금 1ts, 백
설탕 1컵, 황설탕 1컵, 달걀 2개, 바닐라 익스트랙 1ts
프로스팅: 무염 버터 1/2컵, 연유 1/4컵, 백설탕 1컵, 바
닐라 익스트랙 1ts, 피칸 1컵, 코코넛 슬라이스 1컵

+ *SWEET TIP*
• 케이크 반죽 시에 지나치게 많이 저으면 케이크 표면
에 거친 질감이 생기니 주의하세요.
• 오트밀 케이크는 굽고 난 다음 날이 더 맛있어요. 연
유를 넣어 만드는 프로스팅이 시간이 지나면서 더욱 쫄
깃해지거든요. 냉장고에 넣어두었다가 꺼내 시원한 상
태로 먹어도 맛있답니다.

+ **만드는 방법**
1 준비하기 1 볼에 오트밀, 버터를 넣고 뜨거운 물을 부
어 잘 섞은 후 실온에 20~30분 정도 두세요. 2 오븐을
180℃로 예열해요. 케이크 팬에 버터로 기름칠을 하고
그 위에 밀가루를 살짝 뿌려둡니다.
2 반죽하기 3 볼에 밀가루, 베이킹 소다, 넛멕 파우더, 소
금을 넣고 섞어요. 4 다른 볼에 설탕, 달걀, 바닐라 익스
트랙을 넣고 핸드 믹서를 이용해 2분 정도 부드럽게 풀
어요. 5 ④에 ③의 가루를 두 번에 나누어 넣으며 밀가루
가 보이지 않을 때까지 고무 주걱으로 골고루 젓습니다.
6 ⑤에 ①에서 불린 오트밀을 넣고 골고루 섞어요.
3 팬닝하고 굽기 7 반죽을 케이크 팬에 천천히 붓고 윗면
을 스크래퍼로 평평하게 정리하세요. 8 예열된 오븐에
넣고 25~30분 정도 구워요.
4 프로스팅 만들기 9 피칸을 구워 잘게 자릅니다. 10 냄
비에 버터, 연유, 설탕을 넣고 나무 주걱으로 저어가며
중간 불에서 녹여요. 거품이 생기기 시작할 때 바로 불
을 끕니다. 11 ⑩에 바닐라 익스트랙, 피칸, 코코넛을 넣
고 걸쭉해질 때까지 골고루 저어요.
5 프로스팅 올리기 12 오븐에서 꺼낸 케이크는 팬에 넣은
채로 ⑪에서 만든 프로스팅을 골고루 뿌려 올립니다. 실
온에 두거나 냉장고에 넣어 프로스팅을 굳히세요.

04
pie
파이

미국에서는 파이가 식민지 시대에 처음 알려지기 시작했는데 오븐이 없던 당시 사람들은 난로에 더치 오븐(석쇠) 솥을 올려 파이를 구워 먹었답니다. 당시 사람들은 파이를 주식으로 먹기도 하고 디저트로 즐기기도 했지만 주로 아침 식사로 많이 먹었다고 해요. 역사가 오래된 만큼 각 지방에 따라 특별한 재료나 방식으로 다양한 종류의 파이를 발전시켰어요. 예를 들어 춥고 긴 겨울을 집 안에서 보내야 하는 북부 지방 사람들은 겨울 내내 집에 저장되어 있는 재료들로 커스터드 종류의 파이를 주로 구웠고, 남부 지방 사람들은 덥고 습기 찬 날씨를 견디기 위해 체스 파이나 피칸 파이류를 많이 구웠답니다.

파이를 구웠을 때 맛의 성패는 파이 반죽이 얼마나 부드러우면서도 바삭한가에 달렸어요. 파이 반죽(크러스트)은 위에 올리는 필링을 지탱하는 역할을 하기 때문에 파이 반죽을 만드는 과정은 파이를 만들 때 가장 기본적이면서도 중요한 과정이에요. 반죽하는 과정에서 버터나 쇼트닝이 섞이는 정도와 유지류의 온도가 충분히 차게 유지되는지 등의 상황에 따라 파이를 구웠을 때 반죽의 부드러움과 바삭함이 결정된답니다.

파이 반죽(크러스트)을 만들 때 기억해야 하는 것으로 다음과 같은 것들이 있습니다.

- 버터를 사용할 때는 가장 차가운 상태에서 잘게 잘라 사용합니다. 버터가 덜 단단한 상태라면 냉동실에 15분 정도 넣었다가 사용하세요. 버터가 말랑해진 상태에서 밀가루와 섞이면 밀가루가 버터의 지방을 흡수하여 파이 반죽을 구웠을 때 거친 모양이 되거든요. 차가운 버터가 밀가루 입자 사이사이에 촘촘히 섞여 오븐 안에서 함께 녹아야 바삭하면서도 부드러운 파이 반죽이 완성된답니다.

- 물은 실온의 물이 아닌 얼음이 들어간 차가운 물이어야 해요. 레시피에서 제시한 물의 양을 한꺼번에 넣지 말고 물기로 밀가루를 조금씩 적시는 기분으로 한 번에 1Ts씩 넣으면서 반죽의 상태를 확인합니다. 또한 반죽의 마지막 과정에 물을 넣은 후 반죽 시간이 지나치게 길어지면 파이 반죽의 모양이 거칠어질 수 있으니 주의하세요.

- 손으로 반죽을 하면 손에 있는 열이 전달되어 반죽 온도에 영향을 줄 수 있으므로 반죽은 패스트리 블렌더나 스크래퍼를 이용해 신속하게 하는 것이 중요해요.

- 파이 반죽을 작업대 위에서 밀대로 밀 때는 여분의 밀가루를 준비하세요. 밀대에 전체적으로 밀가루를 살짝 바르고 파이 반죽이 끈적일 경우에는 밀가루를 뿌려가며 밀어요. 밀가루를 뿌리는 대신 유산지를 반죽의 양쪽에 대고 밀대로 밀면 반죽을 밀대에 묻히지 않고 고르게 밀 수 있어요. 이때 작업대 위에 소량의 물방울을 떨어뜨려 작업대 위에 놓인 유산지가 밀리지 않게 고정하면 안정된 상태에서 밀 수 있답니다.

- 파이 반죽을 밀대로 밀 때 가장자리 끝까지 밀면 가장자리 부분이 눈에 띄게 얇아져 반죽의 높이가 고르지 않아요. 밀대를 반죽의 가장자리까지 가기 전에 멈추고 반죽을 사방으로 돌려가며 밀어야 고른 모양과 높이로 반죽을 밀 수 있답니다.

- 더블 파이를 만들 때 파이 반죽이 건조해져 서로 잘 붙지 않으면 달걀흰자를 풀어 붙이거나 물을 발라서 붙이세요. 파이 반죽을 밀대로 민 후에 반죽을 그대로 들어 파이 팬에 올리면 반죽이 찢어지거나 망가질 수 있어요. 밀대에 감은 채로 팬 위에 올리거나 반죽을 절반으로 두 번 접어 파이 접시 중간에 올린 후 펼칩니다.

- 베이킹 팬 위에 파이 접시를 올린 후 오븐에 넣으면 필링이 넘치거나 흐를 경우에 대비할 수 있어요.

- 파이 반죽을 오븐에 구울 때 파이 접시에 걸친 가장자리 부분이 탈 수가 있어요. 반죽 위에 올린 필링과 반죽의 얇은 가장자리 부분이 오븐에서 익는 속도가 다르기 때문이에요. 이런 경우를 대비해 쿠킹호일로 반죽의 가장자리를 덮고 구울 수 있답니다. 쿠킹호일을 30×30cm 정도의 정사각형 모양으로 자른 후 대각선으로 두 번 접어 삼각형 모양으로 만드세요. 삼각형의 뾰족한 중심점을 팬닝한 파이 접시의 중심에 올린 후 파이 접시의 가장자리에서 3cm 정도 여분을 두어 파이 접시 모양으로 사인펜을 표시하세요. 쿠킹호일로 덮을 부분을 가늠해 안쪽 원의 모양도 표시하세요. 표시한 모양을 따라 가위로 자른 후 접은 쿠킹호일을 펴서 파이 반죽의 가장자리 위에 덮고 접시에 살짝 고정한 후 구우면 오븐 안에서 파이 반죽의 가장자리 부분이 타지 않게 도와준답니다.

6 Eas

FLOUR   CHERRIES

SALT   WATER

2 Cut shortening into flour and salt mixture with a fork or pastry blender until crumbs are coarse and granular.

Steps
TO THE

Perfect Pie

e ingredients for
e perfect pie crust:
oon salt, 2/3 cup
ble shortening. 2
ur, and cold water.

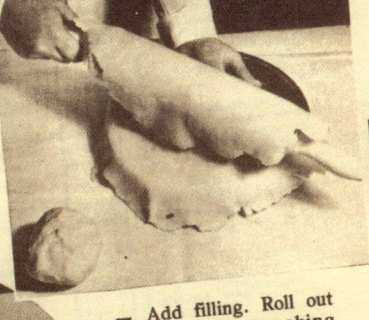

4 Roll half the dough to about one-eighth inch thickness. Lift edge of pastry cloth and roll crust onto rolling pin. Line pie pan, allowing one-half inch crust to extend over edge.

5 Add filling. Roll out top crust, making several gashes to allow escape of steam. Place over filling. Allow top crust to overlap lower crust. Fold top crust under the lower and crimp edges.

6 And here is the perfect pie, baked in a moderately hot oven (425° F.) for thirty-five minutes.

Add 3 to 6 table-
spoons cold water, a
e at a time. Mix quickly
d evenly through the
ur until the dough just
olds together.

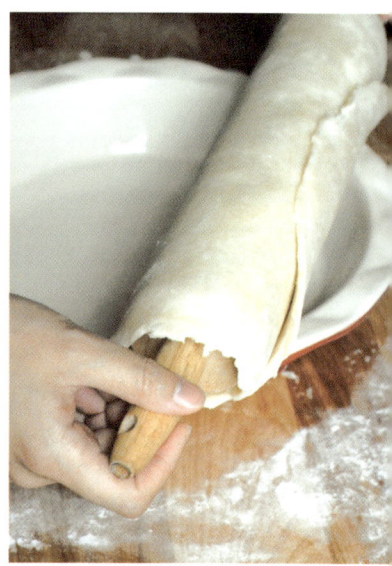

파이 반죽을 밀고 팬닝하는 과정

기본이 되는 파이 반죽 (크러스트) 만들기

*더블 파이 반죽의 레시피는 재료가 다른 두 가지 방식의 레시피를 제시합니다. 파이의 종류나 본인의 기호에 맞는 레시피를 선택해서 만드세요.

🥟 싱글 파이 반죽

+ 지름 20~23cm 싱글 파이 반죽 1개

+ 필요한 도구
볼, 패스트리 블렌더(또는 스크래퍼), 비닐 랩(또는 유산지)

+ 재료
중력분 1 1/4컵, 백설탕 1Ts, 소금 1/2ts, 무염 버터 1/2컵, 얼음물 4Ts

+ SWEET TIP
파이 반죽은 냉장고에서 이틀 정도 보관 가능해요.

+ 만드는 방법
1 반죽하기 **1** 볼에 밀가루, 설탕, 소금을 넣고 섞으세요. **2** ①에 냉장고에서 바로 꺼낸 차가운 버터를 잘게 잘라 넣은 후 패스트리 블렌더나 스크래퍼로 잘라가며 골고루 섞어요. (푸드 프로세서가 있는 경우에는 재료를 함께 넣고 푸드 프로세서로 가볍게 다지세요.) 버터가 녹기 직전 부슬부슬한 소보로 상태가 될 때까지 섞습니다. **3** ②에 얼음물을 1Ts씩 넣으면서 잘라가며 섞어요.
2 휴지시키기 **4** 반죽을 한 덩어리로 뭉친 후 비닐 랩으로 살짝 싸서 손바닥으로 누르세요. 2~3cm 두께의 원형 모양으로 만든 뒤 단단히 싸서 냉장고에 1시간 이상 넣어둡니다. 비닐 랩 대신 유산지로 싸도 좋아요.

🥧 더블 파이 반죽 1

+ 지름 20~23cm 더블 파이 반죽 1개

+ **필요한 도구**
볼, 패스트리 블렌더(또는 스크래퍼), 비닐 랩(또는 유산지)

+ **재료**
중력분 2 1/4컵, 백설탕 2Ts, 베이킹 파우더 1/4ts, 소금 1/2ts, 무염 버터 1컵, 얼음물 7Ts

+ *SWEET TIP*
파이 반죽은 냉장고에서 이틀 정도 보관 가능해요.

+ **만드는 방법**
1 반죽하기 1 볼에 밀가루, 설탕, 베이킹 파우더, 소금을 넣고 섞어요. 2 ①에 냉장고에서 바로 꺼낸 차가운 버터를 잘게 잘라 넣은 후 패스트리 블렌더나 스크래퍼로 잘라가며 골고루 섞으세요. (푸드 프로세서가 있는 경우에는 재료를 함께 넣고 푸드 프로세서로 가볍게 다지세요.) 버터가 녹기 직전 부슬부슬한 소보루 상태가 될 때까지 섞습니다. 3 ②에 얼음물을 2Ts씩 넣으면서 잘라가며 섞어요.
2 휴지시키기 4 반죽을 절반으로 나누어 각각 뭉친 후 비닐 랩으로 살짝 싸서 손바닥으로 누르세요. 2~3cm 두께의 원형 모양으로 만든 뒤 단단히 싸서 냉장고에 1시간 이상 넣어둡니다. 비닐 랩 대신 유산지로 싸도 좋아요.

🥧 더블 파이 반죽 2

+ 지름 20~23cm 더블 파이 반죽 1개

+ **필요한 도구**
볼, 패스트리 블렌더(또는 스크래퍼), 비닐 랩(또는 유산지)

+ **재료**
중력분 2컵, 박력분 1/4컵, 베이킹 파우더 1/4ts, 소금 1/4ts, 무염 버터 1컵, 얼음물 6Ts

+ *SWEET TIP*
파이 반죽은 냉장고에서 이틀 정도 보관 가능해요.

+ **만드는 방법**
1 반죽하기 1 볼에 밀가루, 베이킹 파우더, 소금을 넣고 섞어요. 2 ①에 냉장고에서 바로 꺼낸 차가운 버터를 잘게 잘라 넣은 후 패스트리 블렌더나 스크래퍼로 잘라가며 골고루 섞으세요. (푸드 프로세서가 있는 경우에는 재료를 함께 넣고 푸드 프로세서로 가볍게 다지세요.) 버터가 녹기 직전 부슬부슬한 소보루 상태가 될 때까지 섞습니다. 3 ②에 얼음물을 2Ts씩 넣으면서 잘라가며 섞어요.
2 휴지시키기 4 반죽을 절반으로 나누어 각각 뭉친 후 비닐 랩으로 살짝 싸서 손바닥으로 누르세요. 2~3cm 두께의 원형 모양으로 만든 뒤 단단히 싸서 냉장고에 1시간 이상 넣어둡니다. 비닐 랩 대신 유산지로 싸도 좋아요.

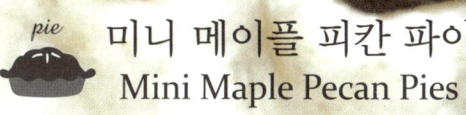

미니 메이플 피칸 파이
Mini Maple Pecan Pies

캐나다 동부에서부터 미국 동부 뉴잉글랜드 지방에 이르는 지역의 길고 긴 겨울밤과 늦겨울의 강한 햇빛은 단풍 나무(maple)의 진한 수액이 만들어지기에 좋은 환경이에요. 이 지역 사람들은 단풍나무 수액을 졸여 만든 달콤 한 메이플 시럽을 팬케이크나 디저트와 함께 곁들여 먹기 시작했답니다.

견과류를 넣은 파이, 그중에서도 호두나 피칸 파이는 가장 기본적인 파이라고 할 수 있어요. 기본적인 재료로 만 드는 파이는 특히 재료를 고를 때 더욱 세심하게 선택해야 본래의 맛을 제대로 낼 수 있어요. 메이플 피칸 파이 를 만들 때 가장 중요한 것은 가격이 조금 비싸더라도 다른 재료가 섞이지 않은 100% 순수한 메이플 시럽을 사 용해야 한다는 거예요. 메이플 시럽의 품질에 따라 파이의 맛이 크게 좌우된답니다. 순도가 높은 등급의 메이플 시럽은 피칸과 잘 어우러져 미니 메이플 피칸 파이를 한 입 베어먹는 순간 환상적인 맛을 선사할 거에요.

+ 미니 파이 3개
+ 오븐시간 180℃ 35~40분

+ **필요한 도구**
파이 접시(지름 10~12cm), 볼, 패스트리 블렌더, 비닐 랩, 밀대, 냄비, 거품기, 식힘망

+ **재료**
중력분 1 1/4컵, 통밀가루 1/4컵, 백설탕 1Ts, 소금 1/2 ts, 무염 버터 1/2컵, 달걀노른자 1개, 얼음물 3Ts
필링: 메이플 시럽 3/4컵, 황설탕 3/4컵, 물엿 1/2컵, 무염 버터 1/4컵, 달걀노른자 3개, 바닐라 익스트랙 1ts, 소금 1/4ts, 피칸 1 1/2컵

+ *SWEET TIP*
• 파이 접시 크기에 따라 3~4개의 파이를 만들 수 있어요.
• 필링을 식힐 동안(⑤의 과정) 파이 반죽의 모양을 내면 시간을 절약할 수 있어요.

+ **만드는 방법**
/ 파이 반죽하기 1 볼에 밀가루, 통밀가루, 설탕, 소금을 넣고 섞어요. 2 ①에 냉장고에서 바로 꺼낸 차가운 버터를 잘게 잘라 넣은 후 패스트리 블렌더로 잘라가며 골고루 섞습니다. (푸드 프로세서가 있는 경우에는 재료를 함께 넣고 가볍게 다지세요.) 버터가 녹기 직전 부

슬부슬한 소보로 상태가 될 때까지 섞어요. 3 ②에 달 걀노른자를 풀어 넣고 얼음물을 1Ts씩 넣으면서 잘라 가며 반죽하세요.
2 휴지시키기 4 잘 뭉친 반죽은 비닐 랩으로 잘 싸고 손 으로 눌러 납작하게 만든 후 냉장고에 1시간 정도 넣 어둡니다.
3 필링 만들기 5 냄비에 메이플 시럽, 황설탕, 물엿, 버 터를 넣고 중간 불에서 녹여요. 거품이 생기며 끓기 시 작하면 1분 정도 더 끓인 후에 불을 끄고 미지근해질 때 까지 45분 정도 식힙니다. 6 피칸를 구워 잘게 잘라요. 7 볼에 달걀노른자를 풀고 바닐라 익스트랙, 소금을 넣 어 골고루 저으세요. 8 ⑦에 ⑤를 넣으며 거품기로 골 고루 저은 후 피칸을 넣고 섞습니다.
4 파이 접시에 반죽 넣어 모양 만들기 9 냉장고에 넣어 둔 파이 반죽을 꺼내 3등분한 뒤 작업대에 밀가루를 뿌 리고 밀대로 각 반죽을 두께 4~5mm 정도의 원형으 로 밀어요. 10 파이 반죽을 밀대에 감아 각 파이 접시 에 올려 펼치고 남은 가장자리는 칼이나 가위를 이용 해 자르세요. 손가락을 이용해 가장자리를 꽃 모양으 로 만들어요. 11 3개의 파이 접시를 각각 비닐 랩으로 살짝 덮어 10분 정도 냉동실에 넣어둡니다. 12 오븐을 180℃로 예열해요.
5 필링 올리고 굽기 13 냉동실의 파이 접시를 꺼내 ⑧ 의 필링을 나누어 담아요. 14 예열된 오븐에 ⑬을 넣고 35~40분 정도 구워요. 오븐에서 꺼낸 파이는 식힘망 으로 옮겨 충분히 식힙니다.

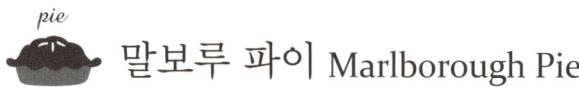

말보루 파이 Marlborough Pie

18~19세기 매사추세츠 주 뉴잉글랜드 지방 사람들의 명절에는 빠지지 않고 등장했던 말보로 파이는 애플소스 파이라는 다른 이름으로 불리기도 합니다. 농부들은 가을에 대량으로 수확하고 남은 사과를 말려 사과칩을 만들거나 애플소스를 만들어 병에 담아두었어요. 그리고 추운 겨울이 오면 파이 반죽을 밀고 홈메이드 애플소스를 넣어 말보로 파이를 만들어 즐겼다고 해요. 철이 지난 사과를 맛보기에 이보다 좋은 방법이 있었을까요? 그런 이유로 말보로 파이는 특히 겨울철에 많이 즐긴 디저트로 유명하답니다.

미국에서 어떤 가게를 가도 쉽게 살 수 있는 게 바로 사과를 갈아 만든 애플소스예요. 여러 가지 맛에 따라 분류되는데 설탕이 첨가된 달콤한 맛도 있고 자연 그대로의 사과를 갈아 만든 맛도 있어요. 이 책에서는 옛날 사람들이 그랬던 것처럼 집에서 직접 만들 수 있는 애플소스 레시피를 소개할게요. 말보로 파이의 필링으로 사용할 수도 있지만 일반적으로 애플소스는 빵에 발라 먹기에도 좋고 이가 없는 아기나 노인분들이 자연식으로 먹기에도 좋답니다.

+ 지름 23 cm 파이 1개
+ 오븐시간 220℃ 15분+180℃ 10~15분

+ **필요한 도구**
파이 접시(지름 23cm), 냄비, 나무 주걱, 밀대, 나뭇잎 모양 파이 커터, 레몬 제스터, 레몬 스퀴저, 볼, 쿠킹호일, 식힘망

+ **재료**
더블 파이 반죽(207페이지 참고)
애플소스: 사과 3개, 물 1/4컵, 시나몬 파우더 1/2ts, 넛멕 파우더 1/4ts
필링: 무염 버터 2Ts, 백설탕 1컵, 달걀 4개, 레몬즙 3Ts, 레몬 제스트 1ts, 애플소스 1컵

+ **SWEET TIP**
• 여유 있게 만들어놓은 애플소스를 병에 담아놓고 쿠키나 케이크를 구울 때 사용할 수 있어요. 병에 담은 애플소스는 1~2주 정도 냉장 보관이 가능하답니다. 장기간 보관할 경우에는 지퍼 백에 담아 냉동 보관하세요.
• 마음에 드는 모양으로 파이 반죽을 예쁘게 꾸며보세요.

+ **만드는 방법**
1 애플소스 만들기 1 사과는 껍질을 까서 잘게 잘라요. 2 냄비에 잘게 자른 사과, 물, 시나몬 파우더, 넛멕 파우더를 넣고 뚜껑을 닫은 후 중간 불에서 15분 정도 끓입니다. 3 사과가 충분히 말랑해지면 불을 끄고 나무 주걱을 이용해 사과를 으깨요. 이때 사과를 너무 곱게 으깨 액체처럼 되지 않도록 주의하세요. 완성된 애플소스는 충분히 식힙니다.
2 파이 접시에 반죽 넣어 모양 만들기 4 오븐을 220℃로 예열하고 냉장고에 넣어둔 더블 파이 반죽을 꺼내세요. 5 작업대에 밀가루를 뿌린 후 밀대로 반죽을 각각 두께 4~5mm 정도의 원형으로 밀어요. 6 파이 반죽 1개를 밀대에 감아 파이 접시에 올려 펼친 뒤 남은 가장자리는 칼이나 가위를 이용해 자릅니다. 7 작은 크기의 나뭇잎 모양 파이 커터를 이용해 남은 반죽을 잘라내요. 접시에 올린 파이 반죽의 가장자리를 따라 나뭇잎 모양 반죽을 붙입니다. 반죽이 서로 잘 붙지 않을때는 달걀 흰자를 풀어 붙이거나 물을 발라서 붙여요.
3 필링 만들기 8 레몬 제스터를 이용해 레몬 껍질을 갈고, 레몬 스퀴저를 이용해 레몬즙을 내요. 9 버터를 전자레인지에 돌려 녹입니다. 10 볼에 버터, 설탕, 달걀, 레몬즙, 레몬 제스트를 넣고 고무 주걱을 이용해 골고루 저어요. 11 ⑩에 준비해놓은 애플소스를 넣고 섞어요.
4 필링 올리고 굽기 12 준비해놓은 ⑦의 파이 접시에 ⑪에서 만든 필링을 올리고 가장자리에는 쿠킹호일을 덮어요. (쿠킹호일을 덮는 방법은 204페이지 참고) 13 예열된 오븐에 넣고 15분 정도 구운 뒤 가장자리에 씌운 쿠킹호일을 없앱니다. 온도를 180℃로 낮추어 10~15분 정도 더 구운 다음 오븐에서 파이를 꺼내 식힘망으로 옮겨 충분히 식히세요.

	Variety	Season	Taste	Uses
	McIntosh	Late August to Mid September	Tart	Recommended Cooking
Fall Apples (Good Storage Apples)				
	Gala	Mid August to Late October	Sweet	1st Sweet Eating Apple All-Purpose
	Honey Crisp	Late August to Late September	Sweet/Tart	All-Purpose
	Jonathan	Early September to Mid November	Tart	All-Purpose Popular for Pies
	Cortland	Early September to Late October	Tart	All-Purpose Recommended for Cooking Cooks Soft Must Refrigerate
	Red Delicious	Mid September to Mid November	Sweet	Good for Eating
	Golden Delicious	Mid September to Mid November	Sweet	All-Purpose
	Jonagold	Mid September to Mid November	Sweet	All-Purpose
Winter Apples (Best Storage Apples)				
	Melrose	Mid September to Late October	Tart	All-Purpose
	Ida Red	Late September to Mid November	Tart	All-Purpose Similar to Jonathan
	Turley Winesap	Late September to Mid November	Tart	All-Purpose
	Mutsu	Late September to Mid November	Sweet/Tart	All-Purpose
	Braeburn	Late September to Late October	Sweet/Tart	All-Purpose
	Stayman Winesap	Early October to Mid November	Sweet/Tart	All-Purpose
	Fuji	Early October to Mid November	Sweet	All-Purpose
	Granny Smith	Early October to Mid November	Sour	All-Purpose Great for Cooking
	Black Twig	Mid October to Mid November	Tart	All-Purpose

사과 농장 체험

단풍이 물들기 시작할 때쯤 인디애나 주 시내 외곽에 있는 과수원에 놀러 간 적이 있었어요. 비닐봉투를 하나씩 들고 직접 사과나무에서 원하는 사과를 따고 무게만큼 가격을 지불하는 방식이었어요. 과수원에서는 사과나무의 위치를 표시해놓은 프린트를 한 장씩 나누어 주었는데 처음 받아든 순간 이렇게 많은 사과의 종류가 있다는 것에 깜짝 놀랄 정도였답니다. 얼핏 보기에는 비슷해 보이는 사과들이 각각 깜찍한 이름을 가지고 있고 스무 가지도 넘는 종류의 사과들이 재배되는 시기, 맛의 차이, 쓰이는 용도가 모두 달랐어요. 과수원에서 직접 사과를 딸 수 있는 것도 재미있었지만, 프린트에 표시된 숫자를 보며 보물찾기 하듯이 사과나무를 찾아다니는 것이 꽤 흥미로웠어요. 예전에 사과를 재료로 만드는 미국 베이킹 레시피를 보면 각기 다른 사과의 이름을 정확히 써놓거나 '타르트용 사과'라고 분류해놓은 것을 보며 신기하게 생각했었는데 과수원에서 많은 종류의 사과를 보고 나니 그럴 만도 하다는 생각이 들었어요.

홈메이드 애플 버터나 애플 사이더를 만들때 집 안 가득히 퍼지는 사과의 향은 정말 좋아요. 싱싱한 사과로 만들 수 있는 애플 사이더, 애플 버터, 애플 칩의 레시피를 소개할게요.

Peck
$7.00

½ peck
$4.00

213

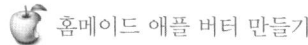 홈메이드 애플 버터 만들기

애플 버터는 애플 잼과 비슷해 보이지만 색깔이 더 진하고 향신료가 들어간다는 차이가 있습니다. 잼과 같이 빵에 발라 먹기에 좋고 머핀이나 쿠키, 케이크를 구울 때 애플 버터를 넣어 만들 수도 있어요.

사과 3kg 정도, 애플 사이다 3컵, 황설탕 1 1/2~2컵(기호에 따라 양을 조절),
카다몬 파우더 1Ts, 시나몬 파우더 2ts, 넛멕 파우더 1/8ts, 레몬 제스트 1ts, 소금 1/8ts

1 사과를 깨끗이 씻은 뒤 잘게 잘라요. 이때 껍질과 씨를 그대로 둔 채 잘라요. 레몬 제스터를 이용해 레몬 껍질을 갈아요. 2 큰 냄비에 사과와 애플 사이다를 넣고 나무 주걱으로 저어가면서 끓여요. 3 거품을 내며 끓기 시작하면 불을 줄이고 냄비 뚜껑을 덮어 사과가 말랑해질 때까지 30분 정도 더 끓여요. 4 불을 끄고 사과를 체에 걸러요. 나무 주걱으로 꾹꾹 눌러가며 사과 껍질과 씨를 걸러냅니다. 5 체에 거른 즙을 깨끗한 냄비에 옮겨요. 6 황설탕, 카다몬 파우더, 시나몬 파우더, 넛멕 파우더, ①의 레몬 제스트, 소금을 넣고 끈적일 때까지 약한 불에서 35~45분 정도 끓여요. 7 뜨거울 때 유리병에 담고 뚜껑을 꼭 닫아둡니다.

 홈메이드 애플 사이다 만들기

애플 사이다와 애플 주스는 비슷해 보이지만 만드는 과정에 차이가 있어요. 애플 사이다는 쉽게 말해 사과를 추출해 가공되지 않은 상태의 음료예요. 그렇기 때문에 상하기 쉬워 만든 후에 바로 냉장 보관을 해야 하고 보존 기간도 그리 길지가 않답니다. 애플 사이다는 따뜻하게 마실 수도 있고 차갑게 마실 수도 있어요. 애플 사이다를 한 번 더 걸러 만든 것이 애플 주스이고, 그런 과정을 거쳐 만들어지기 때문에 애플 사이다보다 맛이 부드러워요. 애플 사이다에 남아 있는 톡 쏘는 맛(시큼한 맛)이나 약간 쌉쌀한 맛이 이 과정을 통해 걸러지며 설탕을 더 넣어 달콤하게 만든답니다.

사과 10개, 백설탕 3/4컵, 시나몬 파우더 1Ts, 올스파이스 파우더 1Ts

1 사과를 깨끗이 씻은 뒤 4등분으로 자릅니다. 이때 껍질과 씨를 그대로 둔 채 잘라요. 2 큰 냄비에 사과를 담고 사과보다 5cm 정도 더 올라오게 물을 부어요. 3 설탕, 시나몬 파우더, 올스파이스 파우더를 넣고 나무 주걱으로 저으세요. 4 중간 불에서 뚜껑을 덮지 않은 채로 1시간 정도 끓이세요. 5 약한 불로 줄인 후 뚜껑을 덮고 2시간 정도 더 끓입니다. 6 불을 끄고 사과를 체에 걸러 사과 껍질과 씨를 걸러내요. 7 체에 거른 즙을 충분히 식힌 후 물병에 담아 냉장고에 보관합니다.

 홈메이드 애플 칩 만들기

사과 2개, 물 1컵, 백설탕 1컵

1 냄비에 물과 설탕을 넣고 약한 불에서 저어가며 설탕을 녹여요. 설탕이 녹으면 중간 불로 조절한 후 거품이 생기며 끓을 때까지 1분 정도 더 끓이세요. 불을 끄고 실온에서 식힙니다. 2 오븐을 60℃로 예열하세요. 베이킹 팬에 유산지를 깔고 그 위에 살짝 기름칠을 합니다. 이때 같은 크기의 유산지를 한 장 더 만들어 기름칠을 해놓아요. 3 사과를 깨끗이 씻은 뒤 껍질을 벗기지 않은 채로 반을 잘라 씨를 제거해요. 사과를 10원짜리 동전 두께가 될 만큼 최대한 얇게 자릅니다. 4 ③을 ①에서 만들어놓은 시럽에 담갔다 꺼내 베이킹 팬에 올려요. 5 사과가 겹치지 않게 올린 뒤 그 위에 준비해놓은 유산지를 기름칠한 부분이 사과에 닿게 덮어요. 사과 슬라이스가 오븐에서 평평한 상태로 구워질 수 있도록 그 위에 베이킹 팬을 겹치게 올립니다. 베이킹 팬을 올리지 않으면 오븐에서 구워지는 동안 얇은 사과 슬라이스가 휘어져 굴곡 있는 모양이 돼요. 6 오븐에 넣고 35분 정도 구운 뒤 팬을 꺼내 윗부분의 팬과 유산지를 없애요. 7 다시 오븐에 넣고 1시간 15분 정도 더 구워요. 이 과정에서 애플 칩이 건조해지고 바삭해져요. 8 오븐에서 꺼낸 애플 칩은 식힘망에 겹치지 않게 올려 완전히 식힙니다.

블랙 바텀 바나나 크림 파이
Black Bottomed Banana Cream Pie

13

20

21

22

결혼 전 처음으로 미국에 계신 시부모님께 인사 드리러 남편과 함께 미국에 왔다가 한국으로 돌아가는 길이었어요. 휴스턴 공항에서 비행기를 갈아타려고 기다리던 중에 허리케인 예보 때문에 비행기가 이륙을 할 수 없는 예상치 못한 일이 발생했답니다. 공항에 있던 많은 사람들이 발이 묶이는 바람에 공항 근처의 호텔 방은 모두 꽉 찼고, 공항 터미널에서 24시간을 기다려야 하는 답답한 상황이었어요. 그때 구세주처럼 나타난 사람이 있었으니 바로 컨티넨탈 항공사 직원인 린다(Linda) 아줌마였어요. 처음 만난 남편과 저에게 아줌마의 넓은 방을 선뜻 내주는 호의를 베풀어주셨거든요. 휴스턴의 축축한 공기와 비틀어진 항공 일정으로 온몸의 기운이 다 빠져 있을 때 아줌마께서 손수 구워주신 바나나 크림 파이의 달콤한 맛은 모든 피곤과 긴장을 싹 풀어줄 만큼 맛있었어요. 낯선 곳에서 겪은 잊을 수 없는 기억 때문에 《베이킹 인 아메리카(Baking in America)》라는 책에서 블랙 바텀 바나나 크림 파이의 레시피를 발견한 순간 웃음 가득한 린다 아줌마의 얼굴이 떠올랐어요. 아줌마가 구워주셨던 바나나 크림 파이만큼 맛있는 블랙 바텀 바나나 크림 파이의 레시피를 소개합니다.

+ 지름 23cm 파이 1개
+ 오븐시간 190℃ 15분＋8～10분

+ **필요한 도구**
파이 접시(지름 23cm), 밀대, 비닐 랩, 쿠킹호일, 동전, 식힘망, 냄비, 나무 주걱, 볼, 거품기, 핸드 믹서

+ **재료**
싱글 파이 반죽(206페이지 참고)
필링 1(초콜릿): 코코아 파우더 1/3컵, 옥수수 전분 2Ts, 백설탕 1/2컵, 소금 1/8ts, 우유 3/4컵, 잘게 자른 다크 초콜릿 1/4컵, 무염 버터 1Ts
필링 2(커스터드): 달걀 1개, 백설탕 1/2컵, 옥수수 전분 2Ts, 소금 1/4ts, 우유 1컵, 무염 버터 1Ts, 바닐라 익스트랙 1ts, 크림치즈 1/4컵
필링 3(바나나): 바나나 2개
토핑: 휘핑크림 1컵, 슈거 파우더 2Ts, 다크 초콜릿 1Ts

+ *SWEET TIP*
파이 반죽을 미리 구울 경우 쿠킹호일과 동전을 없앴을 때 반죽 표면에 울룩불룩한 부분이 있으면 포크로 찔러 공기를 빼고 구우세요.

+ **만드는 방법**
1 **파이 접시에 반죽 넣어 모양 만들기** 1 냉장고에 넣어둔 싱글 파이 반죽을 꺼내세요. 작업대에 밀가루를 뿌린 후 밀대로 반죽을 두께 4～5mm 정도의 원형으로 밀어요. 2 파이 반죽을 밀대에 감아 파이 접시에 올려 펼치고 남은 가장자리는 칼이나 가위를 이용해 자릅니다. 손가락을 이용해 가장자리를 꾹꾹 눌러가며 모양을 만들어요. 3 파이 접시를 비닐 랩으로 살짝 덮어 20～30분 정도 냉동실에 넣어둡니다.
2 **파이 반죽 굽기** 4 오븐을 190℃로 예열하고 냉동실에 넣어둔 ③의 파이 접시를 꺼내요. 5 쿠킹호일을 파이 접시보다 약간 크게 잘라 한쪽 면에 버터나 오일로 살짝 기름칠을 합니다. 기름칠한 면이 파이 반죽에 향하도록

반죽 전체를 쿠킹호일로 덮어요. 6 파이 반죽을 따라 쿠킹호일을 살짝 누른 후 파이 접시 바닥 위에 동전을 빼곡히 올리세요. 동전의 무게가 오븐에서 굽는 동안 파이 반죽이 부풀어 오르지 않게 누르는 역할을 해요. 7 예열된 오븐에 넣고 15분 정도 구운 후 쿠킹호일과 동전을 없앱니다. 8 다시 오븐에 넣고 노릇해질 때까지 8～10분 정도 구워요. 오븐에서 꺼낸 파이 반죽은 접시에 넣은 채로 식힘망으로 옮겨 충분히 식혀요.
3 **필링 1(초콜릿) 만들어 올리기** 9 냄비에 코코아 파우더, 옥수수 전분, 설탕, 소금을 넣고 섞어요. 10 ⑨에 우유를 천천히 넣고 거품기로 저어가며 중간 불에서 끓입니다. 11 거품이 생기며 끓기 시작할 때 잘게 자른 초콜릿을 넣고 나무 주걱으로 저은 후 약한 불로 줄여 걸쭉해질 때까지 2분 정도 끓여요. 12 불을 끄고 버터를 넣어 골고루 저은 후 실온에서 충분히 식혀요. 13 ⑫를 휘휘 저어 구워놓은 파이 접시에 부은 다음 1시간 정도 냉장고에 넣어 굳힙니다.
4 **필링 2(커스터드) 만들기** 14 볼에 달걀을 풀고 설탕, 옥수수 전분, 소금을 넣고 거품기로 저어요. 15 냄비에 우유를 넣고 중간 불에서 거품이 생기기 전까지 데운 후 ⑭에 천천히 넣어가며 저어요. 다시 냄비에 붓고 중간 불에서 나무 주걱으로 저어가며 걸쭉해질 때까지 끓입니다. 16 ⑮에 버터를 넣고 3～4분 정도 끓이며 골고루 저은 후 약한 불로 줄여 2～3분 정도 더 끓여요. 가끔 저어가면서 실온에서 식혀요. 17 ⑯에 바닐라 익스트랙, 크림치즈를 넣고 핸드 믹서를 이용해 부드럽게 풀어요.
5 **토핑 만들기** 18 볼에 휘핑크림, 슈거 파우더를 넣고 핸드 믹서를 이용해 저어요. 19 초콜릿을 잘게 잘라둡니다.
6 **필링 3(바나나) 올리고 모양 만들기** 20 바나나를 잘게 잘라 준비해놓은 ⑬ 위에 겹치지 않게 올려요. 21 ⑰에서 만든 필링 2를 천천히 부어 골고루 바르며 바나나를 완전히 덮어요. 22 그 위에 ⑱에서 만든 휘핑크림 토핑을 올려 골고루 바른 후 잘게 자른 초콜릿을 뿌립니다. 3～4시간 정도 냉장고에 넣어 굳히세요.

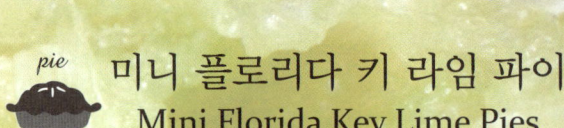

미니 플로리다 키 라임 파이
Mini Florida Key Lime Pies

미국 남동부 지역에 오밀조밀 모여 있는 1700개의 작은 섬들을 통틀어 플로리다 키라고 부른답니다. 질 좋고 맛있는 라임의 생산지로 유명한 이곳에서 생산되는 라임이 바로 키 라임이에요. 말레이시아가 원산지인 키 라임 나무는 1500년대에 스페인 사람들이 플로리다 키 지역에 전하면서 재배되기 시작했어요. 플로리다 키 라임 파이는 1992년 주 의회에서 플로리다의 중요한 상징으로 공인할 정도로 플로리다 주에서는 유명한 디저트예요. 그래서 플로리다에 있는 어느 레스토랑에 가도 향긋한 라임과 달콤한 연유로 만든 키 라임 파이를 맛볼 수 있답니다.

상큼한 라임 커스터드 필링을 넣어 만드는 키 라임 파이를 작게 만들어보세요. 보기만 해도 싱그러운 색깔과 깜찍한 모양의 미니 키 라임 파이를 한 입 베어 먹는 순간 플로리다의 열대 향이 그대로 느껴질 거예요.

2

13

17

18

+ 미니 파이 3개
+ 오븐시간 190℃ 15분+8~10분/170℃ 10~15분

+ 필요한 도구
파이 접시(지름 10~12cm), 밀대, 비닐 랩, 쿠킹호일, 동전, 식힘망, 레몬 제스터, 레몬 스퀴저, 볼, 거품기, 프라이팬

+ 재료
싱글 파이 반죽(206페이지 참고)
필링: 차가운 연유 1컵, 달걀노른자 4개, 라임즙 1/2컵, 라임 제스트 1Ts
토핑: 라임 1개, 백설탕 1/2컵, 물 1/2컵

+ SWEET TIP
• 파이 접시의 크기에 따라 3~4개의 파이를 만들 수 있답니다.
• 플로리다 키 라임 파이는 식힘망에서 식힌 후 냉장고에 넣었다가 차가운 상태로 먹으면 더 맛있어요.
• 기호에 따라 홈메이드 휘핑크림(242페이지 참고)을 곁들이거나 머랭을 만들어 올려도 좋아요. 머랭은 다음과 같이 만듭니다.
1. 볼에 달걀흰자 2개 분량을 넣고 핸드 믹서를 이용해 거품이 생길 때까지 풀어요.
2. ①에 백설탕 4Ts을 두 번에 나누어 넣으며 매끈한 봉오리 모양이 생길 때까지 저어 머랭을 냅니다.

+ 만드는 방법
1 파이 접시에 반죽 넣어 모양 만들기 1 냉장고에 넣어둔 싱글 파이 반죽을 꺼내 3등분한 뒤 작업대에 밀가루를 뿌리고 밀대로 각각의 반죽을 두께 4~5mm 정도의 원형으로 밀어요. **2** 파이 반죽을 밀대에 감아 각 파이 접시에 올려 펼치고 남은 가장자리는 칼이나 가위로 자르세요. 손가락을 이용해 가장자리를 꽃 모양으로 만들어요. **3** 3개의 파이 접시를 각각 비닐 랩으로 살짝 덮어 20~30분 정도 냉동실에 넣어둡니다.
2 파이 반죽 굽기 4 오븐을 190℃로 예열하고 냉동실에 넣어둔 ③의 파이 접시를 꺼내요. **5** 쿠킹호일을 파이 접시보다 약간 크게 잘라 한쪽 면에 버터나 오일로 살짝 기름칠을 합니다. 기름칠한 면이 파이 반죽에 향하도록 반죽 전체를 쿠킹호일로 덮어요. **6** 파이 반죽을 따라 쿠킹호일을 살짝 누른 후 파이 접시 바닥 위에 동전을 빼곡히 올리세요. 동전의 무게가 오븐에서 굽는 동안 파이 반죽이 부풀어 오르지 않게 누르는 역할을 해요. **7** 예열된 오븐에 넣고 15분 정도 구운 후 쿠킹호일과 동전을 없앱니다. **8** 다시 오븐에 넣고 노릇해질 때까지 8~10분 정도 구워요. 오븐에서 꺼낸 파이 반죽은 접시에 넣은 채로 식힘망으로 옮겨 충분히 식혀요.
3 필링 만들어 올리기 9 오븐의 온도를 170℃로 낮춰둡니다. **10** 레몬 제스터를 이용해 라임 껍질을 갈고, 레몬 스퀴저를 이용해 라임즙을 내요. **11** 볼에 냉장고에서 꺼낸 차가운 연유와 달걀노른자를 넣고 거품기로 풀어요. **12** ⑪에 라임즙과 라임 제스트를 넣고 골고루 젓습니다. **13** 준비해놓은 ⑧의 파이 접시에 필링을 나누어 부으세요.
4 굽기 14 예열된 오븐에 넣고 10~15분 정도 구운 다음 파이를 오븐에서 꺼내 접시에 넣은 채로 식힘망으로 옮겨 충분히 식혀요.
5 토핑 만들어 올리기 15 라임을 얇게 잘라요. **16** 프라이팬에 설탕, 물을 담고 중간 불에서 녹여요. **17** 약한 불로 줄이고 라임 슬라이스를 나란히 올린 후 라임이 투명하고 끈적일 때까지 끓입니다. **18** ⑰을 평평한 접시에 옮겨 담아 식힌 후 각 파이 위에 올려 장식하세요.

+ 지름 20~23cm 파이 1개
+ 오븐시간 180℃ 30분

+ **필요한 도구**
파이 접시(지름 20~23cm), 볼, 밀대, 나무 주걱, 냄비,
식힘망

+ **재료**
싱글 파이 반죽(206페이지 참고)
토핑: 중력분 1컵, 시나몬 파우더 1/2ts, 넛멕 파우더
1/2ts, 클로브 파우더 1/4ts, 생강 가루 1/4ts, 흑설탕
1/2컵, 무염 버터 1/3컵
필링: 물 1/2컵, 베이킹 소다 1/2ts, 달걀 3개, 당밀 1/2
컵, 갈색 물엿 1/2컵, 바닐라 익스트랙 1ts

+ *SWEET TIP*
슈플라이 파이는 홈메이드 휘핑크림(242페이지 참고)
을 올려 곁들이면 더욱 맛있어요.

+ **만드는 방법**
1 파이 접시에 반죽 넣어 모양 만들기 **1** 오븐을 180℃
로 예열하고 냉장고에 넣어둔 싱글 파이 반죽을 꺼내
요. 작업대에 밀가루를 뿌린 후 밀대로 반죽을 두께
4~5mm 정도의 원형으로 밀어요. **2** 파이 반죽을 밀대
에 감아 파이 접시에 올려 펼치고 남은 가장자리는 칼
이나 가위를 이용해 자르세요. 손가락으로 가장자리를
꾹꾹 눌러가며 모양을 만듭니다.
2 토핑 만들기 **3** 볼에 밀가루, 시나몬 파우더, 넛멕 파
우더, 클로브 파우더, 생강 가루를 체 쳐서 넣은 후 설
탕을 넣고 섞으세요. **4** ③에 차가운 버터를 잘게 잘라
넣고 부슬부슬한 상태가 되도록 손으로 비벼요. 반죽이
지나쳐 끈적거리지 않게 조심하세요. 필링을 만들 동안
시원한 곳에 놓아둡니다.
3 필링 만들어 올리기 **5** 냄비에 물을 붓고 끓이다가 베
이킹 소다를 넣고 잘 저어요. **6** 볼에 달걀을 풀고 당밀,
물엿, 바닐라 익스트랙을 넣고 섞으세요. 여기에 ⑤를
부으며 나무 주걱을 이용해 잘 섞습니다. **7** 준비해놓은
②의 파이 접시에 ⑥의 필링을 부어요. 이때 파이 접시
의 80% 정도 높이까지 부으세요.
4 토핑 올리고 굽기 **8** 필링 위에 ④에서 준비해놓은 토핑
을 골고루 뿌리고 가장자리에는 쿠킹호일을 덮어요. (쿠
킹호일을 덮는 방법은 204페이지 참고) **9** 예열된 오븐
에 넣고 30분 정도 구워요. 오븐에서 꺼낸 파이는 접시
에 넣은 채로 식힘망으로 옮겨 충분히 식힙니다.

슈플라이 파이 Shoofly Pie

독일에서 이주해온 사람들이 많았던 펜실베이니아 주의 랭커스터 지역에서 처음 알려지기 시작한 슈플라이 파이는 그 지역을 대표하는 파이로 유명해요. 1700년대 초창기 이민자들은 배를 타고 북미 지역으로 이주해올 때 긴 항해를 위해 오랫동안 상하지 않는 주식을 준비했다고 해요. 주식의 대부분은 밀가루, 흑설탕, 당밀, 라드, 향신료, 소금이었는데 이 재료들을 넣어 슈플라이 파이를 만들기 시작했답니다. 당시 대부분의 가정에는 야외에 오븐이 있었기 때문에 이 달콤한 파이를 구울 때는 항상 파리들이 몰려들었어요. 그래서 사람들이 파리떼를 쫓기 위해 "Shoo-Fly!"라고 외쳤던 것이 이 파이의 이름이 되었다는 재미있는 일화가 전해지고 있어요.

뉴잉글랜드의 요리에 대해 노래한 '슈플라이 파이와 애플 팬 다우디(Shoo-Fly Pie and Apple Pan Dowdy)'의 가사 중에는 '슈플라이 파이와 애플 팬 다우디를 먹는 순간 머리카락이 쭈뼛 서고 뱃속에서는 즐거움의 인사를 한다'는 내용이 있어요. 투박하게 토핑을 올린 모습과 어두운 갈색을 띠는 파이의 빛깔이 눈길을 끌 만큼 매력적이지는 않지만 당밀이 다른 재료들과 절묘하게 어우러져 만들어내는 맛은 충분히 인상적이랍니다.

pie

딥 디시 애플 파이
Deep Dish Apple Pie

애플 파이는 미국인들의 역사와 함께했다고 해도 과언이 아닐 정도로 미국인들이 가장 많이 즐기는 디저트 중의 하나랍니다. 집집마다 대대로 전해 내려오는 전통 있는 애플파이 레시피가 있을 정도로 다양하고 역사가 깊은 애플파이는 가장 미국적인 디저트라고 생각해왔는데 그 기원을 보면 맨 처음 유럽에서 알려지기 시작했다고 해요. 애플 파이는 유럽에서 미국으로 전해진 후 사람들의 입소문을 타고 금세 유명해지기 시작했어요. 1800년대 초에 미국에서 출판된 많은 요리책에서 파이 부분은 다양한 종류의 애플 파이 레시피가 대부분 차지할 정도랍니다.

애플 파이는 보통 필링 위에 반죽으로 장식하거나 한 번 더 씌우는 더블 반죽으로 만드는 경우가 대부분인데 그동안 맛본 여러 가지 종류의 애플 파이 중에 딥 디시 애플파이가 가장 인상적이었어요. 필링 위에 한층 더 올린 반죽이 많은 양의 사과 필링과 잘 어우러지거든요. 딥 디시 애플 파이를 만들 때는 여러 가지 종류의 사과를 섞어서 만들어보세요. 빨갛게 익기 전 풋사과의 시큼한 맛과 잘 익은 사과의 달콤한 맛이 어우러져 파이의 맛을 더욱 풍부하게 한답니다.

+ 지름 23cm 파이 1개
+ 오븐시간 200℃ 25~30분+30~35분

+ 필요한 도구
파이 접시(지름 23cm), 레몬 스퀴저, 냄비, 볼, 나무 주걱,
밀대, 베이킹 붓, 나이프, 쿠킹호일, 식힘망

+ 재료
더블 파이 반죽(207페이지 참고)
필링: 잘게 자른 풋사과 5컵, 잘게 자른 빨간 사과 5컵,
백설탕 2/3컵, 황설탕 1/3컵, 옥수수 전분 3 1/2Ts, 시나
몬 파우더 1ts, 소금 1/8ts, 레몬즙 1Ts, 무염 버터 2Ts
코팅: 우유 1Ts, 백설탕 1Ts

+ SWEET TIP
• 애플 파이의 필링을 만들 때는 여러 가지 종류의 사과
를 섞어 넣으면 더욱 다양한 맛을 느낄 수 있어요.
• 필링을 끓이고 난 후 맛을 보세요. 기호에 따라 시나몬
파우더나 레몬즙을 더 넣으세요.
• 더블 파이 반죽을 장식 없이 그대로 올리는 경우에는
날카로운 나이프를 이용해 반죽 위에 공기 구멍 내는 걸
잊지 마세요.

+ 만드는 방법
/ 필링 만들기 1 레몬 스퀴저를 이용해 레몬즙을 냅니다.
2 사과는 껍질을 까서 잘게 자르고 큰 냄비에 담아요. **3** 볼
에 설탕, 옥수수 전분, 시나몬 파우더, 소금을 넣고 잘 섞
은 후 ②에 넣어요. **4** ③에 레몬즙과 버터를 넣고 나무 주
걱으로 골고루 섞어요. 사과가 살짝 말랑해질 때까지 중간
불에서 저어가며 끓인 후 불을 끕니다.
2 파이 접시에 반죽 넣기 5 오븐을 200℃로 예열하고 냉
장고에 넣어둔 더블 파이 반죽을 꺼내세요. **6** 작업대에
밀가루를 뿌린 후 밀대로 반죽을 두께 4~5mm 정도의
원형으로 밀어요. 이때 윗부분에 올릴 반죽은 아래 반죽
보다 약간 크게 밀어요. **7** 피이 반죽 1개를 밀대에 감아
파이 접시에 올려 펼친 뒤 남은 가장자리를 칼이나 가위
를 이용해 자릅니다.
3 필링 올리고 모양 만들기 8 파이 접시 위에 ④에서 만든
필링을 올린 후 남은 반죽을 덮어요. **9** 끝부분을 접어 올
려 잘 붙인 후 손가락을 이용해 가장자리를 꾹꾹 눌러 붙
여가며 모양을 만듭니다.
4 코팅 바르고 굽기 10 파이 반죽 위에 베이킹 붓을 이용
해 우유를 바릅니다. **11** 그 위에 설탕을 골고루 뿌린 후
날카로운 나이프를 이용해 파이 반죽 위에 공기 구멍을
내요. **12** 예열된 오븐에 넣고 25~30분 정도 구운 뒤 쿠
킹호일을 파이 윗부분 전체에 살짝 덮고 30~35분 정도
더 구워요. 오븐에서 꺼낸 파이는 접시에 넣은 채로 식힘
망으로 옮겨 충분히 식힙니다.

pie

후저 슈거 크림 파이
Hoosier Sugar Cream Pie

1800년대 미국 중부의 인디애나 주로 이주해온 아미쉬(Amish) 사람들에 의해 처음 알려진 후저 슈거 크림파이
는 지금까지도 인디애나 주의 가장 유명한 디저트예요. 인디애나의 별명인 '후저(Hoosier)'라는 이름을 붙여 뚜
렷한 지역색을 드러내기도 해요. 옛날 사람들은 과일 수확 시기가 지나고 과일 창고가 비어 있을 때 집에 있는
값싼 재료들로 손쉽게 후저 슈거 크림 파이를 구웠답니다. 파이 반죽 위에 필링을 담고 손가락으로 저으며 섞기
때문에 '핑거(Finger) 파이'라는 이름으로 불리기도 한답니다.
인디애나 주의 벼룩시장에서 구입한 여러 종류의 지역 레시피 모음집에는 후저 슈거 크림 파이의 레시피가 빠지
지 않고 등장해요. 만드는 방법이 조금씩 다르기는 하지만 대부분 같은 재료를 사용해서 만들었답니다. 도전해
본 여러 레시피 중에서 가장 맛있었던 후저 슈거 크림 파이 레시피와 넬라 아줌마네 가족 대대로 100년 넘게 전
해져 내려왔다는 레시피 두 가지를 소개할게요. 선택은 마음 가는 대로 하세요.

HOOSIER PIE

SECRET RECIPES · UNIQUE FLAVORS

FLOUR

BY MAUDIE TRACY

1982년에 출판된 다양한 파이 레시피가 실린 책자의 표지

+ 지름 23cm 파이 1개
+ 오븐시간 230℃ 10분+180℃ 55분~1시간

+ **필요한 도구**
파이 접시(지름 23cm), 밀대, 식힘망

+ **재료**
싱글 파이 반죽(206페이지 참고)
필링: 백설탕 3/4컵, 중력분 5Ts, 휘핑크림 2 1/2컵,
바닐라 익스트랙 1ts, 넛멕 파우더 2~3ts

+ *SWEET TIP*
• 필링을 반죽 위에 올리고 손으로 젓는 이유는 오븐에
넣었을 때 물기가 많은 필링에 의해 반죽이 부서지지
않게 하기 위해서라고 해요. 구하기 쉬운 재료로 만드
는 후저 슈거 크림 파이가 특별한 이유는 만드는 방법에
있으니 자신 있게 손가락으로 저어보세요.
• 후저 슈거 크림 파이는 찬 상태로 먹어야 그 고유의
맛을 느낄 수 있어요.
• 넛멕 파우더 대신 넛멕을 바로 갈아서 넣어도 좋아요.
• 후저 슈거 크림 파이는 오븐에서 꺼내 식히는 동안
필링이 자리를 잡는답니다. 레시피에서 제시한 굽는 시
간을 지키세요.

+ **만드는 방법**
1 파이 접시에 **반죽 넣어 모양 만들기** **1** 오븐을 230℃
로 예열하고 냉장고에 넣어두던 싱글 파이 반죽을 꺼냅니
다. **2** 작업대에 밀가루를 뿌린 후 밀대로 반죽을 두께
4~5mm 정도의 원형으로 밀어요. **3** 파이 반죽을 밀대
에 감아 파이 접시에 올려 펼치고 남은 가장자리는 칼
이나 가위를 이용해 자르세요. 손가락으로 가장자리를
꾹꾹 눌러가며 모양을 만듭니다.
2 **필링 만들어 올리기** **4** 파이 반죽 위에 설탕, 밀가루를
뿌려요. **5** ④에 실온에 두었던 휘핑크림을 붓고 손가락
으로 천천히 저으며 섞어요. **6** ⑤에 바닐라 익스트랙을
넣고 계속 손가락으로 젓습니다. **7** 그 위에 넛멕 파우더
를 골고루 뿌려요.
3 **굽기** **8** 예열된 오븐에 넣고 10분 정도 구운 후 오븐의
온도를 180℃로 내려 55분~1시간 정도 더 구워요. 필
링이 완전히 굳지 않았더라도 오븐에서 꺼내세요. **9** 오
븐에서 꺼낸 파이는 접시에 넣은 채로 식힘망으로 옮겨
충분히 식힌 후 냉장고에 넣어 굳힙니다.

(델라 아줌마의 레시피)

+ 지름 23cm 파이 1개
+ 오븐시간 190℃ 15분+8~10분

+ **필요한 도구**
파이 접시(지름 23cm), 밀대, 비닐 랩, 쿠킹호일, 동전,
식힘망, 냄비, 나무 주걱

+ **재료**
싱글 파이 반죽(206페이지 참고)
필링: 휘핑크림(또는 우유) 2컵, 버터 1/2컵, 옥수수
전분 1/2컵, 백설탕 1컵, 소금 1/8ts, 바닐라 익스트랙
1ts, 넛멕 파우더 2~3ts

+ **만드는 방법**
1 파이 접시에 **반죽 넣어 모양 만들기** **1** 냉장고에 넣어둔
싱글 파이 반죽을 꺼내요. 작업대에 밀가루를 뿌린 후
밀대로 반죽을 두께 4~5mm 정도의 원형으로 밀어요.
2 파이 반죽을 밀대에 감아 파이 접시에 올려 펼치고 남
은 가장자리는 칼이나 가위를 이용해 자르세요. 손가락
으로 가장자리를 꾹꾹 눌러가며 모양을 만듭니다. **3** 파
이 접시를 비닐 랩으로 살짝 덮어 20~30분 정도 냉동
실에 넣어둡니다.
2 **파이 반죽 굽기** **4** 오븐을 190℃로 예열하고 냉동실에
넣어둔 파이 접시를 꺼내요. **5** 쿠킹호일을 파이 접시보
다 약간 크게 잘라 한쪽 면에 버터나 오일로 살짝 기름
칠을 합니다. 기름칠한 면이 파이 반죽에 향하도록 반
죽 전체를 쿠킹호일로 덮어요. **6** 파이 반죽을 따라 쿠킹
호일을 살짝 누른 후 파이 접시 바닥 위에 동전을 빼곡
히 올리세요. 동전의 무게가 오븐에서 굽는 동안 파이
반죽이 부풀어 오르지 않게 누르는 역할을 해요. **7** 예
열된 오븐에 넣고 15분 정도 구운 후 쿠킹호일과 동전을
없앱니다. **8** 다시 오븐에 넣고 노릇해질 때까지 8~10
분 정도 구워요. 오븐에서 꺼낸 파이 반죽은 접시에 넣
은 채로 식힘망으로 옮겨 충분히 식혀요.
3 **필링 만들어 올리기** **9** 넛멕 파우더를 제외한 필링의 모
든 재료를 냄비에 담고 거품이 생기며 끈적일 때까지 중
간 불에서 끓입니다. 이때 냄비 바닥에 옥수수 전분이
달라붙지 않게 나무 주걱으로 잘 저어요. **10** ⑧의 파이
접시에 ⑨의 필링을 부으세요. **11** 그 위에 넛멕 파우더
를 골고루 뿌린 후 냉장고에 넣어 굳힙니다.

캐리비안 파인애플 파이 Caribbean Pineapple Pie

앤틱 샵에서 찾은 베티 크로커(Betty Crocker)의 1960년대 요리책에 실려 있던 캐리비안 파인애플 파이의 레시피를 소개합니다. 싱싱한 파인애플을 잘게 잘라서 사용하면 가장 좋지만 손쉽게 구할 수 있는 파인애플 캔을 사용해도 좋아요. 물론 캔에 들어 있는 파인애플을 사용하면 단맛이 더욱 강하겠죠? 식품 전문 회사인 제너럴 밀스(General Mills)는 1920년대에 옆집 아줌마의 따뜻하고 친근한 느낌을 주는 '베티(Betty)'라는 이름의 가상 인물을 만들어 새로운 브랜드를 만들었어요. 그렇게 해서 베티 크로커는 베이킹에 관련된 여러 상품을 판매하는 회사 이름으로도 사용되었고, 그와 동시에 가상의 식품 전문가로서 요리 관련 정보를 제공하기도 하고 레시피를 소개하며 대중과 소통했어요. 때로는 옆집 아줌마 같기도 하고 때로는 요리 전문가 같기도 한 베티 크로커의 효과는 엄청나게 커서 오늘날까지도 미국 가정 주부들의 문화 아이콘으로 자리 잡아왔답니다.

+ 지름 23cm 파이 1개
+ 오븐시간 220℃ 35~40분

+ 필요한 도구
파이 접시(지름 23cm), 볼, 밀대, 냄비, 나무 주걱, 패스트리 나이프, 베이킹 붓, 식힘망

+ 재료
더블 파이 반죽(207페이지 참고)
필링: 잘게 자른 파인애플 6컵, 백설탕 1/2컵+1/2컵, 럼 2Ts, 중력분 1/2컵, 시나몬 파우더 1/4ts, 넛멕 파우더 1/8ts, 무염 버터 1Ts
코팅: 달걀흰자 1개 분량, 백설탕 1ts

+ SWEET TIP
파이 반죽의 모양을 만드는 시간이 오래 걸린 경우에는 ⑪의 과정이 끝난 후 냉동실에 15분 정도 넣었다가 구우세요.

+ 만드는 방법
1 준비하기 1 파인애플을 잘게 잘라요. 2 볼에 파인애플, 설탕 1/2컵, 럼을 넣고 골고루 섞은 후 4시간 정도 냉장고에 넣어두세요.

2 파이 접시에 반죽 넣기 3 오븐을 220℃로 예열하고 냉장고에 넣어둔 더블 파이 반죽을 꺼내세요. 4 작업대에 밀가루를 뿌린 후 밀대로 반죽 1개를 두께 4~5mm 정도의 원형으로 밀어요. 5 파이 반죽을 밀대에 감아 파이 접시에 올려 펼친 뒤 남은 가장자리는 칼이나 가위를 이용해 자릅니다.
3 필링 만들어 올리기 6 ②의 파인애플을 냉장고에서 꺼내 물기를 빼고, 파인애플 과즙을 1/2컵 정도 준비해두세요. 7 파이 반죽 위에 ⑥의 파인애플을 골고루 올려요. 8 남겨둔 파인애플 과즙, 설탕 1/2컵, 밀가루, 시나몬 파우더, 넛멕 파우더를 냄비에 넣고 중간 불에서 나무 주걱으로 저어가며 2분 정도 끓여요. 9 불을 끄고 버터를 넣어 저은 후 ⑦의 파인애플 위에 붓습니다.
4 모양 만들기 10 남은 반죽 1개를 두께 3mm 정도로 밀어요. 패스트리 나이프를 이용해 폭 1~1.5cm 정도로 길게 자릅니다. 11 ⑩을 파이 접시 위에 격자 모양으로 올린 후 반죽 끝부분을 접어 올려 잘 붙이세요. 손가락을 이용해 가장자리를 꾹꾹 눌러가며 모양을 만듭니다.
5 코팅 바르고 굽기 12 볼에 달걀흰자를 풀고 파이 반죽 위에 베이킹 붓을 이용해 달걀물을 발라요. 그 위에 설탕을 골고루 뿌려요. 13 예열된 오븐에 넣고 35~40분 정도 굽고 오븐에서 꺼낸 파이는 접시에 놓은 채로 식힘망으로 옮겨 충분히 식힙니다.

BROMWELL

Michigan City, Ind. 46360

NO. 40L 5-CUP SIFTER

FIVE CUPS

FOUR CUPS

THREE CUPS

TWO CUPS

55
50
45
40
35

Sunbeam

Fluffy BRAND APPROVED
Tested Flour
YOUR MOTHER'S CHOICE
SINCE 1837

pie

퓨너럴 파이 Funeral Pie

건포도를 가득 넣은 필링으로 만드는 퓨너럴(funeral: 장례식) 파이는 또 다른 이름으로 '건포도 파이'로 불리며 주로 장례식에 온 손님들에게 대접하는 파이였다고 알려져 있답니다. 본래는 결혼식이나 특별한 파티에서도 즐기는 디저트였는데 언젠가부터 장례식에 온 손님들을 위해 주로 만들기 시작하면서 퓨너럴 파이로 불렸다고 해요. 건포도는 어느 계절에나 손쉽게 구할 수 있고, 파이를 만드는 방법 또한 매우 간단해 누구나 만들 수 있었기 때문에 장례식을 위한 음식으로 준비하기에 편리했을 거예요. 우유가 들어가지 않는 퓨너럴 파이는 실온에서 이틀 정도 보관할 수 있기 때문에 사람들은 장례식 하루 이틀 전에 파이를 구워 준비했답니다.

다양한 파이 레시피를 모아서 1997년에 출판한 《파이 에브리데이(Pie Every Day)》라는 책에서 퓨너럴 파이를 처음 알게 되었어요. 퓨너럴 파이는 싱글 파이 반죽으로 만들 수도 있고 더블 파이 반죽으로 만들 수도 있어요. 이 책에서는 필링 위에 작은 파이 커터를 이용해 모양을 낸 더블 파이의 레시피를 소개합니다.

+ 지름 23cm 파이 1개
+ 오븐시간 200℃ 25분

+ 필요한 도구
파이 접시(지름 23cm), 레몬 스퀴저, 볼, 냄비, 나무 주걱, 밀대, 꽃 모양 파이 커터, 베이킹 붓, 식힘망

+ 재료
더블 파이 반죽(207페이지 참고)
필링: 황설탕 1/2컵, 옥수수 전분 2Ts, 시나몬 파우더 1/2ts, 소금 1/4ts, 건포도 2컵, 물 2컵, 레몬즙 1Ts, 무염 버터 1Ts, 호두 1컵
코팅: 우유 1Ts, 백설탕 1ts

+ SWEET TIP
윗부분 반죽을 커터로 모양 낸 후 파이 접시에 올릴 때는 반죽이 찢어지지 않게 주의하세요.

+ 만드는 방법
1 준비하기 **1** 호두를 구워 잘게 잘라둡니다. **2** 레몬 스퀴저를 이용해 레몬즙을 내요.

2 필링 만들기 **3** 볼에 설탕, 옥수수 전분, 시나몬 파우더, 소금을 넣고 섞어요. **4** 냄비에 건포도와 물을 넣고 중간 불에서 5분 정도 끓여요. **5** ④에 ③의 가루를 넣고 나무 주걱으로 잘 저어가며 약한 불에서 1~2분 정도 끓입니다. **6** 불을 끄고 레몬즙, 버터, 호두를 넣어 섞은 후 실온에서 식히세요.

3 파이 접시에 반죽 넣기 **7** 오븐을 200℃로 예열하고 냉장고에 넣어둔 더블 파이 반죽을 꺼내세요. **8** 작업대에 밀가루를 뿌린 후 밀대로 반죽을 각각 두께 4~5mm 정도의 원형으로 밀어요. **9** 파이 반죽 1개를 밀대에 감아 파이 접시에 올려 펼친 뒤 남은 가장자리는 칼이나 가위를 이용해 자릅니다.

4 필링 올리고 모양 만들기 **10** 파이 접시 위에 ⑥에서 만든 필링을 올립니다. **11** 작은 크기의 꽃 모양 파이 커터를 이용해 남은 반죽을 잘라내요. **12** 접시에 올린 파이 반죽의 안쪽으로 ⑪의 반죽을 접어 붙이며 모양을 냅니다. **13** 파이 반죽 위에 베이킹 붓을 이용해 코팅용 우유를 바른 후 설탕을 골고루 뿌리세요.

5 굽기 **14** 예열된 오븐에 ⑬을 넣고 25분 정도 구워요. 오븐에서 꺼낸 파이는 접시에 넣은 채로 식힘망으로 옮겨 충분히 식힙니다.

 pie

미니 레몬 머랭 파이
Mini Lemon Meringue Pies

파이 위에 뿔이 난 것처럼 뾰족하게 솟은 머랭이 올려진 레몬 머랭 파이는 보기만 해도 웃음이 나는 재미있는 모양의 파이예요. 머랭 파이를 만들 때에는 머랭이 얼마나 윤기 있고 단단한 상태를 유지할 수 있는지가 매우 중요하답니다. 역사학자들에 의하면 레몬 머랭 파이는 1800년대 초반 필라델피아에서 요리를 가르친 엘리자베스 굿펠로(Elizabeth Goodfellow)에 의해 처음 알려지기 시작했다고 해요. 역사가 200년이 넘은 이 파이는 향긋한 레몬 향이 가득한 필링 위에 한껏 멋을 낸 머랭을 올려 파이의 높이가 다른 파이에 비해 월등히 높아 사람들의 눈길을 끌었죠.

레몬 머랭 파이의 레시피는 제가 가지고 있는 대부분의 베이킹 책에 빠지지 않고 등장하는 단골 메뉴예요. 이 책에서는 레몬 머랭 파이의 작은 버전인 미니 레몬 머랭 파이 레시피를 소개합니다. 머랭을 올린 파이는 파이를 구운 당일에 가장 맛이 좋아요. 파이를 한 번 자르고 나면 24시간 안에 머랭이 파이 반죽과 분리되면서 축축해지거든요.

2

11

13

옛날 베이킹 책자에 소개된 레몬 머랭 파이 레시피

Lemon Meringue Pi

1/2 c. cold water, 7 T. c

1 1/2 c. water,   1 1/4 c. su

3 egg yolks slightly

1 lemon, grated rind

1 T. butter   1 baked

Combine 1 1/2 c. water u

double boile

+ 미니 파이 3개
+ 오븐시간 190℃ 15분+8~10분/170℃ 8~10분

+ **필요한 도구**
파이 접시(지름 10~12cm), 밀대, 비닐 랩, 쿠킹호일, 동전, 식힘망, 레몬 제스터, 레몬 스퀴저, 거품기, 체, 나무 주걱, 핸드 믹서, 스푼

+ **재료**
싱글 파이 반죽(206페이지 참고)
필링: 백설탕 1/3컵, 옥수수 전분 1Ts, 달걀노른자 4개, 레몬 제스트 1Ts, 레몬즙 1/4컵, 라임즙 2Ts, 무염 버터 3Ts
머랭: 달걀흰자 3개 분량, 주석산 1/4ts, 백설탕 1/4컵

+ *SWEET TIP*
• 레몬 필링을 식힐 때에는 큰 볼에 차가운 물을 담고 필링이 담긴 볼을 그 안에 넣어 짧은 시간에 식힐 수 도 있어요.
• 머랭 파이를 자를 때에는 날카로운 칼을 뜨거운 물에 담근 뒤 물기를 없애고 자르세요.

+ **만드는 방법**
1 파이 접시에 반죽 넣어 모양 만들기 1 냉장고에 넣어둔 싱글 파이 반죽을 꺼내 3등분한 뒤 작업대에 밀가루를 뿌리고 밀대로 각 반죽을 두께 4~5mm 정도의 원형으로 밀어요. **2** 파이 반죽을 밀대에 감아 각 파이 접시에 올려 펼치고 남은 가장자리는 칼이나 가위로 자르세요. 손가락을 이용해 가장자리를 꽃 모양으로 만듭니다. **3** 3개의 파이 접시를 각각 비닐 랩으로 살짝 덮어 20~30분 정도 냉동실에 넣어두세요.
2 파이 반죽 굽기 4 오븐을 190℃로 예열하고 냉동실에 넣어둔 파이 접시를 꺼내두세요. **5** 쿠킹호일을 파이 접시보다 약간 크게 잘라 한쪽 면에 오일로 살짝 기름칠을 하세요. 기름칠한 면이 파이 반죽에 향하도록 반죽 전체를 쿠킹호일로 덮어요. **6** 파이 반죽을 따라 쿠킹호일을 살짝 누른 후 동전을 파이 접시 바닥 위에 빼곡히 올리세요. 동전의 무게가 오븐에서 굽는 동안 파이 반죽이 부풀어 오르지 않게 누르는 역할을 해요. **7** 예열된 오븐에 ⑥을 넣고 15분 정도 구운 후 쿠킹호일과 동전을 없앱니다. 다시 오븐에 넣고 노릇해질 때까지 8~10분 정도 구운 다음 오븐에서 파이를 꺼내 접시를 식힘망으로 옮겨 충분히 식히세요.
3 필링 만들어 올리기 8 레몬 제스터를 이용해 레몬 껍질을 갈고, 레몬 스퀴저를 이용해 레몬즙, 라임즙을 내요. **9** 냄비에 설탕, 옥수수 전분, 달걀노른자를 넣고 거품기를 이용해 저어가며 설탕이 녹을 때까지 중간 불에서 1분 정도 끓입니다. **10** ⑨에 레몬 제스트, 레몬즙, 라임즙을 넣고 골고루 저어가며 끈적일 때까지 3~4분 정도 끓여요. **11** 체를 이용해 ⑩에서 만든 필링의 작은 덩어리를 거르세요. **12** ⑪에 잘게 자른 버터를 넣고 나무 주걱으로 저어요. 필링을 충분히 식히세요. **13** 준비해놓은 ⑦의 파이 접시에 필링을 나누어 부으세요.
4 머랭 만들기 14 오븐을 170℃로 예열하세요. **15** 볼에 달걀흰자, 주석산을 넣고 거품이 생길 때까지 빠른 속도로 핸드 믹서를 돌리세요. **16** 믹서가 돌아가는 중에 설탕을 한 번에 1~2Ts씩 여러 번에 나누어 넣으며 단단하고 윤기 있는 머랭을 만들어요.
5 모양 만들고 굽기 17 ⑬에 ⑯에서 만든 머랭을 나누어 올리고 스푼의 뒷부분을 이용해 머랭을 감돗이 뾰족한 뿔 모양을 만듭니다. **18** 파이 접시의 가장자리에 쿠킹호일을 덮고(쿠킹호일을 덮는 방법은 204페이지 참고) 예열된 오븐에 넣어 8~10분 정도 구우세요. 오븐에서 꺼낸 파이는 접시에 넣은 채로 식힘망으로 옮겨 충분히 식힙니다.

+ 지름 23cm 파이 1개
+ 오븐시간 180℃ 15분+8~10분

+ **필요한 도구**
파이 접시(지름 23cm), 볼, 패스트리 블렌더, 비닐 랩, 밀대, 쿠킹호일, 동전, 식힘망, 냄비, 나무 주걱

+ **재료**
초콜릿 파이 크러스트: 중력분 1컵+2Ts, 코코아 파우더 1/3컵, 백설탕 2Ts, 소금 1/2ts, 무염 버터 2Ts, 쇼트닝 1/4컵, 얼음물 3~4Ts
필링 1: 피넛버터 1/3컵, 휘핑크림 5Ts
필링 2: 다크 초콜릿 1 1/2컵, 휘핑크림 1컵, 무염 버터 2Ts

+ *SWEET TIP*
• 냉장고에 넣어놓은 미시시피 머드 파이는 먹기 20~30분 전에 실온에 두었다가 먹어야 맛있어요.
• 미시시피 머드 파이는 전통적으로 하얀 바닐라 아이스크림이나 휘핑크림과 곁들여 먹었어요. 파이 위에 바닐라 아이스크림이나 홈메이드 휘핑크림을 올려 곁들이면 그 맛이 더욱 훌륭하답니다. 홈메이드 휘핑크림은 다음과 같이 만듭니다.
볼에 휘핑크림 1 1/2컵, 설탕 1Ts, 바닐라 익스트랙 2ts을 넣고 핸드 믹서를 이용해 봉오리 모양이 생길 때까지 잘 저으세요.

+ **만드는 방법**
1 파이 반죽하기 1 볼에 밀가루, 코코아 파우더, 설탕, 소금을 넣고 골고루 섞어요. 2 ①에 냉장고에서 바로 꺼낸 차가운 버터를 잘게 잘라 넣은 후 패스트리 블렌더로 잘라가며 섞으세요. 3 냉장고에서 바로 꺼낸 쇼트닝을 잘게 잘라 ②에 넣고 계속해서 잘라가며 보슬보슬해질 때까지 골고루 섞으세요. 4 ③에 얼음물을 1Ts씩 넣으면서 잘라가며 섞어요.
2 휴지시키기 5 반죽을 한 덩어리로 뭉친 후 비닐 랩으로 잘 싸서 손으로 눌러 납작하게 만들어 냉장고에 1시간 이상 넣어놓아요. 비닐 랩 대신 유산지로 싸도 좋아요.
3 파이 접시에 반죽 넣어 모양 만들기 6 작업대에 밀가루를 뿌린 후 밀대로 반죽을 두께 4~5mm 정도의 원형으로 밀어요. (밀가루를 뿌리지 않고 유산지나 비닐 랩이 덮인 상태 그대로 밀 수도 있어요.) 7 파이 반죽을 밀대에 감아 파이 접시에 올려 펼치고 남은 가장자리는 칼이나 가위를 이용해 자르세요. 손가락으로 가장자리를 꾹꾹 눌러가며 모양을 만듭니다. 8 파이 접시를 비닐 랩으로 살짝 덮어 20~30분 정도 냉동실에 넣어두세요.
4 파이 반죽 굽기 9 오븐을 180℃로 예열하고 냉동실에 넣어둔 파이 접시를 꺼내요. 10 쿠킹호일을 파이 접시보다 약간 크게 잘라 한쪽 면에 오일로 살짝 기름칠을 하세요. 기름칠한 면이 파이 반죽에 향하도록 반죽 전체를 쿠킹호일로 덮어요. 11 파이 반죽을 따라 쿠킹호일을 살짝 누른 후 동전을 파이 접시 바닥 위에 빼곡히 올립니다. 동전의 무게가 오븐에서 굽는 동안 파이 반죽이 부풀어 오르지 않게 누르는 역할을 해요. 12 예열된 오븐에 ⑪을 넣고 15분 정도 구운 후 쿠킹호일과 동전을 없앱니다. 다시 오븐에 넣고 8~10분 정도 구운 다음 오븐에서 파이 접시를 꺼내 식힘망으로 옮겨 충분히 식히세요.
5 필링 1 만들어 올리기 13 볼에 피넛버터를 담고 휘핑크림을 한 번에 1Ts씩 넣으며 부드럽게 섞으며 저어요. 14 ⑫에서 구워놓은 파이 반죽 위에 ⑬의 필링 1을 올립니다.
6 필링 2 만들어 올리기 15 초콜릿을 잘게 잘라 볼에 담아요. 16 냄비에 휘핑크림을 넣고 거품이 생기기 시작할 때까지 끓인 후 ⑮의 초콜릿 위에 붓고 1분 정도 그대로 둡니다. 나무 주걱을 이용해 부드럽게 저어요. 17 ⑯에 버터를 넣고 저으며 녹이세요. 18 ⑭ 위에 ⑰의 필링 2를 붓고 1시간 이상 냉장고에 넣어 굳히세요.

미시시피 머드 파이 Mississippi Mud Pie

미시시피 주에서 처음 알려지기 시작한 이 파이는 초콜릿이 듬뿍 올려진 그 모습이 미시시피 강의 거대한 진흙 층의 모습과 비슷하다고 하여 '미시시피 머드 파이'라는 이름이 붙었다고 해요. 구하기 쉬운 재료들로 만들 수 있고, 특별한 조리 기구가 필요하지 않기 때문에 아마도 제2차 세계대전 이후 어느 평범한 가정에서 처음 이 파이를 만들었을 거라고 짐작된답니다. 미시시피 머드 파이의 레시피는 1960년대에 이르러서야 인쇄 매체에 소개되기 시작했고 그 후로 미국 남부 지방의 다른 유명한 디저트와 함께 널리 알려지기 시작했습니다. 피넛버터 위에 올린 진흙처럼 부드러운 초콜릿 필링과 달콤한 초콜릿 파이 크러스트를 한입 베어 먹는 순간 달콤함의 진수를 맛볼 수 있을 거예요.

pie

버터스카치 커스터드 파이
Butterscotch Custard Pie

베이킹의 기본 재료인 버터, 황설탕, 달걀, 크림으로 만들 수 있는 버터스카치 파이는 오랫동안 미국적인 디저트의 기본이 되는 메뉴로 알려져왔어요. 간단한 재료로 그 이상의 맛을 내는 파이를 만들 수 있으니 이보다 더 좋을 수는 없답니다. 버터스카치 커스터드 파이 레시피를 처음 시도해본 날 그동안 인사하고 지내왔던 이웃들에게 한 조각씩 나누어주었는데 반응이 굉장히 뜨거웠어요. 집에 남아 있던 다른 디저트와 함께 대접했는데도 대부분의 사람들이 버터스카치 파이를 입에 침이 마르도록 칭찬했답니다. 그 후에도 엘리베이터에서 만나는 사람들마다 먹어본 파이 중에 가장 부드러운 맛이었다느니 달콤함의 깊이가 달랐다느니 등등 버터스카치 파이 이야기를 꺼내 저를 으쓱하게 만든 것이 바로 이 레시피랍니다.

홈메이드 버터스카치의 향은 인공적으로 만든 버터스카치보다 훨씬 그윽하고 깊어요. 적당한 버터스카치의 맛을 내기 위해서는 거품이 생길 정도로 설탕을 끓인 후에 버터를 넣어 녹이면서 섞어야 해요. 이 과정에서 버터스카치의 깊은 맛이 좌우된답니다. 적당히 달콤하고 깊은 맛을 지닌 버터스카치 파이 위에 홈메이드 휘핑크림을 올리거나 초콜릿 컬을 올려 장식해보세요.

+ 지름 20~23cm 파이 1개
+ 오븐시간 190℃ 15분+8~10분/170℃ 20~25분
+150℃ 15~20분

+ 필요한 도구
파이 접시(지름 20~23cm), 밀대, 비닐 랩, 쿠킹호일,
동전, 식힘망, 냄비, 나무 주걱, 거품기, 체

+ 재료
싱글 파이 반죽(206페이지 참고)
필링: 휘핑크림 1컵+1컵, 황설탕 1컵, 물엿 3Ts, 무염
버터 3Ts, 달걀 2개, 달걀노른자 3개, 다크 럼 2Ts, 소
금 1/8ts, 바닐라 익스트랙 2ts

+ SWEET TIP
• 필링을 올리지 않은 파이 반죽을 구울 때는 쿠킹호일
위에 동전 대신 반죽의 무게를 지탱할 만한 것이면 어
떤 것을 올려도 괜찮아요. 쌀이나 말린 콩을 천 주머니
나 비닐 봉투에 넣어 올릴 수도 있답니다.
• 오븐에 넣은 파이를 중간에 확인했을 때 필링 가장자
리 부분에 거품이 생기기 시작하면 오븐의 온도를 150℃
로 줄여서 구우세요. 저희 집 오븐의 경우 170℃에서 20
분을 구우니 거품이 생기기 시작해 온도를 150℃로 내
려서 15~18분 정도를 더 구웠답니다.

+ 만드는 방법
/ 파이 접시에 반죽 넣어 모양 만들기 1 냉장고에 넣어
둔 싱글 파이 반죽을 꺼냅니다. 작업대에 밀가루를 뿌린
후 밀대로 반죽을 두께 4~5mm 정도의 원형으로 밀어
요. 2 파이 반죽을 밀대에 감아 파이 접시에 올려 펼치
고 남은 가장자리는 칼이나 가위로 잘라요. 손가락을 이
용해 반죽의 가장자리를 큰 꽃 모양으로 만들어요. 3 파
이 접시를 비닐 랩으로 살짝 덮어 20~30분 정도 냉동
실에 넣어둡니다.
2 파이 반죽 굽기 4 오븐을 190℃로 예열하고 냉동실에
넣어둔 파이 접시를 꺼내요. 5 쿠킹호일을 파이 접시보
다 약간 크게 잘라 한쪽 면에 버터나 오일로 살짝 기름
칠을 합니다. 기름칠한 면이 파이 반죽에 향하도록 반죽
전체를 쿠킹호일로 덮어요. 6 파이 반죽을 따라 쿠킹호
일을 살짝 누른 후 파이 접시 바닥 위에 동전을 빼곡히
올리세요. 동전의 무게가 오븐에서 굽는 동안 파이 반
죽이 부풀어 오르지 않게 누르는 역할을 해요. 7 예열된
오븐에 ⑥을 넣고 15분 정도 구운 후 쿠킹호일과 동전을
없앱니다. 8 다시 오븐에 넣고 노릇해질 때까지 8~10
분 정도 구워요. 오븐에서 꺼낸 파이 반죽은 접시에 넣
은 채로 식힘망으로 옮겨 충분히 식혀요.
3 필링 만들기 9 휘핑크림 1컵을 작은 냄비에 담고 중간
불에서 끓어오르기 전까지 데워요. 10 큰 냄비에 설탕,
물엿을 넣고 나무 주걱으로 저어가며 거품이 생길 때까
지 중간 불에서 끓이세요. 11 ⑩에 버터를 넣고 저으며
약한 불에서 1~2분 정도 더 끓여요. 12 ⑪에 ⑨에서 데
운 휘핑크림을 넣고 저어요. 이때 액체가 끓어오를 수
있으니 조심하세요. 액체의 색깔이 진해질 때까지 약한
불에서 3분 정도 더 끓입니다. 13 불을 끄고 바로 남은
휘핑크림 1컵을 넣고 저어요. 14 큰 볼에 달걀과 달걀노
른자, 다크 럼, 소금, 바닐라 익스트랙을 넣고 거품기로
저으며 섞으세요. 15 ⑬을 조금씩 천천히 ⑭의 볼에 부
으며 저어요. 16 체를 이용해 작은 덩어리를 거른 후 계
량 컵 4컵 분량으로 필링의 양을 맞춥니다. 17 오븐을
170℃로 예열하세요.
4 필링 올리고 굽기 18 구워놓은 파이 반죽 위에 ⑯의
필링을 부어요. 이때 필링이 넘치지 않게 주의하세요.
19 예열된 오븐에 넣고 20~25분 정도 구운 후 오븐의
온도를 150℃로 내려서 15~20분 정도 더 구워요. 오븐
에서 꺼낸 파이는 접시에 넣은 채로 식힘망으로 옮겨 충
분히 식힌 후 냉장고에 넣어 필링을 굳힙니다.

05
bread
브레드

케이크는 케이크 팬에 따라 모양이 결정되지만 빵은 내가 상상하는 대로 모양이나 크기를 다채롭게 만들 수 있어요. 발효 빵을 만들 때는 발효하는 시간과 노력이 많이 필요하지만 오븐에서 구워져 나온 빵을 확인하는 순간 그 과정이 가치 있다고 느껴진답니다. 발효 과정 때문에 레시피가 복잡하게 보일 수 있지만 기본적인 과정과 방법을 알면 어렵지 않게 나만의 홈메이드 빵을 만들 수 있어요.

빵을 만들 때 몇 가지 기억해야 할 것은 다음과 같습니다.

- 발효 빵을 부풀게 하는 중요한 재료인 이스트를 녹일 때는 따뜻한 물에 녹여 이스트가 완전히 녹게 해야 해요. 이때 물이 너무 뜨겁거나 적당히 따뜻하지 않은 상태라면 이스트가 제대로 활성화되지 않아요.

- 손으로 반죽하는 과정은 빵의 질감을 좌우하는 중요한 과정이에요. 손 반죽을 할 때 작업대에 뿌리는 밀가루의 양은 재료 용량에 포함되어 있지 않아요. 작업대에 밀가루를 충분히 뿌리고 반죽의 끈기를 직접 손으로 느끼며 밀가루를 추가해 넣으세요. 하지만 이때 밀가루를 너무 많이 뿌리면 빵의 맛이나 질감이 달라질 수 있으니 건조해지지 않을 만큼만 적당히 뿌립니다.

- 반죽이 얼마나 건조한지, 촉촉한지, 부드러운지, 끈적이는지 직접 손으로 느끼며 적당한 상태가 되도록 하는 게 중요해요. 손 반죽 시 손으로 반죽을 집어 올려 작업대에 내리치는 과정을 몇 번 반복해보세요. 그렇게 하다 보면 반죽의 질감이 달라졌다는 걸 느낄 수 있답니다. 반죽이 끈적이지 않고 매끈한 상태가 될 때까지 손 반죽을 하세요. 각 레시피에서 제시하는 손 반죽 시간을 염두에 두고 글루텐이 형성되는 과정을 눈으로 확인해보세요.

- 반죽을 발효할 때는 꼭 비닐을 덮어야 반죽을 구운 후에 겉부분이 두꺼워지거나 거칠어지지 않아요. 큰 크기의 비닐 랩을 사용하거나 그것보다 큰 크기의 김장용 비닐을 잘라 사용하면 편리하답니다.
이스트를 활성화시켜 반죽을 부풀게 하기 위해서는 1차 발효를 할 때 발효가 잘 되는 따뜻한 온도를 유지하는 것이 매우 중요해요. 하지만 발효 시간을 줄이기 위해 반죽을 지나치게 뜨거운 곳에 두면 반죽이 녹을 수 있으니 적절한 온도에서 시간을 두고 발효해야 합니다. 실내가 따뜻하지 않다면 반죽을 담은 볼에 비닐을 씌우고 그 위에 따뜻하게 섞은 수건을 올려놓아 따뜻한 온도를 유지힐 수도 있어요.

- 발효 빵의 맛은 밀가루가 발효되는 과정에서 좌우되기 때문에 반죽이 잘 부풀어 오를 때까지 천천히 오래 발효하세요. 발효 시간은 실내 온도나 반죽에 넣은 재료의 온도가 영향을 미치기 때문에 각 상황에 따라 다를 수 있어요. 가장 좋은 방법은 레시피에서 제시하는 발효 시간을 참고하되 반죽 크기를 눈으로 확인하고 두 배 정도 부풀어 오를 때까지 발효하는 거예요.

- 1차 발효 후에는 반죽을 주먹이나 손바닥으로 쳐서 반죽 안의 가스를 빼고 반죽이 쉴 수 있는 시간을 주세요. 이런 과정을 통하면 손으로 반죽의 모양을 만들고 나서 모양이 수축되거나 변형되지 않아요.

+ 머핀 12개
+ 오븐시간 180℃ 20~22분

+ **필요한 도구**
12구 머핀 팬, 볼, 고무 주걱, 스탠드 믹서, 비닐 랩, 비닐 백, 식힘망

+ **재료**
인스턴트 드라이 이스트 2 1/4ts, 따뜻한 물 1/4컵, 무염 버터 3Ts, 사워 크림 2/3컵, 백설탕 3Ts, 달걀 1개, 바닐라 익스트랙 1ts, 소금 1/2ts, 베이킹 소다 1/4ts, 중력분 2 1/2컵
코팅: 무염 버터 2Ts, 황설탕 1/3컵, 시나몬 파우더 1ts

+ **SWEET TIP**
더욱 달콤한 맛을 원한다면 오븐에서 꺼낸 따뜻한 머핀 위에 베이킹 붓을 이용해 바닐라 글레이즈를 발라도 좋아요. 바닐라 글레이즈는 볼에 실온에서 말랑해진 무염 버터 1Ts, 슈거 파우더 1 1/4컵, 우유 1Ts, 바닐라 익스트랙 1ts을 넣고 부드러워질 때까지 거품기나 고무 주걱을 이용해 섞어 만들어요. 이때 머핀에 바르기 힘들 정도로 농도가 진하면 물을 1ts씩 더 넣어가며 저어 농도를 맞춥니다.

+ **만드는 방법**
/ **반죽하기** 1 큰 볼에 따뜻한 물을 담고 이스트를 넣어 거품이 생길 때까지 5~10분 정도 녹입니다. 2 ①에 실온에서 말랑해진 버터, 사워 크림, 설탕, 달걀, 바닐라 익스트랙을 넣고 고무 주걱으로 저어요. 3 스탠드 믹서의 믹싱 볼에 ②를 담고 중간 세기로 돌려 골고루 섞어요. 4 ③에 소금, 베이킹 소다를 넣고 섞은 후 밀가루를 두 번에 나누어 넣으며 반죽이 한데 뭉쳐질 때까지 반죽합니다. 5 작업대에 밀가루를 살짝 뿌리고 3분 정도 손으로 반죽하세요. 반죽이 끈적이는 경우 밀가루를 1~2Ts 정도 더 넣으며 반죽하세요. 탄력 있지만 끈적거리지 않을 정도로 반죽하고 동그랗게 만들어요.

2 **1차 발효시키기** 6 다른 볼에 오일로 기름칠을 하고 반죽을 넣어 살짝 굴린 후 비닐 랩으로 덮어요. 반죽이 두 배로 부풀어오를 때까지 1시간 정도 따뜻한 곳에 둡니다.

3 **휴지시키기** 7 발효된 반죽을 주먹으로 살짝 눌러서 가스를 빼고 실온에 10분 정도 두세요. 머핀 팬에 버터로 기름칠을 해요.

4 **코팅 만들기** 8 볼에 버터를 담고 전자레인지에 돌린 뒤 식힙니다. 9 다른 볼에 설탕, 시나몬 파우더를 넣고 골고루 섞어요.

5 **모양 만들어 팬닝하기** 10 가스를 뺀 반죽을 12등분한 뒤 각 반죽을 다시 6등분해요. 11 나눈 각 반죽을 볼 모양으로 만듭니다. 12 각 반죽을 ⑧의 버터에 담갔다 꺼내 다시 ⑨의 코팅에 굴린 후 준비한 머핀 팬에 담아요. 하나의 머핀 팬 안에 6개의 반죽이 들어가는데 5개의 반죽을 바닥에 정렬하고 나머지 반죽 1개를 꼭대기 중간에 올리며 살짝 누르세요. 같은 과정을 반복해서 머핀 팬을 채웁니다.

6 **2차 발효시키기** 13 비닐 백으로 머핀 팬을 살짝 덮고 두 배로 부풀어 오를 때까지 40분 정도 실온에 두어요. 14 오븐을 180℃로 예열하세요.

7 **굽기** 15 예열된 오븐에 ⑬을 넣고 20~22분 정도 구워요. 16 오븐에서 꺼낸 머핀은 팬에 넣은 채로 5분 정도 식힌 후 식힘망으로 옮깁니다.

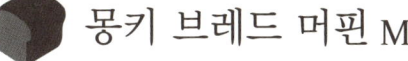

몽키 브레드 머핀 Monkey Bread Muffins

거품처럼 반죽이 엉겨붙은 모양을 가진 빵은 원숭이가 음식을 먹을 때 손으로 뜯어 먹듯이 먹을 수 있는 빵이라는 의미에서 몽키 브레드라는 이름을 붙였답니다. 몽키 브레드의 머핀 버전인 이 머핀의 레시피에는 맛을 풍부하게 하는 사워 크림이 들어가요. 산성을 지닌 사워 크림은 빵이 구워지는 동안 갈색으로 변하지 않게 하기 때문에 이 몽키 브레드 레시피에는 다른 이스트 빵과 다르게 베이킹 소다가 들어간답니다. 반죽을 하나하나 빚어야 하는 수고스러움이 있지만 깜찍한 모양과 달콤하고 부드러운 맛은 그 이상의 즐거움을 줄 거예요. 몽키 브레드 머핀은 따뜻할 때 가장 맛있으니 갓 구운 머핀을 마치 원숭이처럼 하나하나 뜯어내며 먹어보세요.

피칸 링 Pecan Ring

작년 가을 한 달 동안 인디애나 주의 시어머님 댁에서 머무를 동안 베벌리(Beverly) 할머니께서는 종종 달콤한 홈메이드 간식거리를 가져다 주셨어요. 외모에서 느껴지는 분위기도 그렇고 목소리도 굉장히 걸걸한 할머니와 처음으로 인사한 날 주눅이 들기도 했고 남자처럼 터프한 성격이실 거라고 확신했어요. 그런데 며칠 후 모양과 맛이 환상적인 피칸 링을 직접 구워 예쁜 접시에 담아 들고 오신 할머니를 보고 속 좁았던 저의 편견이 자연스럽게 사라졌답니다. 그리고 저는 할머니가 자주 구우신다는 피칸 링의 레시피를 베껴왔지요. 문어 다리 같은 독특한 모양으로 눈길을 끄는 피칸 링은 반죽의 모양을 만들 때 섬세한 손길이 필요해요. 반죽에 칼집을 내는 깊이나 너비에 따라 그 모양이 천차만별로 달라지는 피칸 링은 창의적으로 만들 수 있답니다. 특별한 날 간식거리로 좋은 피칸 링을 구워 손님들에게 대접하세요. 식탁 중간에 놓여 있는 카리스마 있는 피칸 링의 모양만으로도 손님들의 감탄을 자아낼 수 있을 거예요. 단, 피칸 링은 갓 구웠을 때 가장 맛있답니다.

+ 피칸 링 1개
+ 오븐시간 180℃ 30~33분

+ 필요한 도구
베이킹 팬, 볼, 스탠드 믹서, 수건, 쿠킹호일, 밀대, 베이킹 붓, 나이프, 비닐 백, 식힘망

+ 재료
인스턴트 드라이 이스트 2 1/4ts, 따뜻한 물 1/2컵, 백설탕 1Ts+3Ts, 무염 버터 1컵, 달걀 3개, 소금 1ts, 중력분 3 1/4컵
필링: 시나몬 파우더 1ts, 백설탕 1/2컵, 황설탕 1/2컵, 무염 버터 1/2컵, 피칸 1컵
코팅: 무염 버터 2Ts

+ SWEET TIP
• 2개로 나눈 반죽을 각각 2개의 링으로 만들거나 하나로 붙여 하나의 링을 만들 수도 있어요. 원하는 크기대로 만들어보세요.
• 기호에 따라 따뜻한 상태의 피칸 링 위에 프로스팅을 올려도 맛있어요. 프로스팅은 다음과 같이 만들어요. 볼에 슈거 파우더 1/2컵, 우유 2ts, 바닐라 익스트랙 1/4ts을 넣고 고무 주걱을 이용해 골고루 섞으세요.

+ 만드는 방법
1 준비하기 1 피칸을 구워 잘게 잘라요. 2 볼에 따뜻한 물을 담은 뒤 이스트를 넣고 저은 다음 설탕 1Ts을 넣어 10분 정도 따뜻한 곳에 둡니다.
2 반죽하기 3 볼에 실온에서 말랑해진 버터, 달걀, 설탕 3Ts, 소금을 넣고 스탠드 믹서를 이용해 풀어요. 4 ③에 ②에서 녹인 이스트를 넣고 섞어요. 5 ④에 밀가루를 세 번에 나누어 넣으며 갈고리 모양 훅이 있는 스탠드 믹서를 이용해 한데 뭉쳐질 때까지 반죽해요. 6 작업대에 밀가루를 뿌린 후 반죽에 탄력이 생길 때까지 5분 정도 손으로 반죽합니다. 탄력 있지만 끈적거리지 않을 정도로 반죽하고 동그랗게 만들어요. 이때 반죽의 끈적임 정도에 따라 밀가루를 더 넣을 수 있어요.
3 1차 발효시키기 7 다른 볼에 오일로 기름칠을 하고 반죽을 넣어 살짝 굴려요. 볼을 수건으로 덮고 6시간 정도 냉장고에 넣어둡니다.
4 필링 만들기 8 반죽을 냉장고에서 꺼내 실온에 30분 정도 두세요. 9 베이킹 팬에 쿠킹호일을 깔고 오일로 기름칠을 해요. 10 볼에 시나몬 파우더, 백설탕, 황설탕을 넣고 섞어 필링을 만들어요.
5 필링 올리고 모양 만들기 11 작업대에 밀가루를 뿌린 후 반죽을 절반으로 자릅니다. 밀대를 이용해 각 반죽을 두께 6mm 정도의 직사각형 모양으로 밀어요. 12 반죽 위에 베이킹 붓을 이용해 녹인 버터의 절반을 바르세요. 13 ⑫ 위에 ①에서 잘라놓은 피칸의 절반을 뿌리고 ⑩에서 만든 필링의 절반을 뿌립니다. 14 반죽을 종이를 말 듯이 긴 면부터 단단하게 말고 양끝부분을 눌러 붙여요. 남은 반죽과 버터, 피칸, 필링으로 같은 과정을 반복하세요. 15 2개의 반죽을 준비해놓은 팬 위에 나란히 올리고 각 반죽의 끝을 휘어 붙여요. 붙인 2개의 반죽이 링 모양이 될 수 있도록 모양을 잡고 날카로운 나이프를 이용해 링의 바깥 부분을 자릅니다.
6 2차 발효시키기 16 반죽을 올린 베이킹 팬을 비닐 백으로 살짝 덮어 따뜻한 곳에 20분 정도 두세요. 17 오븐을 180℃로 예열해요.
7 코팅 바르고 굽기 18 반죽 위에 베이킹 붓을 이용해 실온에서 말랑해진 버터를 바르세요. 19 예열된 오븐에 넣고 노릇해질 때까지 30~33분 정도 구워요. 오븐에서 꺼낸 링은 식힘망으로 옮겨 10분 정도 식힙니다.

bread

아미쉬 디너 롤
Amish Dinner Rolls

이탈리아인들이 파스타에 마늘 빵을 곁들여 먹듯이, 미국인들은 저녁 식사 때 메인 요리와 함께 주로 디너 롤을 곁들여 먹어요. 그런 문화 때문인지 다양한 종류의 디너 롤 레시피가 존재한답니다. 그중에서도 오하이오 주에 살고 있는 아미쉬(Amish) 사람들 사이에 전해내려온 아미쉬 디너 롤은 으깬 감자를 넣어 만든 반죽 덕분에 질감이 가벼우면서도 일반 디너 롤에 비해 맛이 고소하고 풍부해요. 아미쉬 사람들의 커뮤니티에서 출판된 요리책에는 간단 명료하게 조리법을 설명해놓은 아미쉬 디너 롤의 레시피가 자주 등장해요.
소박하고 단출한 그들의 생활방식처럼 아미쉬 디너 롤은 집에 있는 재료들로 간단하게 구울 수 있답니다. 아미쉬 사람들이 그래왔듯이 소박하면서도 맛 좋은 아미쉬 디너 롤을 구워보세요. 감자를 넣어 만드는 아미쉬 디너 롤은 레시피 박스에 꼭 넣고 싶은 레시피가 될 거예요.

+ 디너 롤 15개
+ 오븐시간 180℃ 20~25분

+ 필요한 도구
직사각형 케이크 팬(33×23cm), 매셔, 볼, 핸드 믹서, 나무 주걱, 비닐 랩, 비닐 백, 베이킹 붓

+ 재료
으깬 감자 1컵(중간 크기 감자 2개 정도), 인스턴트 드라이 이스트 2 1/2ts, 따뜻한 물 3/4컵, 달걀 2개, 백설탕 1/3컵, 소금 1 1/2ts, 무염 버터 1/3컵, 중력분 4 1/4컵
코팅: 버터 1Ts

+ SWEET TIP
• 반죽을 같은 크기로 등분할 때는 저울을 이용해 같은 용량으로 나눕니다.
• 반죽을 팬닝할 때 간격을 조금씩 두고 올리면 굽고 나서 1개씩 떼어내기에 편리해요.

+ 만드는 방법
1 **준비하기** 1 중간 크기의 감자 2개를 삶아 건진 후 볼에 넣고 매셔나 주걱을 이용해 으깬 계량 컵 1컵 분량을 준비하세요. 2 볼에 따뜻한 물을 담고 이스트를 넣고 저어 녹이세요.
2 **반죽하기** 3 볼에 달걀을 풀고 설탕, 소금, 실온에서 말랑해진 버터, 으깬 감자, ②의 드라이 이스트를 넣고 핸드 믹서를 이용해 섞습니다. 4 ③에 밀가루를 두 번에 나누어 넣고 반죽이 한데 뭉쳐질 때까지 나무 주걱으로 잘 저어요. 5 작업대에 밀가루를 살짝 뿌리고 ④의 반죽을 손으로 6~8분 정도 반죽하세요. 탄력 있지만 끈적거리지 않을 정도로 반죽하고 동그랗게 만듭니다. 이때 반죽의 끈적임 정도에 따라 밀가루를 더 넣을 수 있어요.
3 **1차 발효시키기** 6 다른 볼에 오일로 기름칠을 하고 반죽을 넣어 살짝 굴린 후 비닐 랩으로 싸두세요. 반죽이 두 배로 부풀어 오를 때까지 1시간 30분 정도 실온에 둡니다.
4 **모양 만들고 팬닝하기** 7 케이크 팬에 오일로 기름칠을 해요. 8 ⑥의 반죽을 15등분해 동그랗게 만들어요. 9 15개의 반죽을 준비된 케이크 팬 위에 올립니다. 팬의 긴 면에 5개, 짧은 면에 3개씩 같은 간격을 두고 올리세요.
5 **2차 발효시키기** 10 비닐 백으로 팬을 덮고 반죽이 두 배로 부풀어 오를 때까지 2시간 정도 실온에 둡니다. 11 오븐을 180℃로 예열해요.
6 **굽고 코팅 바르기** 12 예열된 오븐에 ⑩을 넣고 노릇해질 때까지 20~25분 정도 구워요. 13 오븐에서 꺼낸 롤은 조심스럽게 팬에서 꺼낸 후 1개씩 떼어냅니다. 14 베이킹 붓을 이용해 실온에서 말랑해진 버터를 각 롤의 윗부분에 바르세요.

시나몬 레이즌 스월
Cinnamon Raisin Swirl

미국의 디저트 레시피 중에는 반죽을 말아 만든 쿠키나 케이크, 빵의 레시피가 다양해요. 보기에도 재미있고 김밥을 말듯이 말아서 만드는 즐거움이 있습니다. 이름처럼 시나몬과 건포도가 소용돌이 치듯이 돌돌 말린 모양으로 생긴 시나몬 레이즌 스월은 달콤한 맛이 강하지 않아 식빵처럼 먹기에 좋은 빵이에요. 원하는 두께로 잘라 따뜻한 상태에서 버터를 발라 먹어도 매우 맛있어요. 건포도가 기호에 맞지 않다면 건크랜베리를 넣어도 좋아요. 건크랜베리와 시나몬 향은 건포도만큼 조화롭거든요. 이 책에 실린 사진은 건크랜베리를 넣어 만든 시나몬 크랜베리 스월이랍니다.

+ 23×13cm 스월 브레드 1개
+ 오븐시간 180℃ 45~55분

+ 필요한 도구
로프 팬(23×13cm), 볼, 거품기, 스탠드 믹서, 비닐 랩,
밀대, 분무기, 베이킹 붓, 식힘망, 톱니 모양 나이프

+ 재료
무염 버터 4Ts, 우유 1 1/2컵, 달걀노른자 3개, 중력분
4 1/4컵, 인스턴드 드라이 이스트 2 1/4ts, 소금 1/2ts
필링: 황설탕 1/2컵, 백설탕 1/2컵, 시나몬 파우더 5ts,
건포도 1/2컵
코팅: 무염 버터 1Ts

+ SWEET TIP
반죽을 말 때에는 손에 힘을 주고 단단하게 말도록 하
세요.

+ 만드는 방법
1 준비하기 1 볼에 건포도를 담고 끓는 물을 부어 20분
정도 불린 후 물기를 빼두세요. 2 반죽용 버터는 전자레
인지에 돌려서 녹입니다.
2 필링 만들기 3 볼에 설탕, 시나몬 파우더를 넣고 저어
요.
3 반죽하기 4 다른 볼에 ②의 녹인 버터, 우유, 달걀노른
자를 넣고 거품기로 저어요. 5 ③에서 만든 필링의 1/4
컵을 스탠드 믹서의 믹싱 볼에 담고 밀가루, 이스트, 소
금을 넣습니다. 6 ⑤에 ④를 넣고 스탠드 믹서의 갈고리
모양 혹을 이용해 중간 속도로 한데 뭉칠 때까지 반죽

하세요. 7 작업대에 ⑥의 반죽을 올리고 탄력이 생길 때
까지 5분 정도 손으로 반죽하세요. 이때 반죽이 지나치
게 끈적이면 밀가루 1/4컵을 더 넣어가며 반죽해요. 반
죽이 다 되면 동그랗게 만듭니다.
4 1차 발효시키기 8 다른 볼에 오일로 기름칠을 하고 반
죽을 넣어 살짝 굴리세요. 볼을 비닐 랩으로 덮고 두
배로 부풀어 오를 때까지 1시간 정도 따뜻한 곳에 둡
니다.
5 필링 올리고 모양 만들기 9 로프 팬에 오일로 기름칠을
해요. 10 발효시킨 ⑧의 반죽을 작업대에 놓고 주먹으
로 살짝 눌러서 가스를 뺍니다. 11 밀대를 이용해 반죽
을 두께 6mm 정도의 직사각형 모양으로 밀어요. 12 분
무기를 이용해 반죽 위에 물을 살짝 뿌립니다. 13 ⑤에
서 사용하고 남은 필링을 반죽 위에 골고루 뿌리세요.
이때 반죽의 가장자리에는 여분을 남기고 뿌립니다.
다시 분무기로 반죽에 물이 살짝 젖을 정도로 뿌려요.
14 ⑬ 위에 ①의 건포도를 올리세요. 15 반죽의 짧은 면
을 종이 말듯이 말고 양 끝부분을 눌러 붙여요.
6 2차 발효시키기 16 반죽의 접힌 부분이 로프 팬 바닥
으로 향하게 놓고 비닐 랩으로 살짝 덮어요. 반죽이 로
프 팬 위로 살짝 올라올 정도로 1시간 30분 정도 실온
에 둡니다. 17 오븐을 180℃로 예열하세요.
7 코팅 바르고 굽기 18 토핑용 버터를 녹인 후 2차 발효
가 끝난 반죽 위에 베이킹 붓을 이용해 바르세요. ⑬에
서 남은 필링이 있다면 그 위에 뿌립니다. 19 예열된 오
븐에 넣고 45~55분 정도 구워요. 오븐에서 꺼낸 빵은
식힘망으로 옮겨 2시간 정도 식힌 후 톱니 모양 나이프
로 잘라요.

건포도를 불릴 때에는

빵이나 케이크를 먹을 때 쫄깃하게 씹히는 건포도는 반죽의 맛과 질감을 더욱 풍부하게 만들어요. 건포도는 베이킹을 할 때 매우 광범위하게 쓰이는 재료이기도 해요. 레시피에 따라 건포도를 불리는 방법이 조금씩 다르지만, 입맛에 따라 다양한 방법으로 건포도를 불려보는 건 어떨까요? 정교한 맛을 원할 때에는 건포도를 좋은 질의 브랜디나 달콤한 맛이 나는 포트 와인에 담그세요. 옛날 사람들이 했던 방식으로 하고 싶다면 건포도를 따뜻한 홍차에 담가 불려보는 것도 좋아요. 트렌디한 맛을 원할 때에는 건포도를 오렌지 주스에 담그고, 맛은 정교하지 않지만 부드러운 질감을 원할 때에는 뜨거운 물에 불리세요.

- **브랜디, 와인에 담글 때**: 브랜디나 와인에 건포도를 담가 냉장고에 하루 이상 넣어둡니다.
- **차, 오렌지 주스, 물에 담글 때**: 차, 오렌지 주스, 물을 끓인 후 건포도를 담그세요. 적어도 30분 이상은 담가두고 당일 사용하지 않을 때에는 냉장고에 넣어두어요. 일주일까지는 보관이 가능하답니다.

bread

오렌지 보넛
Orange Bowknots

미네소타 주 품평회에서 블루 리본을 받은 마조리 존슨(Marjorie Johnson)의 깃털처럼 가벼운 오렌지 보넛의 레시피를 소개할게요. 훈장과 함께 달아주는 블루 리본은 전통적으로 영광의 상징이에요. 이름처럼 매듭을 짓듯이 만드는 반죽의 모양도 재미있지만 빵을 한 입 베어 먹는 순간 상큼한 오렌지 향이 입 안에 가득 퍼진답니다. 반죽이 부드러운 오렌지 보넛을 아침 식사로 커피 한 잔과 함께 먹으면 그보다 좋을 수가 없어요. 반죽을 만들 때는 시간과 노력이 꽤 필요하지만 오븐에서 깜찍한 모양으로 갓 나온 오렌지 보넛의 부드럽고 달콤한 맛을 한 번 느껴보면 반죽에 들인 노력이 가치 있다고 느껴질 거예요.

+ 오렌지 보넛 24개
+ 오븐시간 190℃ 8~10분

+ **필요한 도구**
베이킹 팬 2개, 볼, 체, 레몬 제스터, 레몬 스퀴저, 스탠드 믹서, 비닐 랩, 밀대, 파이용 나이프, 비닐 백, 식힘망, 고무 주걱, 베이킹 붓

+ **재료**
인스턴트 드라이 이스트 4 1/2ts, 따뜻한 물 1 1/4컵, 분유 1/3컵, 쇼트닝 1/2컵, 백설탕 1/3컵, 소금 1ts, 달걀 2개, 오렌지즙 1/4컵, 오렌지 제스트 2Ts, 중력분 5 1/2컵
아이싱: 오렌지즙 2Ts, 오렌지 제스트 1ts, 슈거 파우더 1컵

+ *SWEET TIP*
반죽을 너무 두껍게 밀면 반죽을 묶기가 힘들어요. 레시피에서 제시한 적당한 두께로 밀도록 하세요.

+ **만드는 방법**
1 준비하기 1 볼에 따뜻한 물을 담고 이스트를 넣고 저어 녹이세요. 2 레몬 제스터를 이용해 오렌지 껍질을 갈고, 레몬 스퀴저를 이용해 오렌지즙을 내요.
2 반죽하기 3 볼에 분유, 쇼트닝, 설탕, 소금, 달걀, 오렌지즙, 오렌지 제스트를 넣고 섞어요. 4 ③에 밀가루와 ①을 넣고 갈고리 모양 훅이 있는 스탠드 믹서를 이

용해 2분 정도 반죽하세요. 5 작업대에 밀가루를 뿌린 후 반죽에 탄력이 생길 때까지 8분 정도 손으로 반죽하세요. 탄력 있지만 끈적거리지 않을 정도로 반죽하고 동그랗게 만듭니다. 이때 반죽의 끈적임 정도에 따라 밀가루를 더 넣을 수 있어요.
3 1차 발효시키기 6 다른 볼에 오일로 기름칠을 하고 반죽을 넣어 살짝 굴린 후 비닐 랩으로 덮으세요. 비닐 랩 위에 젖은 수건을 올려 두 배로 부풀어 오를 때까지 1시간 정도 실온에 둡니다.
4 휴지시키기 7 ⑥의 발효된 반죽을 주먹으로 살짝 눌러서 가스를 빼고 실온에 10분 정도 두세요.
5 모양 만들기 8 베이킹 팬에 유산지를 깔아요. 9 작업대에 밀가루를 뿌린 후 반죽을 밀대를 이용해 두께 4~5mm 정도의 직사각형 모양으로 밀어요. 10 파이용 나이프를 이용해 반죽을 폭 1.5cm 정도로 길게 자른 후 각 반죽을 나비 넥타이 매듭 묶듯이 살살 묶으세요.
6 패닝하고 2차 발효시키기 11 ⑩의 반죽을 베이킹 팬에 3cm 간격을 두고 올리세요. 12 비닐 백으로 팬을 덮고 반죽이 두 배로 부풀어오를 때까지 20분 정도 실온에 둡니다. 13 오븐을 190℃로 예열하세요.
8 굽기 14 예열된 오븐에 ⑫를 넣고 8~10분 정도 구우세요. 오븐에서 꺼낸 빵은 식힘망으로 옮겨 충분히 식힙니다.
7 아이싱 만들고 바르기 15 볼에 오렌지즙, 오렌지 제스트, 슈거 파우더를 넣고 고무 주걱을 이용해 골고루 섞어요. 16 베이킹 붓을 이용해 ⑭ 위에 바릅니다.

10-1

10-2

11

16

슈거플럼 플루켓 링
Sugarplum Plucket Ring

튜브 팬에 알사탕 모양의 반죽을 차곡차곡 쌓아 올려 링 모양으로 만든 재미있는 이름의 슈거플럼 플루켓 링은 펜실베이니아 주에 살고 있던 아미쉬(Amish) 사람들에게 전해져온 레시피예요. 반죽의 모양이 거품 같다고 해서 버블 링이라고도 불린답니다. 옛날 사람들은 케이크같이 생긴 이 빵을 식탁에 올려놓고 반죽의 모양을 따라 포크로 잘라 개개인에게 대접했다고 해요. 재미있는 모양의 슈거플럼 플루켓 링을 통째로 케이크 스탠드 위에 올려놓으면 그 모습 자체로 멋지답니다.

보기에도 예쁘고 맛도 좋은 이 빵을 처음으로 구웠던 날의 악몽은 잊을 수가 없어요. 바닥이 분리되는 튜브 팬에 반죽과 토핑을 담고 그대로 오븐에 넣어버리는 엄청난 실수를 저질렀답니다. 당연히 튜브 팬 바닥에 베이킹 팬을 깔았어야 했는데 말이죠. 오븐에 넣고 10여 분 남짓, 분리되는 튜브 팬 바닥의 틈으로 토핑의 시럽이 오븐 바닥에 흘러 중간에 오븐을 꺼야 하는 난감한 상황이 발생했어요. 연기가 자욱하게 찼던 오븐을 여는 순간 집 안에 화재 경보가 울리기 시작했고 덜 구운 빵 반죽은 그대로 쓰레기통으로…. 시럽이 눌어붙은 오븐 바닥을 박박 긁어내며 힘들게 청소했던 경험은 두고두고 잊을 수 없는 기억이 되었어요.

+ 지름 23cm 슈거플럼 플루켓 링 1개
+ 오븐시간 180℃ 40분

+ **필요한 도구**
튜브형 케이크 팬(지름 23cm), 볼, 핸드 믹서, 비닐 랩, 수건, 비닐 백, 식힘망

+ **재료**
인스턴트 드라이 이스트 2 1/4ts, 따뜻한 물 1/4컵, 무염 버터 1/3컵, 백설탕 1/3컵, 소금 1ts, 따뜻한 우유 1/2컵, 중력분 2컵+1 2/3컵, 달걀 2개
토핑: 무염 버터 1/2컵, 백설탕 3/4컵, 시나몬 파우더 2ts, 아몬드 3/4컵, 갈색 물엿 1/3컵

+ **SWEET TIP**
• 기호에 따라 건체리나 건크랜베리 1/2컵을 아몬드와 함께 토핑으로 뿌려도 맛있어요.
• 분리된 튜브 팬을 사용할 경우에는 토핑이 흐를 수 있으니 베이킹 팬 위에 튜브 팬을 올려 오븐에 넣으세요.

+ **만드는 방법**
1 **준비하기 1** 볼에 따뜻한 물을 담고 이스트를 넣은 뒤 저어서 녹이세요. **2** 아몬드는 살짝 구워둡니다.
2 **반죽하기 3** 볼에 실온에서 말랑해진 반죽용 버터, 설탕, 소금을 넣고 핸드 믹서를 이용해 섞은 후 따뜻한 우유를 넣어 저으세요. **4** ③에 밀가루 2컵과 ①을 넣고 부드러워질 때까지 반죽합니다. **5** 달걀을 풀어 ④에 넣고 섞은 후 남은 밀가루 1 2/3컵을 넣고 골고루 저어요. 이때 반죽이 지나치게 끈적이면 밀가루를 더 넣어가며 반죽해요. **6** 반죽이 한데 뭉쳐질 때까지 2~3분 정도 손으로 반죽하세요. 탄력 있지만 끈적거리지 않을 정도로 반죽하고 동그랗게 만듭니다. **7** 다른 볼에 오일로 기름칠을 하고 반죽을 넣어 살짝 굴린 후 비닐 랩으로 싸두세요.
3 **1차 발효시키기 8** 비닐 랩으로 싼 볼 위에 젖은 수건을 덮고 두 배로 부풀어 오를 때까지 1시간 정도 실온에 둡니다.
4 **휴지시키기 9** 발효된 반죽을 주먹으로 눌러서 가스를 빼고 동그랗게 만들어요. 다시 볼에 넣고 비닐 랩을 덮어 10분 정도 둡니다.
5 **토핑 만들고 팬닝하기 10** 케이크 팬에 오일로 기름칠을 해요. **11** 볼에 토핑용 버터를 담고 전자레인지에 돌려 녹인 후 식힙니다. **12** 다른 볼에 설탕, 시나몬 파우더를 넣고 섞어요. **13** ⑨의 반죽을 떼어내 지름 3cm 정도의 볼 모양으로 만들어요. **14** 각 반죽을 ⑪의 버터에 담갔다 꺼내고 ⑫의 토핑에 굴린 후 준비한 케이크 팬에 올려요. **15** 반죽의 위치를 정리해 한 층을 만든 후 그 위에 아몬드를 뿌립니다. 같은 과정을 두 번 더 반복해 총 3층을 만들어요. **16** ⑭에서 남은 버터와 물엿을 섞은 후 반죽 위에 골고루 뿌리세요.
6 **2차 발효시키기 17** 비닐 백으로 케이크 팬을 싸서 두 배로 부풀어 오를 때까지 45분 정도 실온에 두세요. **18** 오븐을 180℃로 예열해요.
7 **굽기 19** 예열된 오븐에 ⑰을 넣고 40분 정도 구워요. **20** 오븐에서 꺼낸 플루켓 링은 팬에 넣은 채로 15분 정도 식힌 후 그릇에 옮겨 담아요.

6

14

15-1

15-2

bread

올드 월드 퍼프 팬케이크
Old World Puff Pancake

우리 집 주말 브런치 메뉴로 자주 등장하는 퍼프 팬케이크 레시피를 소개합니다. 평소에 가깝게 지내던 재닛 (Janette) 할머니 댁에 갔을 때 브런치로 만들어주신 퍼프 팬케이크를 처음 보았어요. 프라이팬 위로 풍선처럼 부풀어오른 모양이 그렇게 깜찍할 수가 없었답니다. 재닛 할머니 말씀에 따르면 이 독특한 모양의 팬케이크는 미국의 경제 대공황 시기에 유명해지기 시작했다고 해요. 당시에는 요리책에 소개된 마땅한 레시피가 없었지만 간단하고 빠르게 만들 수 있는 이 팬케이크는 사람들의 입에서 입으로 전해졌다고 해요. 집에 있는 재료로 손쉽게 만들 수 있기 때문에 경제가 좋지 않았을 당시 많은 사람들이 식사로 만들어 먹었다는 슬픈 이야기. 토핑으로 슈거 파우더를 뿌리거나 기호에 따라 시럽이나 꿀을 곁들여 먹어도 맛있어요.

+ 지름 16.5cm 팬케이크 1개
+ 오븐시간 220℃ 15~18분

+ **필요한 도구**
오븐용 프라이팬(지름 16.5cm), 볼, 거품기, 냄비, 체

+ **재료**
버터 1Ts, 달걀 1개, 중력분 1/4컵, 우유 1/4컵, 백설탕 2ts
토핑: 사과 1개, 버터 1Ts, 설탕 1Ts, 시나몬 파우더 1/4 ts, 슈거 파우더 1ts

+ *SWEET TIP*
오븐용 프라이팬 대신 오븐용 접시를 사용해도 됩니다. 오븐에서 굽는 동안 팬케이크가 볼록하게 부풀어 오르니 오목한 접시를 사용하세요.

+ **만드는 방법**
1 준비하기 1 오븐을 220℃로 예열하세요. 2 오븐용 프라이팬에 버터 1Ts을 넣고 오븐에 넣어 버터가 녹을 때까지 3분 정도 둡니다.
2 **반죽, 팬닝하기** 3 볼에 달걀을 풀고 밀가루, 우유, 설탕을 넣어 거품기로 골고루 저어요. 4 오븐에서 꺼낸 프라이팬에 ③의 반죽을 부어요.
3 굽기 5 다시 오븐에 넣고 팬케이크의 가장자리가 부풀어 오를 때까지 15~18분 정도 구워요.
4 토핑 만들어 올리기 6 사과는 껍질을 벗겨 잘게 자릅니다. 7 냄비에 사과, 버터 1Ts을 넣고 사과가 말랑해질 때까지 끓인 후 설탕, 시나몬 파우더를 뿌려 저으세요. 8 불을 끄고 ⑦을 팬케이크 위에 올립니다. 9 슈거 파우더를 체에 내려 골고루 뿌립니다.

+ 필라델피아 스티키 번 12개
+ 오븐시간 180℃ 45분

+ 필요한 도구
직사각형 케이크 팬(33×23cm), 볼, 체, 핸드 믹서, 수건, 냄비, 밀대, 베이킹 붓, 나이프

+ 재료
우유 1컵, 인스턴트 드라이 이스트 2 1/4ts, 따뜻한 물 1/4컵, 체 친 중력분 1 1/2+2 1/2컵, 무염 버터 1/3컵, 백설탕 1/3컵, 달걀 1개, 소금 1ts, 넛멕 파우더 1/4ts
시럽: 갈색 물엿 2/3컵, 꿀 1/3컵, 흑설탕 2/3컵, 잘게 자른 무염 버터 1/2컵
필링: 흑설탕 1/2컵, 시나몬 파우더 1Ts, 생강 가루 1/8ts, 무염 버터 1/4컵, 건포도 1/2컵

+ SWEET TIP
필라델피아 스티키 번은 굽고 나서 바로 먹어야 맛있어요. 시간이 지나면 시럽이 굳어서 딱딱해지거든요.

+ 만드는 방법
1 **준비하기** 1 우유를 미지근하게 데웁니다. 2 볼에 따뜻한 물을 담은 뒤 이스트를 넣고 저어 녹인 후 ①에 넣고 섞어요. 3 체 친 밀가루 1 1/2컵을 ②에 넣고 부드러워질 때까지 골고루 저어요.
2 **1차 발효시키기** 4 ③의 볼을 젖은 수건으로 덮고 30분 정도 따뜻한 곳에 둡니다.
3 **반죽하기** 5 볼에 실온에서 말랑해진 버터 1/3컵과 설탕을 넣고 핸드 믹서를 이용해 부드럽게 풀어요. 6 달걀을 풀어 ⑤에 넣은 후 소금, 넛멕 파우더를 넣고 섞어요.

7 ⑥을 ④에서 발효시킨 반죽에 넣은 후 남은 밀가루 2 1/2컵을 넣어가며 섞습니다. 이때 반죽이 지나치게 끈적이면 밀가루를 더 넣어가며 반죽해요. 8 작업대에 밀가루를 뿌린 후 반죽에 탄력이 생길 때까지 손으로 반죽한 다음 반죽을 동그랗게 만드세요.
4 **2차 발효시키기** 9 다른 볼에 오일로 기름칠을 하고 반죽을 넣어 살짝 굴립니다. 젖은 수건으로 볼을 덮고 반죽이 두 배로 부풀어 오를 때까지 1시간 30분 정도 따뜻한 곳에 두세요.
5 **시럽, 필링 만들기** 10 냄비에 물엿, 꿀, 흑설탕, 잘게 자른 버터 1/3컵을 넣고 약한 불에서 거품이 생기기 시작할 때까지 끓여 시럽을 만들어요. 11 볼에 설탕, 시나몬 파우더, 생강 가루를 넣고 섞어 필링을 만듭니다.
6 **필링 올리고 모양 만들기** 12 작업대에 밀가루를 뿌린 후 밀대를 이용해 반죽을 두께 5mm 정도의 직사각형 모양으로 밀어요. 13 볼에 필링용 버터 1/4컵을 담고 전자레인지에 살짝 돌려 녹인 후 식혀요. 반죽 위에 베이킹 붓을 이용해 버터를 바르세요. 14 ⑬ 위에 ⑪에서 만든 필링을 골고루 뿌린 후 건포도를 뿌려요. 15 반죽을 종이를 말 듯이 긴 면부터 단단하게 말고 양끝부분을 눌러 붙여요. 16 기름칠을 한 날카로운 나이프를 이용해 반죽을 12등분해 자릅니다.
7 **팬닝하고 3차 발효시키기** 17 오븐을 180℃로 예열해요. 18 ⑩에서 만든 시럽의 절반을 케이크 팬에 붓고 12개의 반죽을 올립니다. 그 위에 남은 시럽을 부으세요. 19 젖은 수건으로 케이크 팬을 덮고 30분 정도 따뜻한 곳에 두세요.
8 **굽기** 20 예열된 오븐에 넣고 40~45분 정도 구워요. 오븐에서 꺼낸 케이크 팬을 접시 위에 거꾸로 뒤집어 번을 꺼낸 후 1개씩 떼어냅니다.

필라델피아 스티키 번
Philadelphia Sticky Buns

벼룩시장에서 발견한 1970년대 잡지에 실려 있었던 필라델피아 스티키 번의 레시피를 소개할게요. 스티키 번은 시럽이나 꿀같이 끈기 있는 재료를 팬 바닥에 부은 후에 반죽을 올려 구워요. 오븐에서 꺼내 거꾸로 뒤집어 끈 적이는 시럽이 번의 윗부분이 될 수 있게 한답니다. 이 방식은 업사이드 다운 케이크와 같아요. 반죽은 매우 부 드럽고 반죽 위에 올린 끈끈한 시럽의 달콤한 향은 중독성이 있어요. 벼룩시장에서 레시피를 베껴와서 레시피 박스에 담아놓은 이후로 필라델피아 스티키 번은 자주 굽는 메뉴 중의 하나가 되었어요. 가히 악마의 음식이라 고 부를 수 있을 만큼 달콤하고 쫄깃한 필라델피아 스티키 번을 구워 커피 한 잔과 함께 아침을 열어보세요. 달 콤한 하루를 시작할 수 있을 거예요.

bread

미니 스티키 번
Mini Sticky Buns

필라델피아 스티키 번을 맛본 이후 그 매력에 빠져 비슷한 종류의 스티키 번 레시피를 찾아보기 시작했어요. 견과류를 넣어 반죽해 머핀 팬을 이용해 구운 이 스티키 번은 머핀 팬을 이용해 만든 현대식 스티키 번이라고 할 수 있을 것 같아요. 모양도 귀여울뿐더러 간단히 한 손으로 집어 먹기에도 좋답니다.

+ 미니 스티키 번 24개
+ 오븐시간 190℃ 12~15분

+ 필요한 도구
12구 머핀 팬 2개, 나무 주걱, 비닐 랩, 냄비, 비닐 백, 쿠킹호일, 베이킹 팬, 식힘망

+ 재료
중력분 3 1/4컵, 백설탕 1/4컵, 인스턴트 드라이 이스트 2 1/4ts, 소금 1ts, 우유 1 1/4컵, 무염 버터 1/4컵, 달걀 1개
토핑: 황설탕 1컵, 무염 버터 3/4컵, 피칸 3/4컵, 꿀 2Ts, 시나몬 파우더 1ts, 메이플 시럽 1ts

+ SWEET TIP
• 미니 스티키 번은 따뜻한 상태에서 먹어야 가장 맛있어요.
• 굽고 나서 쉽게 꺼낼 수 있게 머핀 팬에 버터칠을 충분히 하세요.

+ 만드는 방법
1 준비하기 **1** 피칸을 구워 잘게 잘라요. **2** 머핀 팬 2개에 버터로 기름칠을 넉넉하게 합니다.
2 반죽하고 1차 발효시키기 **3** 볼에 밀가루, 설탕, 이스트, 소금을 넣고 섞어요. **4** 냄비에 우유, 버터를 넣고 녹인 후 ③에 넣어 나무 주걱을 이용해 부드럽게 섞으세요. **5** 달걀을 풀어 ④에 넣고 한 덩어리가 될 때까지 골고루 젓습니다. **6** ⑤의 볼을 비닐 랩으로 덮고 두 배로 부풀어오를 때까지 1시간 정도 따뜻한 곳에 두세요.
3 토핑 만들고 팬닝하기 **7** 냄비에 토핑의 모든 재료를 넣고 버터가 녹을 때까지 약한 불에서 끓여요. **8** ⑦을 계량 티스푼으로 가득 떠서 준비해놓은 머핀 팬에 나누어 담아요.
4 반죽 올리고 2차 발효시키기 **9** 발효시킨 ⑥의 반죽을 주먹으로 살짝 눌러서 가스를 뺀 뒤 스푼으로 떠서 ⑧의 각 토핑 위에 올려요. **10** 2개의 머핀 팬을 비닐 백으로 살짝 덮고 두 배로 부풀어오를 때까지 30분 정도 따뜻한 곳에 둡니다. **11** 오븐을 190℃로 예열하세요.
5 굽기 **12** 머핀 팬을 쿠킹호일로 싼 베이킹 팬 위에 올린 후 예열된 오븐에 넣고 노릇해질 때까지 12~15분 정도 구워요. **13** 오븐에서 꺼낸 번은 머핀 팬에 넣은 채로 2분 정도 식힌 후 식힘망으로 옮깁니다. 머핀 팬을 거꾸로 뒤집어 번을 꺼내세요.

bread

미니 허니 콘브레드 Mini Honey Cornbreads

본래 모양이 투박한 콘 브레드는 구하기 쉬운 재료로 쉽게 만들어 구울 수 있기 때문에 밀가루가 비쌌던 옛날, 미국 남부 지방에서는 매일 이 빵을 구워 주식처럼 먹었다고 해요. 입자가 굵은 옥수수 가루가 콘 브레드의 질감을 거칠게 해요. 옛날 사람들은 치킨 요리나 수프, 스튜와 함께 콘 브레드를 곁들여 먹었는데, 현대로 오면서는 추수감사절에 메인 음식과 함께 먹는 빵으로 유명해졌답니다. 이 책에서는 콘 브레드에 꿀을 넣어 머핀 모양으로 깜찍하게 만드는 특별한 콘 브레드 레시피를 소개할게요. 다음 장에 나오는 크랜베리 렐리시와 함께 즐겨보세요.

+ 머핀 12개
+ 오븐시간 200℃ 15분~20분

+ **필요한 도구**
12구 머핀 팬, 볼, 거품기, 식힘망

+ **재료**
옥수수 가루 1컵, 중력분 1컵, 베이킹 파우더 1Ts, 백설탕 2/3컵, 소금 1ts, 무염 버터 1/2컵, 우유 1컵, 달걀 2개, 꿀 1/4컵

+ *SWEET TIP*
버터는 실온에서 녹이거나 전자레인지에 넣고 살짝 돌려 액체 상태에서 반죽에 넣습니다.

+ **만드는 방법**
1 준비하기 1 오븐을 200℃로 예열하고 머핀 팬에 버터로 기름칠을 하세요.
2 반죽하기 2 볼에 옥수수 가루, 밀가루, 베이킹 파우더, 설탕, 소금을 넣고 섞어요. 3 다른 볼에 녹인 버터, 우유, 달걀, 꿀을 넣고 거품기를 이용해 골고루 저으세요. 4 ③에 ②의 가루를 넣고 부드러워질 때까지 섞습니다.
3 팬닝하고 굽기 5 반죽을 나누어 준비해놓은 머핀 팬에 채우세요. 6 예열된 오븐에 넣고 노릇해질 때까지 15~20분 정도 구워요. 7 오븐에서 꺼낸 머핀을 팬에 넣은 채로 10분 정도 식힌 후 식힘망으로 옮겨 충분히 식힙니다.

GOOSE FAT

1874
CORN
MEAL

콘브레드 머핀과 함께 먹는 크랜베리 렐리시 만들기

델라 아줌마네 추수감사절 파티 때 다이닝룸에 들어서는 순간 식탁 위에 차려진 많은 음식들 중에서 가장 먼저 눈에 들어온 것이 크랜베리 렐리시(Cranberry Relish)였어요. 크랜베리의 선명한 빨간색이 가을 분위기의 데커레이션과 잘 어울려 그렇게 예뻐 보일 수가 없었답니다. 미국 사람들이 추수감사절 저녁 식사에 칠면조 요리에 곁들여 콘브레드(272페이지 참고)와 함께 먹는다는 크랜베리 렐리시. 달콤하면서도 크랜베리 특유의 새콤한 맛이 입맛을 끌어당긴 크랜베리 렐리시의 레시피를 델라 아줌마에게 받아왔답니다.

렐리시는 보통 과일이나 채소를 소스보다 걸쭉하게 만들어 메인 요리에 얹어 먹거나 빵과 함께 먹기에 좋아요. 비타민 C가 가득한 크랜베리와 오렌지로 만드는 이 렐리시는 설탕과 꿀이 잘 배도록 먹기 하루 전에 만들어놓는 것이 가장 맛이 좋습니다. 새콤달콤한 크랜베리 렐리시를 만들어 예쁜 병에 담아보세요. 냉장고에 보관하고 아침 식사로 토스트에 잼처럼 발라 먹거나 플레인 요거트 위에 얹어 먹어도 맛있답니다.

크랜베리 2컵, 오렌지 1개, 사과 2개, 피칸 1/2컵, 설탕 1~1 1/2컵(기호에 따라 양을 조절), 꿀 1/4컵

1 크랜베리와 오렌지를 깨끗이 씻은 뒤 잘게 자릅니다. 이때 오렌지 껍질을 벗기지 말고 자르세요. 2 사과는 껍질을 벗겨 잘게 자르고, 피칸도 잘게 잘라요. (푸드 프로세서를 이용하면 더욱 편리합니다.) 3 믹싱 볼에 잘게 자른 크랜베리, 오렌지, 사과, 피칸, 설탕, 꿀을 넣고 나무 주걱으로 골고루 섞은 뒤 실온에 2시간 정도 두어 설탕이 과일에 고루 배게 해요.

+ 지름 7.5cm 보스턴 브라운 브레드 1개
+ 찜시간 2시간 10분~2시간 20분

+ 필요한 도구
커피 캔(지름 7.5cm, 높이 14cm 정도 크기), 볼, 고무 주걱, 냄비, 찜용 삼발이, 쿠킹호일, 고무밴드, 치실

+ 재료
통밀가루 1/2컵, 호밀가루 1/2컵, 옥수수 가루 1/2컵, 베이킹 소다 1ts, 소금 1/2ts, 당밀 6Ts, 우유 1컵, 식초 1Ts, 건포도 1/2컵

+ SWEET TIP
보스턴 브라운 브레드는 전통적으로 실을 이용해 빵을 잘랐다고 해요. 가는 실이나 치실을 이용해 잘라보세요.

+ 만드는 방법
1 준비하기 1 우유에 식초를 넣어 섞어두세요. 2 건포도는 잘게 잘라둡니다. 3 커피 캔에 버터로 기름칠을 해요.
2 반죽하기 4 볼에 통밀가루, 호밀가루, 옥수수 가루, 베이킹 소다, 소금을 넣고 골고루 섞어요. 5 ④에 ①에서 만든 우유와 당밀을 넣고 부드러워질 때까지 고무 주걱을 이용해 저어요. 6 ⑤에 잘게 자른 건포도를 넣고 섞으세요.
3 팬닝하고 찌기 7 높이가 높은 냄비 바닥에 물을 붓고 찜 삼발이를 올려 물을 끓입니다. 8 ⑥의 반죽을 준비해놓은 커피 캔에 부어요. 9 쿠킹호일로 캔을 두 번 싸고 넓은 고무밴드를 이용해 입구를 단단히 감으세요. 10 냄비의 물이 뜨거워지면 준비해놓은 커피 캔을 올리고 캔 절반까지 물이 올라올 수 있도록 따뜻한 물을 좀 더 부어요. 11 뚜껑을 덮고 약한 불에서 2시간 10분~2시간 20분 정도 끓여요. 냄비 안의 물이 줄어드는지 확인하며 중간에 물을 더 붓습니다. 12 냄비에서 꺼낸 커피 캔을 5~10분 정도 그대로 두었다가 뒤집어 빵을 꺼내세요. 13 치실을 이용해 빵의 동그란 모양을 유지하며 잘라요.

bread

보스턴 브라운 브레드 Boston Brown Bread

여러 세대를 거치는 동안 미국 북동부의 뉴잉글랜드 지역 사람들은 토요일 저녁 식사 때 항상 메인 디시와 함께 보스턴 브라운 브레드를 먹는 것이 전통이 되었답니다. 미국 식민지 시대 사람들 대부분은 오븐이 없었기 때문에 주로 찌는 방식으로 빵을 만들었다고 해요. 통밀가루, 호밀가루, 옥수수 가루처럼 거친 가루를 섞어 만들지만 찌는 방식으로 만들기 때문에 빵 속의 질감이 부드러워요.

보스턴 브라운 브레드는 주위에서 구하기 쉬운 철제로 된 커피 캔에 반죽을 담고 증기가 날아가지 않도록 쿠킹 호일로 싼 후에 고무밴드로 단단히 감아 찌는 방식으로 만듭니다. 옛날 사람들은 캔에서 꺼낸 보스턴 브라운 브레드를 나이프가 아닌 실의 양끝을 잡아당기는 재미있는 방법으로 잘랐다고 해요. 중간에 캔을 열어볼 수 없으니 찜기에 넣어놓고 2시간이 넘는 시간 동안 모양이나 질감이 잘 나올지 몰라 마음을 졸이기도 하겠지만 특이한 방법으로 만드는 보스턴 브라운 브레드가 특별한 즐거움을 선사할 거예요.

8

bread

코코넛 바나나 브레드 Coconut Banana Bread

바나나 브레드는 베이킹 파우더와 베이킹 소다가 유명해지기 시작한 1930년대에 미국 요리책에 정식으로 처음 등장한 이후 사람들이 언제든지 간편하게 만들어 즐기는 메뉴로 자리 잡아왔어요. 빵을 만드는 기본적인 재료에 바나나를 넣어 케이크처럼 촉촉하게 만들기 시작한 바나나 브레드는 그 후 과일, 견과류, 초콜릿 칩 등의 재료를 넣으면서 다양하게 응용되어왔답니다. 책에 소개된 코코넛 바나나 브레드는 전통적인 바나나 브레드에 코코넛을 넣어 만들기 때문에 이국적인 열대의 향을 느낄 수 있어요. 쫄깃하게 씹히는 식감에, 코코넛과 바나나에서 나오는 향긋한 맛 덕분에 먹고 난 후에도 여운이 오래도록 남을 거예요.

+ 코코넛 바나나 브레드 1개
+ 오븐시간 180℃ 1시간~1시간 5분

+ 필요한 도구
로프 팬(23×13cm), 유산지, 볼, 체, 핸드 믹서, 나무 주걱, 식힘망, 레몬 스퀴저, 고무 주걱

+ 재료
중력분 2컵, 베이킹 소다 3/4ts, 소금 1/2ts, 무염 버터 1/4컵, 백설탕 2/3컵, 달걀 2개, 으깬 바나나 1 1/2컵 (중간 사이즈 바나나 4~5개 정도), 플레인 요거트 1/4컵, 다크 럼 3Ts, 바닐라 익스트랙 1/2ts, 코코넛 슬라이스 1/2컵, 피칸 1/2컵
토핑: 코코넛 슬라이스 2Ts
글레이즈: 슈거 파우더 1/2컵, 레몬즙 1 1/2Ts

+ SWEET TIP
• 바나나 브레드의 가장 중요한 재료인 바나나는 잘 익어서 물렁하고 당분이 높은 것을 사용하세요.
• 기호에 따라 피칸을 같은 양의 호두로 대체할 수 있어요.
• 반죽 위에 뿌린 코코넛이 타지 않게 주의하세요. 중간에 오븐을 열었을 때 코코넛이 많이 구워졌으면 쿠킹 호일을 살짝 덮으세요.

+ 만드는 방법
1 준비하기 **1** 피칸은 구워서 잘게 자르고, 반죽에 넣을 코코넛 1/2컵은 살짝 구워둬요. **2** 바나나를 으깨서 준비해요. **3** 오븐을 180℃로 예열하고, 로프 팬은 바닥에 유산지를 깐 뒤 버터로 기름칠을 해요.
2 반죽하기 **4** 볼에 밀가루, 베이킹 소다를 체 쳐서 넣은 후 소금을 넣고 섞어요. **5** 다른 볼에 실온에서 말랑해진 버터와 설탕을 넣고 핸드 믹서를 이용해 부드러워질 때까지 1~2분 정도 섞으세요. **6** ⑤에 달걀을 1개씩 넣고 푼 후 으깬 바나나, 요거트, 다크 럼, 바닐라 익스트랙을 넣고 골고루 섞습니다. **7** ⑥에 ④의 가루를 넣고 나무 주걱을 이용해 저어요. **8** ⑦에 준비해놓은 피칸과 코코넛을 넣고 섞어요.
3 팬닝하고 굽기 **9** ⑧의 반죽을 준비해놓은 로프 팬에 담고 토핑용 코코넛을 뿌립니다. **10** 예열된 오븐에 ⑨를 넣고 1시간~1시간 5분 정도 구워요. **11** 오븐에서 꺼낸 빵을 팬에 넣은 채로 10분 정도 식힌 후 식힘망으로 옮깁니다.
4 글레이즈 만들어 올리기 **12** 레몬 스퀴저를 이용해 레몬즙을 내요. **13** 볼에 슈거 파우더, 레몬즙을 넣고 고무 주걱을 이용해 골고루 섞어 글레이즈를 만들어요. **14** 따뜻한 바나나 브레드 위에 ⑬의 글레이즈를 천천히 붓습니다.

bread 스칼리 브레드 Scali Breads

참깨를 가득 올린 담백한 스칼리 브레드는 주로 파스타와 같은 음식을 먹을 때 함께 곁들여 먹기에 좋아요. 남은 빵은 알맞은 크기로 잘라서 버터를 발라 먹거나 샌드위치를 만들 수도 있어요. 반죽하기 전 밀가루와 물, 이스트를 섞어 오랜 시간 발효하는 방식이 이 빵의 맛과 질감을 특별하게 만드는 요소랍니다. 여유를 두고 레시피에서 제시한 충분한 시간 동안 발효하세요. 그리고 반죽을 머리 땋듯이 예쁜 모양으로 땋고 기분에 따라 반죽의 크기를 크게 만들거나 여러 개의 작은 반죽으로 나눠 다양하게 만들어보세요. 참깨와 함께 씹히는 스칼리 브레드의 바삭한 표면과 부드러우면서도 쫄깃한 속은 매일 먹어도 질리지 않은 담백한 맛이랍니다.

3

4

8

+ 작은 스칼리 브레드 8개
+ 오븐시간 220℃ 25분

+ **필요한 도구**
베이킹 팬, 유산지, 볼, 비닐 랩, 스탠드 믹서, 수건, 베이킹 붓, 나이프, 비닐 백, 식힘망

+ **재료**
중력분 1컵+2컵, 물 1/2컵, 인스턴트 드라이 이스트 1/8ts+2ts, 소금 1 1/4ts, 분유 2Ts, 따뜻한 물 2/3컵, 올리브 오일 2Ts
토핑: 달걀흰자 1개 분량, 물 1Ts, 참깨 1/3컵

+ *SWEET TIP*
반죽 위에 참깨 토핑을 뿌릴 때에는 반죽을 살짝 굴리거나 눌러 참깨가 반죽에 고정될 수 있게 하세요.

+ **만드는 방법**
1차 발효시키기 **1** 볼에 밀가루 1컵, 물 1/2컵, 이스트 1/8ts을 넣은 뒤 반죽이 한데 뭉칠 때까지 골고루 섞어요. **2** ①의 볼을 비닐 랩으로 싸서 8~10시간 정도 실온에 두세요.
2 반죽하기 **3** ②에 밀가루 2컵, 소금, 분유, 이스트 2ts, 따뜻한 물, 올리브 오일을 넣고 갈고리 모양 혹이 있는 스탠드 믹서를 이용해 2~3분 정도 반죽하세요. **4** 작업대에 밀가루를 살짝 뿌리고 탄력이 생길 때까지 5분 정도 손으로 반죽한 후 동그랗게 만듭니다.
3 2차 발효시키기 **5** 다른 볼에 오일로 기름칠을 하고 반죽을 넣어 살짝 굴린 후 비닐 랩으로 덮어요. 비닐 랩 위에 젖은 수건을 올려 두 배로 부풀어오를 때까지 1시간 30분 정도 실온에 둡니다.
4 휴지시키기 **6** ⑤의 발효된 반죽을 주먹으로 살짝 눌러서 가스를 뺀 뒤 6등분하세요. **7** 작업대에 각 반죽을 올리고 길이 40cm 정도의 긴 원통 모양으로 굴려요. 실온에 10분 정도 둡니다.
5 토핑 올리기 **8** 볼에 달걀흰자, 물을 넣고 섞어 베이킹 붓으로 각 반죽 위에 바른 후 참깨를 골고루 뿌려요.
6 모양 만들기 **9** 반죽 3개의 양 끝을 잡고 고정시킨 후 갈래머리처럼 땋아요. 끝부분은 반죽 아래로 집어넣어 깨끗하게 정리합니다. **10** 남은 반죽 3개도 같은 방법으로 땋아요. **11** 갈래머리 모양으로 땋은 반죽 2개를 나이프를 이용해 각각 4등분으로 잘라 8개의 작은 반죽으로 만듭니다. **12** 8개의 작은 반죽 끝부분을 반죽 아래로 집어넣어 깨끗하게 정리하세요.
7 팬닝하고 3차 발효시키기 **13** 2개의 베이킹 팬에 각각 유산지를 깔고 8개의 반죽을 6cm 간격을 두고 올려요. **14** 비닐 백으로 팬을 덮고 반죽이 부풀어 오를 수 있도록 1시간 30분 정도 실온에 두세요. **15** 오븐을 220℃로 예열하세요.
8 굽기 **16** 예열된 오븐에 ⑭를 넣고 노릇해질 때까지 25분 정도 구워요. **17** 오븐에서 꺼낸 빵은 식힘망으로 옮겨 충분히 식힙니다.

9

12

17

bread

애플 프리터 Apple Fritters

프리터는 반죽을 입혀 튀긴 종류를 의미하는데 메인 요리나 디저트 모두를 포함해요. 애플 프리터는 바삭하고 달콤한 튀김옷과 그 안에 숨어 있는 사과의 맛이 부드럽게 잘 어울려요. 워낙 튀김을 좋아해서 길에 지나가다가도 노점상에서 파는 고구마나 오징어 튀김을 그냥 지나치지를 못했는데 사과를 넣어 만든 큰 사이즈의 애플 프리터를 '스타벅스'에서 처음 맛보고는 상큼하면서도 특별한 맛이 새롭게 느껴졌어요. 비슷한 종류의 레시피로 여러 번 만들어보았지만, 결국에는 오렌지 향이 특별한 이 레시피를 저의 레시피 박스에 넣었어요. 튀김옷을 바삭하게 입힌 작고 귀여운 이 애플 프리터가 미각을 자극할 거예요.

+ 애플 프리터 36개 정도
+ 튀김 온도 180℃

+ **필요한 도구**
볼, 레몬 제스터, 레몬 스퀴저, 핸드 믹서, 튀김용 냄비, 조리용 온도계, 체, 페이퍼 타월, 고무 주걱

+ **재료**
중력분 3컵, 베이킹 파우더 2ts, 소금 1/2ts, 백설탕 1/2 컵, 달걀 1개, 무염 버터 1/4컵, 우유 1컵, 오렌지 제스트 1Ts, 오렌지즙 1/4컵, 잘게 자른 사과 2컵, 바닐라 익스트랙 1ts, 카놀라 오일 6컵
글레이즈: 우유 1 1/2Ts, 슈거 파우더 2컵

+ *SWEET TIP*
• 반죽 사이즈가 너무 크면 속이 잘 익지 않고 겉이 타버릴 수 있으니 주의하세요.
• 끈적이는 글레이즈가 싫다면 기호에 따라 시나몬 파우더 1Ts, 백설탕 1/2컵을 섞어 코팅을 만든 후 튀긴 프리터를 굴려서 먹어도 좋아요.

+ **만드는 방법**
1 **준비하기** 1 레몬 제스터를 이용해 오렌지 껍질을 갈고 레몬 스퀴저를 이용해 오렌지즙을 내요. 2 사과는 껍질을 까서 잘게 잘라둡니다.

2 **반죽하기** 3 볼에 밀가루, 베이킹 파우더, 소금, 설탕을 넣고 섞어요. 4 다른 볼에 달걀을 풀고 실온에서 말랑해진 버터와 우유를 넣은 뒤 핸드 믹서를 이용해 섞어요. 5 ④에 ①의 오렌지 제스트, 오렌지즙과 잘게 자른 사과, 바닐라 익스트랙을 넣고 섞으세요. 6 ⑤에 ③의 가루를 넣고 골고루 젓습니다.

3 **튀기기** 7 튀김용 냄비에 카놀라 오일을 붓고 중간 불에서 끓이세요. 조리용 온도계의 온도가 180℃가 될 때까지 끓인 후 온도를 유지합니다. 8 계량 테이블 스푼으로 ⑥의 반죽을 떠서 조심스럽게 냄비에 떨어뜨려 튀기세요. 9 체를 이용해 프리터를 건진 후 페이퍼 타월 위에 올려 기름을 빼요.

4 **글레이즈 만들어 올리기** 10 볼에 우유와 슈거 파우더를 넣고 고무 주걱을 이용해 섞어요. 11 ⑨의 프리터 위에 ⑩에서 만든 글레이즈를 뿌리고 3분 정도 실온에서 굳히세요.

06
bar 바 candy 캔디
cracker 크래커

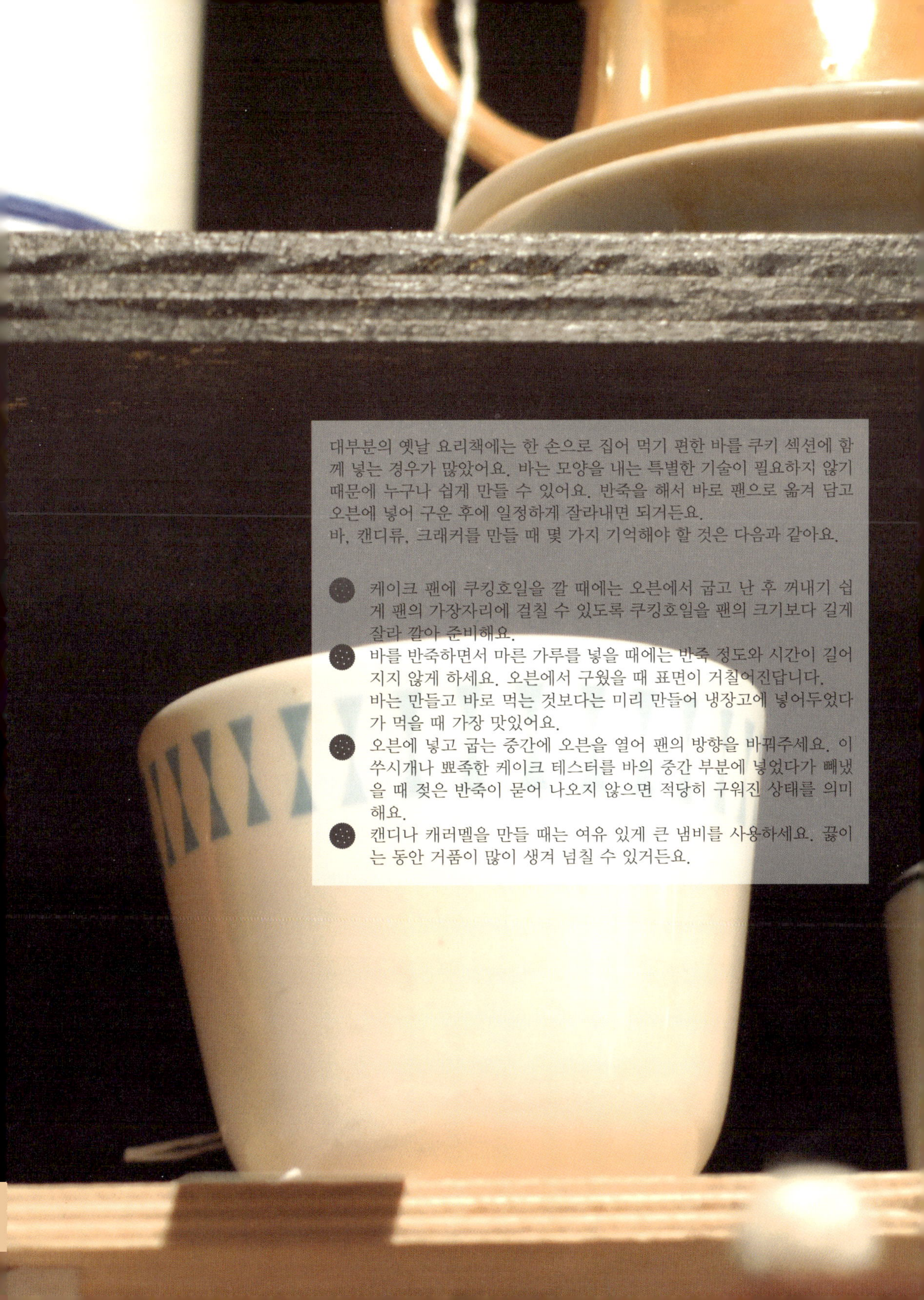

대부분의 옛날 요리책에는 한 손으로 집어 먹기 편한 바를 쿠키 섹션에 함께 넣는 경우가 많았어요. 바는 모양을 내는 특별한 기술이 필요하지 않기 때문에 누구나 쉽게 만들 수 있어요. 반죽을 해서 바로 팬으로 옮겨 담고 오븐에 넣어 구운 후에 일정하게 잘라내면 되거든요.

바, 캔디류, 크래커를 만들 때 몇 가지 기억해야 할 것은 다음과 같아요.

- 케이크 팬에 쿠킹호일을 깔 때에는 오븐에서 굽고 난 후 꺼내기 쉽게 팬의 가장자리에 걸칠 수 있도록 쿠킹호일을 팬의 크기보다 길게 잘라 깔아 준비해요.

- 바를 반죽하면서 마른 가루를 넣을 때에는 반죽 정도와 시간이 길어지지 않게 하세요. 오븐에서 구웠을 때 표면이 거칠어진답니다.
  바는 만들고 바로 먹는 것보다는 미리 만들어 냉장고에 넣어두었다가 먹을 때 가장 맛있어요.

- 오븐에 넣고 굽는 중간에 오븐을 열어 팬의 방향을 바꿔주세요. 이쑤시개나 뾰족한 케이크 테스터를 바의 중간 부분에 넣었다가 빼냈을 때 젖은 반죽이 묻어 나오지 않으면 적당히 구워진 상태를 의미해요.

- 캔디나 캐러멜을 만들 때는 여유 있게 큰 냄비를 사용하세요. 끓이는 동안 거품이 많이 생겨 넘칠 수 있거든요.

블리자드 바 Blizzard Bars

bar

'1만 개의 호수의 땅'이라고 불리는 미국 중부의 미네소타 주는 자연이 어우러진 웅장하고 아름다운 경관 때문에 많은 관광객들의 발길이 끊이지 않는 지역이에요. 하지만 대륙성 기후의 영향으로 겨울철에는 굉장히 춥고 눈이 많이 내린답니다. 벼룩시장에서 구입한 1985년 미네소타 주에서 발행된 요리책에는 그 지역 사람들이 오랫동안 즐겨 먹었던 음식들이 소개되어 있어요. 대부분의 레시피에는 지역색이 강한 이름이나 재미있는 이름이 붙어 있어서 어떤 이야기가 숨어 있을지 궁금하게 만들어요. 이름이 어떻게 붙여졌는지, 언제부터 그 음식을 먹기 시작했는지는 전혀 알 수 없지만 책장을 넘기다 보면 전통을 소중히 하는 그 지역의 사람들의 마음을 느낄 수 있답니다. 미네소타의 춥고 긴 겨울 동안 집 안에서 오랜 시간을 보내야 하는 사람들은 답답함을 해소해줄 치료제로 '눈보라'라는 뜻을 지닌 블리자드 바를 만들었다고 해요. 초콜릿과 피넛 버터를 섞어 만든 윤기 나는 프로스팅을 올린 이 달콤한 바를 한 입만 베어 먹어도 추운 겨울의 우울한 기분을 날려버리기에 충분할 것 같아요.

+ 바 16개
+ 오븐시간 180℃ 10~13분

+ **필요한 도구**
정사각형 케이크 팬(23×23cm), 볼, 핸드 믹서, 스크래퍼, 식힘망, 냄비, 나이프

+ **재료**
무염 버터 1컵, 황설탕 1컵, 백설탕 1/2컵, 오트밀 3 1/2컵, 바닐라 익스트랙 1ts
프로스팅: 초콜릿 칩 1컵, 피넛 버터 3/4컵, 바닐라 익스트랙 1ts

+ **SWEET TIP**
바를 자를 때에는 완전히 식은 후에 잘라야 하고 나이프로 한 면을 자른 후에는 물기 있는 수건으로 나이프를 닦고 다시 잘라야 모양이 망가지지 않고 깨끗하게 자를 수 있어요.

+ **만드는 방법**
1 준비하기 1 오븐을 180℃로 예열하고 케이크 팬에 버터로 기름칠을 합니다.
2 반죽하기 2 볼에 실온에서 말랑해진 버터, 설탕을 넣고 핸드 믹서를 이용해 1~2분 정도 부드럽게 풀어요. 3 ②에 오트밀, 바닐라 익스트랙을 넣고 섞으세요.
3 팬닝하고 굽기 4 ③의 반죽을 준비해놓은 케이크 팬에 넣고 윗면을 스크래퍼로 평평하게 정리하세요. 5 예열된 오븐에 넣고 10~13분 정도 구워요. 오븐에서 꺼낸 후 케이크 팬에 넣은 채로 식힘망으로 옮겨 충분히 식힙니다.
4 프로스팅 만들어 올리고 자르기 6 볼에 초콜릿 칩, 피넛 버터, 바닐라 익스트랙을 넣고 중간 불에서 중탕으로 녹이세요. 7 ⑥의 프로스팅을 ⑤에 골고루 부은 후 2시간 정도 냉장고에 넣어 굳힙니다. 8 ⑦을 팬에 넣은 채로 날카로운 나이프를 이용해 16등분하세요.

3

6

bar

애플 바 Apple Bars

바는 쿠키처럼 시간이 적게 걸리고 간단히 만들어 즐길 수 있는 캐주얼한 디저트예요. 얼마 전 커피를 사러 집 근처의 작은 카페에 들른 적이 있어요. 파이, 쿠키, 바를 직접 구워 파는 베이커리 같은 카페였는데 문을 열고 들어서는 순간 카페 전체에 가득 퍼진 사과와 시나몬의 향긋한 냄새가 달콤한 향과 섞여 미각을 자극했어요. 1개씩 개별 포장되어 있던 손바닥만 한 애플 바 2개를 손에 쥐고 집에 돌아와서는 앉은 자리에서 모두 먹어 치웠을 정도로 맛있었답니다. 부드러운 바에 사과의 향긋한 맛이 힘찬 기운을 불어넣은 듯한 생기 있는 맛이었어요. 그 후 여러 베이킹 책을 들춰본 후에 이 애플 바의 레시피를 찾았어요. 애플 바 위에 올린 필링과 달콤한 글레이즈가 애플 바의 맛을 풍부하게 해주는 키 포인트랍니다.

+ 바 16개
+ 오븐시간 180℃ 40~45분

+ **필요한 도구**
정사각형 케이크 팬(20×20cm), 볼, 패스트리 블렌더,
식힘망, 거품기, 짤주머니, 깍지

+ **재료**
중력분 2컵, 백설탕 1/2컵, 베이킹 파우더 1/2ts, 소금
1/2ts, 무염 버터 1컵, 달걀 1개
필링: 중력분 1/4컵, 백설탕 1/2컵, 시나몬 파우더 2ts,
잘게 자른 사과 4컵
글레이즈: 슈거 파우더 2컵, 우유 3Ts, 아몬드 익스
트랙 1ts

+ *SWEET TIP*
• 글레이즈에 들어가는 아몬드 익스트랙이 없을 경우
에는 바닐라 익스트랙을 넣어도 좋아요.
• 정사각형 케이크 팬 대신 같은 크기의 오븐용 접시를
사용할 수도 있어요.
• 글레이즈를 뿌릴 때에는 지퍼 백에 글레이즈를 담고
끝부분을 살짝 잘라 뿌릴 수도 있어요.

+ **만드는 방법**
/ 준비하기 1 오븐을 180℃로 예열하고 케이크 팬에 버
터로 기름칠을 해둡니다.
2 크러스트 만들기 2 볼에 밀가루, 설탕, 베이킹 파우더,
소금을 넣고 섞어요. 3 ②에 냉장고에서 바로 꺼낸 버터
를 잘게 잘라 넣은 후 패스트리 블렌더로 잘라가며 골
고루 섞어요. 버터가 녹기 직전 부슬부슬한 상태가 될
때까지 섞으세요. 4 달걀을 풀어 ③에 넣고 함께 섞어
요. 5 준비해놓은 케이크 팬에 ④의 반죽을 넣고 손으
로 눌러가며 평평하게 정리합니다. 이때 반죽의 1 1/2
컵을 토핑용으로 남겨두세요
3 필링 만들어 올리기 6 사과는 껍질을 벗기고 잘게 자릅
니다. 7 볼에 밀가루, 설탕, 시나몬 파우더를 넣고 섞은
후 ⑥의 사과를 넣은 뒤 사과 표면에 가루가 잘 묻을 수
있도록 골고루 섞어요. 8 케이크 팬에 담아둔 반죽 위에
⑦에서 만든 사과 필링을 올리세요. 9 ⑧ 위에 ⑤에서
토핑용으로 남겨둔 반죽을 골고루 뿌립니다.
4 굽기 10 예열된 오븐에 넣고 40~45분 정도 구워요.
오븐에서 꺼낸 후 케이크 팬에 넣은 채로 식힘망으로 옮
겨 충분히 식히세요.
5 글레이즈 만들어 뿌리기 11 볼에 슈거 파우더, 우유,
아몬드 익스트랙을 넣고 거품기로 저어요. 12 짤주머니
에 작은 깍지를 끼고 글레이즈를 담아 바 위에 골고루
뿌립니다.

candy

코코넛 캐슈 브리틀
Coconut Cashew Brittle

19세기 초에 요리책에 처음 소개되기 시작한 브리틀은 견과류가 들어간 단단하고 잘 부러지는 달콤한 설탕 캔디를 의미해요. 캐러멜을 끓일 때의 온도가 브리틀의 단단한 정도에 큰 영향을 미치기 때문에 조리용 온도계를 수시로 확인하며 정확하게 온도를 체크해야 해요. 캔디류를 만드는 것은 생각보다 까다로워서 레시피에서 제시하는 온도에 정확히 이를 때까지 인내심을 갖고 기다려야 하고, 브리틀의 경우에는 팬에 부을 때 신속하게 움직여야 한답니다. 꾸물대다 보면 순식간에 캐러멜이 굳어버리거든요. 맛있는 브리틀이 나오기까지 저도 여러 번 실패를 경험했답니다. 그동안 몇 가지 다른 레시피의 브리틀을 만들어보았는데 그중 코코넛 캐슈 브리틀이 가장 맛있었어요. 코코넛이 바삭하게 씹히는 맛이 재미있고 버터의 부드러운 맛과 캐슈너트의 고소한 맛, 캐러멜의 달콤한 맛을 골고루 느낄 수 있었어요. 재미있는 모양으로 쪼갠 홈메이드 브리틀을 작은 봉투에 담아 마음이 담긴 메시지와 함께 가족이나 친구에게 선물해보세요.

+ 브리틀 1.3kg
+ 끓는 온도 150℃

+ **필요한 도구**
베이킹 팬(38×25.5cm) 2개, 볼, 냄비, 조리용(캔디용) 온도계, 나무 주걱, 스패츌러

+ **재료**
캐슈너트 2컵, 코코넛 슬라이스 2컵, 바닐라 익스트랙 2ts, 베이킹 소다 1ts, 물 1ts+1/2컵, 백설탕 2컵, 물엿 1컵, 무염 버터 1컵

+ **SWEET TIP**
• 코코넛을 구울 때는 견과류를 굽듯이 170℃로 예열된 오븐에 넣고 8분 정도 구워요. 중간에 팬을 꺼내 흔들어주어 코코넛이 타지 않게 주의하세요.
• 캐러멜을 만들 때는 조리용(캔디용) 온도계를 사용해 끓는 온도를 정확히 체크하세요.

• 캐러멜을 팬닝할 때는 캐러멜이 굳기 전에 신속하게 부어주세요.

+ **만드는 방법**
1 **준비하기 1** 캐슈너트와 코코넛 슬라이스를 구워요. **2** 베이킹 팬 2개에 버터로 기름칠을 하세요.
2 **캐러멜 만들기 3** 볼에 바닐라 익스트랙, 베이킹 소다, 물 1ts을 넣고 섞어요. **4** 냄비에 설탕, 물엿, 물 1/2컵을 넣고 나무 주걱으로 저어가며 중간 불에서 끓입니다. **5** 거품이 생기며 끓기 시작할 때 버터를 넣고 녹여요. 갈색을 띠며 조리용 온도계의 온도가 150℃가 될 때까지 8~10분 정도 끓이세요. **6** 불을 끈 뒤 ①에서 구운 캐슈너트와 코코넛 슬라이스를 넣고 섞어요. **7** ⑥에 ③을 넣고 골고루 젓습니다.
3 **팬닝하고 식히기 8** ⑦을 준비된 2개의 팬 위에 나누어 부어요. **9** 버터로 기름칠한 스패츌러를 이용해 윗면을 평평하게 정리해요. **10** 실온에서 충분히 식힌 후 원하는 모양으로 자유롭게 쪼개세요.

candy

버카이 캔디 Buckeye Candies

오하이오 주는 버카이 주라고 불릴 정도로 버카이 나무가 많이 분포하는 지역이에요. 버카이(buckeye)는 우리나라의 밤과 비슷한 모양으로 미국에서는 버카이를 주머니에 넣고 다니면 행운이 온다고 여긴다고 해요. 피넛 버터 볼이라고도 불리는 버카이 캔디는 초콜릿을 녹여 만든 토핑에 반죽을 살짝 담가 버카이 열매와 비슷한 모양으로 만든 오하이오 주의 특별한 디저트랍니다. 시중에 파는 버카이 캔디도 먹어봤지만 역시 홈메이드의 맛과 견줄 수는 없었어요. 오븐에 구울 필요 없이 간단하게 만들 수 있는, 재미있는 모양의 홈메이드 캔디를 만들어보세요.

3

+ 버카이 캔디 50개

+ **필요한 도구**
베이킹 팬, 유산지, 볼, 나무 주걱, 냄비, 가는 나무 꼬치

+ **재료**
무염 버터 1/2컵, 피넛 버터 1 1/2컵, 바닐라 익스트랙
1ts, 슈거 파우더 4컵
토핑: 초콜릿 칩 1 1/2컵, 쇼트닝 2Ts

+ *SWEET TIP*
반죽을 냉동실에 오랜 시간 넣어두면 뜨거운 초콜릿에 담글 때 갈라질 위험이 적어요. 시간이 충분할 경우에는 반죽을 냉동실에 2~3일 정도 넣어두었다가 만들어보세요.

+ **만드는 방법**
1 준비하기 1 베이킹 팬에 유산지를 깔아요. 버카이 캔디는 오븐에 넣지 않기 때문에 평평하고 넓은 쟁반을 이용해도 좋아요.
2 반죽하기 2 볼에 실온에서 말랑해진 버터, 피넛 버터, 바닐라 익스트랙, 슈거 파우더를 넣고 나무 주걱을 이용해 섞은 후 반죽이 흰데 뭉칠 때끼지 손으로 빈죽합니다. 3 반죽을 떼어내 지름 3cm 정도의 볼 모양으로 만들어요. 손으로 꾹꾹 눌러가면서 볼 모양을 만들어야 매끈하게 만들 수 있어요. 4 준비된 팬 위에 1cm 간격을 두고 올린 후 냉동실에 적어도 3시간 이상 넣으세요.
3 토핑 만들기 5 볼에 초콜릿 칩과 쇼트닝을 넣고 나무 주걱으로 저어가며 약한 불에서 중탕으로 녹입니다.
4 모양 만들기 6 냉동실에서 반죽을 꺼내요. 7 반죽에 나무 꼬치를 찔러 고정시킨 후 ⑤의 초콜릿 토핑에 담그세요. 이때 반죽의 윗부분에는 초콜릿을 묻히지 않아요. 8 준비된 팬 위에 초콜릿 부분이 바닥에 닿게 올리세요. 9 남은 반죽에 차례로 초콜릿을 묻히고 냉장고에 넣어 2시간 정도 굳힙니다.

커피 토피 바
Coffee Toffee Bars

커피 향이 가득한 커피 토피 바의 레시피는 1963년에 출판된 디저트 책에서 발견했어요. 워낙 커피를 즐기는 저로서는 반갑기 그지없는 발견이었답니다. 그동안 다양한 옛날 요리책에서 초콜릿 토피 바 레시피는 쉽게 볼 수 있었지만 커피가 들어간 토피 바 레시피는 흔치 않았거든요. 초콜릿 칩을 가득 올려도 그 안에 깊은 커피의 향이 은은하게 남아 특별한 맛을 느낄 수 있어요. 커피를 내려 마시고 남은 커피를 냉장고에 넣어두었다가 만들어 보세요. 진한 커피 향을 원한다면 에스프레소를 내려 넣어도 좋아요. 토피 바는 쉽고 재료가 간단하기 때문에 언제든지 만들기 편하답니다.

+ 바 25개
+ 오븐시간 180℃ 25~30분

+ **필요한 도구**
정사각형 케이크 팬(23×23cm), 볼, 냄비, 고무 주걱,
스크래퍼, 식힘망, 나이프

+ **재료**
중력분 1컵, 베이킹 파우더 1ts, 소금 1/4ts, 무염 버터
1/4컵, 황설탕 1컵, 달걀 1개, 차가운 커피 1/4컵, 바닐
라 익스트랙 1ts, 초콜릿 칩 1/2컵
토핑: 초콜릿 칩 1/2컵

+ *SWEET TIP*
• 토핑용 초콜릿 칩과 함께 아몬드 슬라이스를 함께 뿌
리면 아몬드가 슬라이스가 함께 씹히는 맛이 좋아요.
• 커피는 진하게 만들어 넣을수록 맛과 향이 더욱 풍
부해져요.
• 바를 자를 때에는 완전히 식은 후에 잘라야 하고 나
이프로 한 면을 자른 후에는 물기 있는 수건으로 나이
프를 닦고 다시 잘라야 모양이 망가지지 않고 깨끗하게
자를 수 있어요.

+ **만드는 방법**
1 준비하기 **1** 진한 커피나 에스프레소를 내린 후 냉장고
에 넣어 식힙니다. **2** 오븐을 180℃로 예열하고 케이크
팬에 버터로 기름칠을 해요.
2 반죽하기 **3** 볼에 밀가루, 베이킹 파우더, 소금을 넣고
섞어요. **4** 냄비에 버터, 설탕을 넣고 중간 불에서 녹인
후 식힙니다. **5** 달걀을 풀어 ④에 넣고 섞은 후 ③의 가
루, 커피, 바닐라 익스트랙을 넣고 고무 주걱을 이용해
골고루 저어요. **6** ⑤에 초콜릿 칩을 넣고 섞으세요.
3 팬닝하고 굽기 **7** ⑥의 반죽을 준비해놓은 케이크 팬에
넣고 윗면을 스크래퍼로 평평하게 정리해요. **8** 예열된
오븐에 넣고 25~30분 정도 구워요.
4 토핑 올리고 자르기 **9** 케이크 팬을 오븐에서 꺼내 2분
정도 식힌 후 토핑용 초콜릿 칩을 골고루 뿌리세요. 초
콜릿 칩이 녹으며 바의 표면에 고정될 수 있게 살짝 누
릅니다. **10** ⑨를 팬에 넣은 채로 날카로운 나이프를 이
용해 25등분해요.

candy

홈메이드 캐러멜 Homemade Caramels

어린 시절 '오리온' 캐러멜의 황토색 박스는 나의 보물 상자와도 같았어요. 캐러멜 사달라고 엄마를 조르던 기억이나, 이빨 썩는다고 하루에 1개씩만 먹으라던 학교 선생님 말씀에 보물 상자 열 듯이 하루에 1개씩 꺼내어 아껴 먹었던 기억. 지금도 그때 생각을 하면 네모난 캐러멜의 강한 유혹을 물리치려고 애쓰던 기억에 저절로 웃음을 짓게 돼요.

미국에서는 캐러멜이라는 이름이 주로 설탕을 녹여 만든 액체를 의미하고 우리가 흔히 알고있는 네모난 모양의 캐러멜은 캐러멜 캔디라고 해요. 캐러멜 캔디를 만들 때는 다른 캔디류와 마찬가지로 조리용(캔디용) 온도계를 이용해 끓는 온도를 정확히 맞춰야 해요. 작은 온도의 차이가 캐러멜의 쫄깃한 정도를 좌우한답니다. 저도 캐러멜 캔디 만들기 첫 도전에서 불을 꺼야 할 정확한 타이밍을 놓치는 바람에 엄청나게 단단한 캐러멜이 만들어졌어요. 버리기가 아까워 사탕 먹듯이 빨아 먹었던 안타까운 경험이었어요. 캐러멜을 자르는 모양도 내 마음대로, 포장하는 방법도 내 마음대로. 나만의 홈메이드 캐러멜을 만들어 예쁜 박스에 담아보세요.

+ 1×5cm 캐러멜 40개 정도
+ 끓는 온도 126.5℃~129.5℃

+ **필요한 도구**
정사각형 케이크 팬(23×23cm), 쿠킹호일, 냄비, 나무
주걱, 조리용(캔디용) 온도계, 나이프

+ **재료**
물엿 1컵, 백설탕 2컵, 소금 1/4ts, 휘핑크림 2컵, 바닐라
익스트랙 1Ts+1ts, 무염 버터 3Ts

+ *SWEET TIP*
캐러멜을 끓일 때는 조리용(캔디용) 온도계의 온도가 높
아질수록 캐러멜이 단단하고 질겨진답니다. 기호에 따
라 레시피에서 제시한 최소, 최대 온도를 확인해서 끓
이세요.

+ **만드는 방법**
1 준비하기 1 케이크 팬 가장자리에 걸칠 수 있도록 쿠킹
호일을 넉넉히 깔고 버터로 기름칠을 해요.
2 캐러멜 끓이기 2 큰 냄비에 물엿, 설탕, 소금을 넣고
나무 주걱으로 저어가면서 중간 불에서 끓여요. 3 냄비
가장자리에 거품이 나며 끓기 시작할 때 뚜껑을 덮고 3
분 정도 더 끓입니다. 4 뚜껑을 열고 조리용 온도계의 온
도가 151.5℃가 될 때까지 계속해서 끓이세요. 5 동시에
작은 냄비에 휘핑크림을 담고 거품이 생기기 시작할 때
까지 중간 불에서 끓여요. 끓으면 불을 끄고 크림이 뜨
거운 온도를 유지할 수 있도록 뚜껑을 덮어둡니다. 6 ④
의 캐러멜이 151.5℃가 되면 불을 끈 뒤 잘게 자른 버터
를 넣고 나무 주걱으로 저어요. 7 ⑤의 휘핑크림을 ⑥에
부어요. 이때 거품이 나며 연기가 발생하니 조심스럽게
부으세요. 8 다시 불을 켜고 잘 저어가면서 조리용 온도
계의 온도가 126.5℃(부드러운 캐러멜)에서 129.5℃(단
단하고 질긴 캐러멜)가 될 때까지 끓입니다. 9 불을 끈
뒤 바닐라 익스트랙을 넣고 저으세요.
3 팬닝하고 굳히기 10 ⑨를 준비해놓은 케이크 팬에 붓고
4~5시간 정도 그대로 두어 굳힙니다. 11 케이크 팬 양
쪽에 걸려 있는 쿠킹호일을 들어 캐러멜을 꺼낸 후 작업
대에 올려 조심스럽게 쿠킹호일을 벗겨요. 기름칠한 날
카로운 나이프를 이용해 먹기 좋은 크기로 자르세요.

11

+ 바 35개
+ 오븐시간 180℃ 25분+20~25분

+ **필요한 도구**
직사각형 케이크 팬(33×23cm), 쿠킹호일, 레몬 제스터, 레몬 스퀴저, 볼, 패스트리 블렌더, 거품기, 쟁반, 나이프

+ **재료**
중력분 2컵, 백설탕 1/2컵, 소금 1/4ts, 무염 버터 1컵
필링: 코코넛 슬라이스 1/2컵+2Ts, 백설탕 2컵, 중력분 2Ts, 베이킹 파우더 1/2ts, 달걀 4개, 라임즙 1/3컵+1Ts, 라임 제스트 2Ts

+ **SWEET TIP**
• 라임 바는 냉장고에 넣었다가 차가운 상태에서 먹어야 더 맛있어요.
• 기호에 따라 라임 껍질을 곱게 강판에 갈거나, 표면에 라임 제스트가 보이기를 원한다면 큰 사이즈의 레몬 제스터를 이용해 갈아주세요.
• 바를 자를 때는 나이프로 한 면을 자른 후에는 물기 있는 수건으로 나이프를 닦고 다시 잘라야 모양이 망가지지 않고 깨끗하게 자를 수 있어요.

+ **만드는 방법**
1 준비하기 **1** 오븐을 180℃로 예열해요. 케이크 팬 가장자리에 걸칠 수 있도록 쿠킹호일을 넉넉히 깔고 버터로 기름칠을 합니다. **2** 코코넛을 구워요. **3** 레몬 제스터를 이용해 라임 껍질을 갈고 레몬 스퀴저를 이용해 라임즙을 내요.
2 크러스트 만들기 **4** 볼에 밀가루, 설탕, 소금을 넣고 섞어요. **5** ④에 냉장고에서 바로 꺼낸 버터를 잘게 잘라 넣은 후 패스트리 블렌더로 잘라가며 골고루 섞으세요. 버터가 녹기 직전 부슬부슬한 상태가 될 때까지 반죽합니다. **6** 준비해놓은 케이크 팬에 반죽을 담고 손으로 눌러가며 평평하게 정리하세요.
3 크러스트 굽기 **7** ⑥을 예열된 오븐에 넣고 살짝 노릇해질 때까지 25분 정도 구워요. 식힘망에 옮겨 필링을 만들는 동안 식히세요. 이때 오븐은 끄지 않아요.
4 필링 만들어 올리기 **8** ②의 코코넛을 ⑦ 위에 골고루 뿌리세요. **9** 볼에 설탕, 밀가루, 베이킹 파우더를 넣고 섞어요. **10** 다른 볼에 달걀을 풀고 라임즙 분량 모두와 라임 제스트를 넣어 섞습니다. **11** ⑩에 ⑨의 가루를 넣고 거품기로 골고루 저어 필링을 만들어요. **12** ⑧ 위에 ⑪에서 만든 필링을 골고루 부어요.
5 2차 굽기 **13** ⑫를 오븐에 다시 넣고 20~25분 정도 구워요. 오븐에서 꺼낸 케이크 팬은 식힘망으로 옮겨 충분히 식힙니다. **14** 케이크 팬 양쪽에 걸린 쿠킹호일을 들어 라임 바를 꺼낸 다음 쟁반에 담아 냉장고에 넣어 차갑게 굳힙니다. **15** 냉장고에서 꺼낸 라임 바를 작업대에 올려 조심스럽게 쿠킹호일을 벗기고 날카로운 나이프를 이용해 35등분합니다.

bar

감미로운 라임 바
Luscious Lime Bars

'감미로운 라임 바'라는 이름이 붙은 이 라임 바는 어느 계절에나 커피 또는 차와 함께 상큼하게 먹을 수 있는 디저트예요. 부드러운 크러스트와 촉촉한 필링 사이에 코코넛이 들어 있어 맛과 질감이 풍부하답니다. 여러 가지 라임 바를 시도해봤지만 코코넛을 넣은 라임 바의 맛이 단연 최고였어요. 라임 껍질을 눈에 보일 정도로 큰 크기로 갈아서 올렸더니 라임 제스트가 바 표면에 패턴처럼 매력적으로 드러났어요. 바를 먹기 좋은 크기로 자른 후에 잘게 자른 라임 조각을 하나 꽂아보세요. 보기만 해도 싱그럽답니다.
라임 바를 만들 때는 라임즙을 바로 짜서 만들어야 라임의 상큼하고 신선한 향을 그대로 느낄 수 있어요. 단단하고 선명한 빛깔의 싱싱한 라임을 골라 비타민 C가 가득한 라임 바를 만들어보세요.

Butter Cookies

NET WT 5.29 OZ (150g)

TM & © Warner Bros.
(00?)

MUGS

THE CRACKER BARRE

cracker

초콜릿 토피 크래커
Chocolate Toffee Crackers

잘 만들어진 토피의 기준은 캐러멜의 맛, 바삭한 질감, 초콜릿이 윤기 있게 덮인 모양에 있어요. 토피를 만들 때 넣는 재료에 따라 버터 토피, 버터스카치 토피, 초콜릿 토피 등 다양한 종류의 토피로 구분할 수 있어요. 또한 토피는 끓이는 온도에 따라 질감과 단단한 정도가 크게 달라집니다.

전통적인 토피를 응용해 흔히 먹는 크래커 위에 초콜릿 토피를 올린 초콜릿 토피 크래커는 크래커와 토피가 함께 씹히며 어우러지는 바삭한 맛이 매력이에요. 저녁 식사에 친구들을 초대해 디저트로 아이스크림과 함께 내놓은 달콤하고 바삭한 초콜릿 토피 크래커는 눈 깜짝할 사이에 동이 났어요. 누구든 한번 이 특별한 크래커의 맛을 보게 되면 멈출 수가 없답니다.

+ 토피 크래커 60개
+ 끓는 온도 175℃

+ 필요한 도구
베이킹 팬 2개, 유산지, 냄비, 나무 주걱, 조리용(캔디용) 온도계, 스패출러

+ 재료
크래커(시판 '참크래커') 60조각, 백설탕 2컵, 무염 버터 2컵, 물엿 2Ts
토핑: 다크 초콜릿 칩 1컵, 아몬드 슬라이스 1 1/4컵

+ SWEET TIP
캐러멜을 만들 때는 조리용(캔디용) 온도계를 사용해 끓는 온도를 정확히 체크하세요.

+ 만드는 방법
1 **준비하기** 1 아몬드 슬라이스를 살짝 구워둡니다. 타지 않게 주의하세요. 2 2개의 베이킹 팬에 각각 유산지를 깔아요. 3 크래커의 소금이 뿌려진 면이 바닥에 닿게 베이킹 팬에 올리되 각 크래커의 간격이 벌어지지 않게 정렬합니다.

2 **캐러멜 만들기** 4 냄비에 설탕, 버터, 물엿을 넣고 나무 주걱을 이용해 저어가며 중간 불에서 녹여요. 5 센 불로 올린 후 조리용 온도계의 온도가 175℃가 될 때까지 끓입니다. 6 ⑤를 준비해놓은 크래커 위에 조심스럽게 부으세요.

3 **토핑 올리기** 7 ⑥ 위에 초콜릿 칩을 골고루 뿌린 후 버터로 기름칠한 스패출러를 이용해 윗면을 평평하게 정리하세요. 8 그 위에 아몬드 슬라이스를 골고루 뿌리세요. 9 ⑧의 크래커를 냉동에 1시간 정도 넣어 토핑을 굳게 한 후 크래커의 모양에 따라 쪼갭니다.

홈메이드 허니 그레이엄 크래커
Homemade Honey Graham Crackers

우리가 흔히 알고 있는 '다이제스티브' 비스킷과 비슷한 그레이엄 크래커는 1829년 미국의 식사 개량 전문가인 실베스터 그레이엄(Sylvester Graham) 박사가 처음 만들었어요. 그는 사람들에게 올바른 식습관을 갖게 하기 위해 고기 외에 신선한 과일과 채소, 통밀, 섬유질이 많은 음식을 섭취하도록 적극 권장했어요. 그레이엄 박사가 몸을 깨끗하게 하는 식습관 개선을 위한 건강 음식의 한 종류로 만들어낸 것이 그레이엄 크래커랍니다. 오리지널 그레이엄 크래커는 일반 밀가루와 통밀 겨를 섞은 그레이엄 밀가루를 넣어 만들었어요. 미국 사람들은 오래전부터 이 크래커를 잘게 부수어 파이 반죽이나 치즈케이크의 크러스트로 만들었답니다. 어느 가게에 가도 흔하게 살 수 있는 크래커지만 건강한 재료를 넣어 홈메이드로 나만의 특별한 크래커를 만들어보는 것은 어떨까요?

+ 크래커 48개 정도
+ 오븐시간 170℃ 15~20분

+ **필요한 도구**
베이킹 팬, 유산지, 볼, 패스트리 블렌더, 비닐 랩, 밀대, 패스트리 나이프, 이쑤시개, 식힘망

+ **재료**
꿀 1/3컵, 우유 5Ts, 바닐라 익스트랙 2Ts, 중력분 2컵 +3Ts, 통밀가루 1/2컵, 흑설탕 1컵, 베이킹 소다 1ts, 소금 3/4ts, 무염 버터 1/2컵
토핑: 백설탕 3Ts, 시나몬 파우더 1ts

+ ✐ **SWEET TIP**
• 반죽을 자를 때 크래커의 크기를 자유롭게 조절할 수 있어요.
• 냉장고에서 꺼낸 반죽을 밀대로 밀 때 여전히 끈적거릴 거예요. 밀가루를 뿌려가며 미세요.

+ **만드는 방법**
/ 반죽하기 1 볼에 꿀, 우유, 바닐라 익스트랙을 넣고 섞어요. 2 다른 볼에 중력분, 통밀가루, 흑설탕, 베이킹 소다, 소금을 넣고 섞어요. 3 ②에 냉장고에서 바로 꺼낸 버터를 잘게 잘라 넣은 후 패스트리 블렌더로 잘라가며 버터가 녹기 직전 부슬부슬한 상태가 될 때까지 골고루 섞으세요. 4 ③에 ①을 넣고 한데 뭉칠 때까지 반죽합니다. 5 반죽을 손으로 누르며 두께 3cm 정도의 직사각형 모양으로 만들어요.
2 1차 휴지시키기 6 반죽을 비닐 랩으로 싸서 2시간 정도 냉장고에 넣어두어요.
3 토핑 만들기 7 작은 볼에 설탕과 시나몬 파우더를 넣어 섞으세요.
4 모양 만들고 팬닝하기 8 베이킹 팬에 유산지를 깔아둡니다. 9 냉장고에서 꺼낸 반죽을 절반으로 나눈 후 작업대에 밀가루를 뿌리고 밀대로 각 반죽을 두께 3mm 정도로 얇게 밀어요. 이때 반죽이 많이 끈적이면 반죽 표면에 밀가루를 뿌리며 밀어요. 10 패스트리 나이프를 이용해 반죽을 5×5cm 정도의 정사각형 모양으로 자르세요. 11 반죽을 준비된 팬 위에 3~5cm 간격을 두고 올립니다. 반죽 위를 이쑤시개로 찔러 구멍을 내세요. 12 ⑪ 위에 ⑦에서 만든 토핑을 뿌립니다.
5 2차 휴지시키기 13 팬닝된 베이킹 팬을 30~45분 정도 냉장고에 넣어두세요. 14 오븐을 170℃로 예열해요.
6 굽기 15 반죽을 냉장고에서 꺼내 예열된 오븐에 넣고 가장자리가 노릇해지기 시작할 때까지 15~18분 정도 구워요. 오븐에서 꺼낸 크래커는 식힘망으로 옮겨 충분히 식힙니다.

10

12

candy

클래식 초콜릿 퍼지
Classic Chocolate Fudge

자칭 타칭 '스위트 투스(Sweet Tooth: 달콤한 것을 좋아하는 사람)'이신 시아버님은 항상 손수 퍼지를 만드셔서 냉장고에 넣어두세요. 클래식한 퍼지는 그 상태로도 매우 달콤한데 속에 피넛 버터를 넣어서 만들어야 그 맛이 최고라고 강조하시곤 한답니다. 결혼 전 처음 시아버님을 뵈러 갔던 날, 저녁 식사 내내 긴장하며 귀를 쫑긋 세우고 있다가 겨우 식사를 마치고 분위기가 무르익을 때쯤 시아버님께서 직접 만드셨다는 피넛 버터 퍼지 1개를 제게 건네주셨어요. 생초콜릿처럼 부드러운 퍼지를 한 입 베어 먹는 순간 온몸이 짜릿할 정도로 달콤했어요. 몇 시간 동안 초긴장 상태였던 제 몸을 확 풀어줄 만큼 깊이 느껴지는 달콤함이었답니다. 초콜릿처럼 부드럽고 말랑말랑한 퍼지는 매우 다양한 종류의 레시피가 있어요. 여러가지 종류의 초콜릿을 섞어 만들어 초콜릿의 풍부한 맛을 낼 수도 있고 기호에 따라 좋아하는 너트류를 넣어 질감이 있는 퍼지를 만들 수도 있어요. 또한 퍼지는 뜨거운 상태에서 초콜릿 시럽처럼 아이스크림에 올려 먹을 수도 있답니다.

+ 3×2cm 초콜릿 퍼지 60개 정도
+ 끓는 온도 113℃

+ 필요한 도구
정사각형 케이크 팬(20×20cm), 쿠킹호일, 볼, 냄비, 나무 주걱, 조리용(캔디용) 온도계, 스패출러, 식힘망, 나이프

+ 재료
다크 초콜릿 1 1/3컵, 휘핑크림 1 3/4컵, 백설탕 2컵, 물엿 1/3컵, 무염 버터 1/2Ts, 소금 1/8ts, 바닐라 익스트랙 2 1/2ts, 피스타치오 2/3컵

+ SWEET TIP
• 휘핑크림을 끓일 때에는 큰 냄비를 사용하세요. 거품이 생겨서 넘칠 수 있거든요.
• 초콜릿에 끓인 크림을 붓고 저을 때에는 쉬지 않고 저어야 해요. 중간에 초콜릿이 굳을 수 있거든요. 초콜릿이 갈라지며 굳기 시작하면 따뜻한 물을 1ts 정도 더 넣고 다시 저으세요.

+ 만드는 방법
1 준비하기 1 피스타치오를 구워 잘게 자르고, 초콜릿도 잘게 잘라 준비합니다. 2 케이크 팬 가장자리에 걸칠 수 있도록 쿠킹호일을 넉넉히 깔고 버터로 기름칠을 해요.
2 크림 끓이기 3 큰 볼에 ①의 초콜릿을 담아요. 4 큰 냄비에 휘핑크림, 설탕, 물엿, 버터, 소금을 넣고 나무 주걱으로 저어가며 중간 불에서 끓여요. 5 거품을 내며 끓기 시작할 때 뚜껑을 덮고 3분 정도 더 끓인 후 뚜껑을 열고 약한 불로 조절하세요. 6 조리용 온도계의 온도가 113℃가 될 때까지 계속해서 5분 정도 더 끓입니다.
3 초콜릿에 붓기 7 불을 끄고 ⑥을 ③의 초콜릿 위에 붓고, 젓지 않은 채로 식을 때까지 1시간 정도 그대로 두세요. 8 ⑦에 바닐라 익스트랙을 넣고 나무 주걱을 이용해 쉬지 않고 힘차게 저어요. 윤기가 날 때까지 5~7분 정도 젓습니다. 9 ⑧에 피스타치오를 넣고 섞으세요.
4 팬닝하고 굳히기 10 ⑨를 준비해놓은 케이크 팬에 부은 후 버터로 기름칠한 스패출러를 이용해 윗면을 평평하게 정리하세요. 11 ⑩을 식힘망에 올려 실온에서 굳힌 후 케이크 팬 양쪽에 걸려 있는 쿠킹호일을 들어 퍼지를 꺼내세요. 쟁반에 담아 냉장고에 넣어 적어도 30분 이상 차갑게 굳힙니다. 12 ⑪을 작업대에 올려 조심스럽게 쿠킹호일을 벗긴 뒤 날카로운 나이프를 이용해 먹기 좋은 크기로 잘라요.

bar

사워 크림 레이즌 바
Sour Cream Raisin Bars

오트밀은 미국 사람들이 쿠키나 케이크, 바를 만들 때 단골로 등장하는 재료 중 하나예요. 씹히는 맛이 달콤한 디저트와 잘 어울릴뿐더러 정리되지 않은 듯한 모양이 디저트의 질감을 특별하게 하거든요. 사워 크림과 건포도, 오트밀을 넣은 이 바는 쫄깃하거나 단단한 바가 아닌 부드럽게 씹히는 맛이 마치 케이크와 같은 바예요. 상큼하게 톡 쏘는 듯한 사워 크림에 건포도와 오트밀이 함께 쫄깃하게 씹히는 맛은 한마디로 찰떡 궁합이랍니다. 사워 크림 레이즌 바는 필링이 굉장히 부드럽기 때문에 조심스럽게 잘라야 모양이 망가지지 않아요. 완전히 식은 후에 잘라야 하고 나이프로 한 면을 자른 후에는 물기 있는 수건으로 나이프를 닦고 다시 잘라야 모양이 망가지지 않고 깨끗하게 자를 수 있어요.

+ 바 35개
+ 오븐시간 180℃ 25~30분

+ **필요한 도구**
직사각형 케이크 팬(33×23cm), 볼, 핸드 믹서, 스크래퍼, 냄비, 거품기, 나무 주걱, 식힘망, 나이프

+ **재료**
중력분 1 3/4컵, 베이킹 소다 1ts, 오트밀 1 3/4컵, 황설탕 1컵, 무염 버터 1컵
필링: 달걀노른자 4개, 사워 크림 1 3/4컵, 건포도 2컵, 휘핑크림 1/4컵, 백설탕 1 1/4컵, 옥수수 전분 3Ts, 시나몬 파우더 1ts, 넛멕 파우더 1/2ts, 클로브 파우더 1/4ts

+ *SWEET TIP*
기호에 따라 바를 굽고 난 후에 향신료를 뿌려도 좋아요.

+ **만드는 방법**
1 준비하기 **1** 오븐을 180℃로 예열하고 케이크 팬에 버터로 기름칠을 하세요.
2 반죽하고 팬닝하기 **2** 볼에 밀가루, 베이킹 소다, 오트밀, 실탕을 넣고 섞어요. **3** ②에 실온에서 말랑해신 버터를 넣고 핸드 믹서를 이용해 1~2분 정도 골고루 섞습니다. **4** 반죽의 2/3 정도를 준비해놓은 케이크 팬에 넣고 윗면을 스크래퍼로 평평하게 정리하세요.
3 필링 만들어 올리기 **5** 냄비에 달걀노른자를 풀어 넣고 필링의 모든 재료를 넣어요. 나무 주걱으로 저어가며 끈적일 때까지 중간 불에서 끓입니다. **6** ⑤의 필링을 ④의 반죽 위에 골고루 부어요. **7** ④에서 남겨둔 반죽의 1/3을 ⑥의 필링 위에 골고루 뿌립니다.
4 굽고 자르기 **8** 예열된 오븐에 넣고 25~30분 정도 구워요. 오븐에서 꺼낸 후 케이크 팬에 넣은 채로 식힘망으로 옮겨 충분히 식히세요. **9** ⑧을 팬에 넣은 채로 날카로운 나이프를 이용해 35등분합니다.

07
pudding 푸딩
cobbler 코블러

떠먹는 푸딩이나 코블러 형태의 레시피는 19세기 말에 처음 미국 요리책에 등장했지만 그 이전부터 사람들이 즐겨왔을 거라고 짐작됩니다. 전통적으로 브레드 푸딩을 포함한 많은 종류의 푸딩은 전날 먹고 남은 빵이나 케이크, 쿠키의 부스러기로 만들어요. 과일을 이용해 만든 코블러나 브라운 베티 같은 디저트는 과일을 먼저 올리고 반죽을 그 위에 올려 굽는 방식으로 만들어 반죽 위에 필링을 올리는 다른 디저트와 반대로 만든다는 특징이 있어요. 떠먹는 종류의 디저트는 모양이 특별하지 않고 누구나 쉽게 만들 수 있기 때문에 편안한 홈메이드 디저트로 즐기기에 좋아요.
푸딩이나 코블러류의 디저트를 만들 때 몇 가지 기억해야 할 것은 다음과 같아요.

- 과일을 넣어 만드는 디저트는 기호에 따라 설탕을 더 넣거나 줄여 당도를 조절할 수 있어요. 과일에 따라 당도가 다르기 때문에 레시피에 제시한 설탕의 양을 따르되 기호에 따라 조절하세요.
- 베이킹 팬 위에 베이킹 접시나 팬을 올려 오븐에 넣으면 필링이 넘치거나 흐를 경우에 대비할 수 있어요.
- 마른 가루를 냄비에 넣고 끓일 때에는 가루가 냄비 바닥에 들러붙거나 타지 않도록 잘 저어가면서 끓여야 해요.

cobbler

베리 코블러 Berry Cobbler

코블러는 미국과 영국의 전통적인 요리의 한 종류예요. 디저트가 아닌 '요리'로 불리기도 하는데 그 이유는 두 나라에서 코블러의 의미가 각기 다르기 때문이랍니다. 미국에서는 코블러를 주로 블루베리, 복숭아, 사과 등의 과일 필링에 비스킷 토핑을 올려 디저트로 즐겨왔지만, 영국에서는 고기 요리에 스콘 반죽을 얹은 음식으로 먹어왔다고 해요. 지금도 제철에 나오는 과일이 가장 싱싱하고 맛있지만 옛날 사람들은 특히 제철 과일을 기다렸다가 과일 디저트를 만들곤 했답니다. 코블러에 들어가는 과일은 대부분 여름에 더욱 싱싱하고 빛깔이 예쁜 베리 종류가 많기 때문에 여름철에 즐기는 디저트로 유명해요. 보기에도 예쁘고 푸딩처럼 스푼으로 떠먹을 수 있는 베리 코블러는 파티 때 빠지지 않고 등장하는 디저트랍니다. 미국에는 여러 종류의 코블러 레시피가 존재하는데 이 책에서는 혼합 베리를 넣어 만드는 베리 코블러 레시피를 소개할게요.

+ 베리 코블러 6인분
+ 오븐시간 220℃ 12분(필링)+25~30분

+ **필요한 도구**
직사각형 케이크 팬(33×23cm), 볼, 패스트리 블렌더, 스푼

+ **재료**
중력분 2컵, 베이킹 파우더 2ts, 소금 1/2ts, 무염 버터 3/4컵, 우유 3/4컵
필링: 흑설탕 1 1/2컵, 옥수수 전분 2 1/2Ts, 혼합 베리 8컵
토핑: 황설탕 2Ts, 백설탕 2Ts

+ *SWEET TIP*
• 베리 코블러는 여러 가지 베리 종류를 섞어 넣을수록 맛이 풍부해진답니다. 기호에 따라 블루베리, 라즈베리, 블랙베리, 스트로베리를 섞어서 넣어보세요.
• 직사각형 케이크 팬 대신 같은 크기의 오븐용 접시를 사용할 수도 있어요.

• 기호에 따라 토핑용 설탕의 양을 조절할 수 있어요.

+ **만드는 방법**
1 필링 준비하기 1 오븐을 220℃로 예열하세요. 2 볼에 설탕, 옥수수 전분, 혼합 베리를 넣고 설탕이 골고루 묻을 수 있게 섞으세요. 3 케이크 팬에 ②를 담고 오븐에 넣어 12분 정도 구워요.
2 반죽하기 4 볼에 밀가루, 베이킹 파우더, 소금을 넣고 섞어요. 5 ④에 냉장고에서 바로 꺼낸 차가운 버터를 잘게 잘라 넣은 후 패스트리 블렌더로 잘라가며 골고루 섞으세요. 버터가 녹기 직전 부슬부슬한 소보로 상태가 될 때까지 섞어요. 6 ⑤에 우유를 넣고 한데 뭉칠 때까지 반죽한 후 12개의 덩어리로 나눕니다.
3 반죽 올리고 굽기 7 오븐에서 꺼낸 ③의 필링 위에 ⑥에서 만든 12개의 반죽을 간격을 두고 올려요. 8 토핑용 설탕을 섞어서 ⑦ 위에 골고루 뿌립니다. 9 오븐에 다시 넣고 반죽이 노릇해질 때까지 25~30분 정도 구워요. 10 오븐에서 꺼낸 코블러를 실온에서 15분 정도 식힌 후 큰 스푼으로 떠서 접시에 담아요.

2

 betty

애플 브라운 베티 Apple Brown Betty

깜찍한 이름이 붙은 애플 브라운 베티는 잘게 자른 사과에 빵 부스러기를 올려 간단하게 만들 수 있는 디저트예요. 미국에서는 영국의 지배를 받았던 식민지 시대부터 이 디저트가 유명해졌다고 하니 그 역사가 꽤 오래되었답니다. 브라운 베티는 과일과 빵 부스러기를 섞어 만들어 스푼으로 떠먹는 디저트예요. 시나몬 파우더와 설탕의 달콤한 향이 어우러져 식욕을 돋우며 사과 필링 덕분에 마치 다른 형태의 애플 파이를 먹는 듯한 기분이 들기도 해요. 미국의 전통적인 디저트를 꼽으라면 브라운 베티가 빠지지 않을 정도로 언제 어디에서나 편하게 즐겨왔던 디저트라고 해요. 그 전통이 워낙 오래되었고 누구나 쉽게 만들어 식사처럼 먹는 디저트이기도 해서 미국의 유명한 작가 제롬 데이비드 샐린저(J.D. Salinger)의 자전적 소설인 《호밀밭의 파수꾼》 소설에서 주인공은 브라운 베티를 어린아이들이나 먹는 형편없는 학교 기숙사 음식이라고 부정적으로 묘사하기도 했어요. 하지만 소설 속의 묘사와는 다르게 브레드 푸딩만큼 물렁하거나 축축하지 않고, 사과와 호두가 빵 부스러기와 함께 아삭하게 씹히며 조화로운 맛을 내는 색다른 디저트랍니다.

+ 애플 브라운 베티 6인분
+ 오븐시간 180℃ 25~30분

+ 필요한 도구
파이 접시(지름 23cm), 볼, 냄비, 나무 주걱, 스푼

+ 재료
필링: 사과 6컵, 애플 사이다 1컵, 바닐라 익스트랙 1ts,
시나몬 파우더 1/2ts, 무염 버터 1Ts
크림: 무염 버터 1Ts, 잘게 자른 바게트 빵 2 1/4컵, 호두 1/3컵, 황설탕 2Ts, 시나몬 파우더 1/2ts

+ SWEET TIP
애플 사이다가 없을 경우에는 홈메이드 애플 사이다(215페이지 참고)를 만들어보세요.

+ 만드는 방법
1 준비하기 1 호두를 구워 잘게 잘라요. **2** 사과는 껍질을 벗겨 얇게 잘라요. **3** 바게트 빵을 잘게 자릅니다. **4** 오븐을 180℃로 예열하세요.

2 필링 만들기 5 냄비에 잘게 자른 사과, 애플 사이다, 바닐라 익스트랙, 시나몬 파우더를 넣고 중간 불에서 끓여요. 사과가 부드러워질 때까지 나무 주걱으로 저어가며 10분 정도 끓입니다. **6** ⑤에 버터 1Ts를 넣고 녹인 후 불을 끄세요.

3 크림 만들기 7 버터를 전자레인지에 돌려 녹인 후 식힙니다. **8** 볼에 ⑦의 버터, 잘게 자른 바게트 빵, 호두, 설탕, 시나몬 파우더를 넣고 골고루 섞어 크림을 만들어요. **9** ⑥의 필링을 파이 접시에 붓고 그 위에 ⑧의 크림을 골고루 뿌립니다.

4 굽기 10 예열된 오븐에 넣고 크림이 노릇해질 때까지 25~30분 정도 구워요. 오븐에서 꺼낸 애플 브라운 베티는 큰 스푼으로 한 스푼씩 떠서 접시에 담아요.

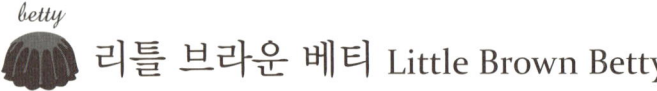

리틀 브라운 베티 Little Brown Betty

오래된 레시피를 모으기 시작하고 레시피 하나하나에 숨겨진 이야기를 알아가면서 전통이 있는 레시피를 현대식으로 해석해서 새롭게 만든 레시피들을 보면 더 재미있게 느껴지는 게 사실이에요. 2000년 4월 〈고메 (Gourmet)〉 매거진에서 찾은 이 레시피는 유명한 애플 브라운 베티를 완벽하게 현대식으로 만든 레시피랍니다. 이 레시피를 발견한 순간 재치 있는 아이디어에 감탄하며 무릎을 탁 칠 수밖에 없었어요. 작은 크기로 만들어보기만 해도 깜찍한 리틀 브라운 베티는 앞 장에 소개한 애플 브라운 베티와 비슷하면서도 다른 독특한 매력이 있답니다.

+ 리틀 브라운 베티 6개
+ 오븐시간 180℃ 30분+15~20분

+ **필요한 도구**
6구 머핀 팬, 밀대, 베이킹 붓, 볼, 나무 주걱, 쿠킹호
일, 식힘망

+ **재료**
식빵 6장, 백설탕 1ts, 무염 버터 3Ts, 황설탕 1/3컵, 시
나몬 파우더 1/2ts, 사과 2개, 튀김가루 1/2컵

+ **SWEET TIP**
리틀 브라운 베티는 따뜻한 상태에서 먹어야 맛있어요.

+ **만드는 방법**
1 반죽하기 **1** 오븐을 180℃로 예열하세요. **2** 머핀 팬에
버터로 기름칠을 한 후에 백설탕을 나누어 뿌려요. **3** 버
터를 전자레인지에 살짝 돌려 녹이세요.
2 팬닝하기 **4** 식빵의 가장자리를 자르고 밀대를 이용해
납작하게 밀어요. **5** 식빵의 양면에 베이킹 붓을 이용해
녹인 버터를 바르고 준비해놓은 머핀 팬 안에 깔아요.
3 필링 만들기 **6** 볼에 황설탕, 시나몬 파우더를 넣고 섞
습니다. **7** 사과는 껍질을 벗기고 사방 1cm 정도의 큐브
모양으로 잘게 자른 후 ⑥에 넣고 나무 주걱을 이용해
골고루 묻을 수 있게 섞으세요. **8** ⑤에서 남은 버터와 튀
김가루를 ⑦에 넣고 섞어 필링을 만들어요. **9** 필링을 ⑤
에서 준비해놓은 식빵 위에 나누어 올려요.
4 굽기 **10** 머핀 팬을 쿠킹호일로 싼 후 예열된 오븐에 넣
고 30분 정도 구워요. **11** 오븐에서 꺼내 쿠킹호일을 벗긴
뒤 다시 오븐에 넣고 사과가 부드러워질 때까지 15~20
분 정도 더 구워요. **12** 오븐에서 꺼내 팬에 넣은 채로 5
분 정도 식힌 후 식힘망으로 옮기세요.

+ 23×23cm 체리 크런치 1개
+ 오븐시간 190℃ 40분

+ 필요한 도구
정사각형 케이크 팬(23×23cm), 볼, 패스트리 블렌더,
나이프

+ 재료
크럼: 중력분 1컵, 황설탕 3/4컵, 시나몬 파우더 1/2ts,
오트밀 1컵, 무염 버터 1/2컵
필링: 체리 파이용 통조림 2 1/3컵

+ SWEET TIP
• 체리 크런치 위에 홈메이드 휘핑크림(242 페이지 참고)
이나 바닐라 아이스크림을 올려 곁들이면 잘 어울려요.
• 체리 크런치는 따뜻하게 먹어야 맛있어요. 남은 체리
크런치를 냉장고에 넣어 보관할 경우에는 냉장고에서 꺼
내 전자레인지에서 20초 정도 데우세요.

+ 만드는 방법
1 준비하기 1 오븐을 190℃로 예열하고 케이크 팬에 버터
로 기름칠을 합니다.
2 크럼 만들기 2 볼에 밀가루, 설탕, 시나몬 파우더, 오트
밀을 넣고 섞어요. 3 차가운 버터를 잘게 잘라 ②에 넣은
후 패스트리 블렌더로 잘라가며 골고루 섞으세요.
3 팬닝하고 필링 올리기 4 ③에서 만든 크럼의 절반을 준
비해놓은 케이크 팬 바닥에 골고루 깝니다. 5 ④의 크럼
위에 통조림 체리를 골고루 부으세요. 6 ⑤의 체리 필링
위에 ④에서 남은 절반의 크럼을 뿌려요.
4 굽기 7 예열된 오븐에 넣고 노르스름해질 때까지 40
분 정도 구워요. 8 오븐에서 꺼낸 체리 크런치는 팬에 넣
은 채로 나이프를 이용해 자르거나 스푼으로 떠서 접시
에 옮깁니다.

crunch

체리 크런치 Cherry Crunch

저에게는 케이(Kay)라는 특별한 친구가 있어요. 그녀는 일흔이 가까운 나이에도 불구하고 저와 여러 가지 취향이 잘 맞아 우리는 2년 넘게 가까운 친구로 지내고 있답니다. 처음 그녀의 집에 초대되었을 때 디저트로 먹었던 체리 크런치는 잊을 수 없는 달콤한 맛과 바삭하게 씹히는 오트밀의 질감 덕분에 그 후로 저의 1순위 디저트 메뉴가 되었어요. 그곳에서 보낸 며칠 동안 체리 크런치를 좋아하는 저를 위해 매일 저녁 체리 크런치를 구워준 그녀의 마음이 너무 따뜻했어요. 저는 그 맛에 감탄을 연발했고, 두고두고 좋은 추억이 되었죠. 떠나올 때 직접 손글씨로 써서 건네준 체리 크런치 레시피는 아직도 제 레시피 박스의 가장 보기 쉬운 자리에 자리잡고 있답니다. 물론 그 후 여러 번 체리 크런치를 만들었지만 그녀의 집에서 처음 맛본 그 느낌과 맛, 분위기는 두고두고 잊을 수가 없어요.

pudding

스팀드 초콜릿 푸딩
Steamed Chocolate Pudding

옛날식 디저트로 유명한 스팀드 푸딩은 스펀지 케이크의 질감이 잘 살아 있고 깃털처럼 가벼워야 잘 만든 푸딩이라고 할 수 있어요. 오븐이 없던 옛날 사람들은 불을 이용해 찔 수 있는 스팀드 푸딩을 만들었다고 해요.
주로 가정생활에 대한 충고나 지침을 제시했던 19세기 미국의 유명한 작가 메리언 할랜드(Marion Harland)는 성공적인 스팀드 푸딩을 만들기 위해 지켜야 할 몇 가지 규칙을 소개했어요. 그 내용은 푸딩 몰드를 냄비에 넣기 전에 물을 먼저 끓여야 하고, 푸딩 몰드를 냄비에서 꺼낸 직후 찬물에 넣어 푸딩이 몰드에 달라붙지 않게 해야 한다는 것이랍니다. 이 팁을 기억하고 케이크와 같은 스팀드 초콜릿 푸딩을 만들어보세요. 찌는 방식으로 만드는 푸딩은 새로운 맛과 질감을 느끼게 해줄 거예요.

+ 지름 15cm 초콜릿 푸딩 1개
+ 찜시간 1시간

+ **필요한 도구**
푸딩 몰드(지름 15cm 정도), 유산지, 볼, 고무 주걱,
쿠킹호일, 고무밴드, 냄비, 찜용 삼발이, 식힘망, 나무
주걱

+ **재료**
중력분 1 1/2컵, 코코아 파우더 1/2컵, 베이킹 파우더
1Ts+1ts, 황설탕 1/2컵, 소금 1/2ts, 무염 버터 1/4컵,
달걀 1개, 당밀 2Ts, 바닐라 익스트랙 1 1/2ts, 우유 1
컵, 초콜릿 칩 1 1/2컵
초콜릿 소스: 휘핑크림 1/2컵, 물 1/2컵, 소금 1/8ts,
다크 초콜릿 1컵, 무염 버터 2Ts

+ *SWEET TIP*
뚜껑이 있는 푸딩 몰드를 사용할 경우에는 쿠킹호일로
입구를 쌀 필요가 없어요.

+ **만드는 방법**
1 준비하기 1 푸딩 몰드에 버터로 기름칠을 하세요. 푸
딩 몰드의 입구만 한 크기로 유산지를 잘라요. 2 버터
를 전자레인지에 살짝 돌려 녹이세요.
2 반죽하기 3 볼에 밀가루, 코코아 파우더, 베이킹 파

우더, 설탕, 소금을 넣고 섞어요. 4 ③에 ②의 버터를 넣
고 고무 주걱으로 저으세요. 5 다른 볼에 달걀을 풀고
당밀, 바닐라 익스트랙, 우유를 넣어 섞습니다. 6 ⑤를
④에 넣고 골고루 저어요. 7 ⑥에 초콜릿 칩을 넣고 고
루 섞어요.
3 팬닝하고 찌기 8 준비해놓은 푸딩 몰드의 2/3 정도까
지 ⑦의 반죽을 부은 후 ①에서 준비해놓은 유산지를
입구에 올립니다. 그 위를 쿠킹호일로 두 번 더 싸고 넓
은 고무밴드를 이용해 입구를 단단히 감으세요. 9 큰 냄
비 바닥에 물을 붓고 찜용 삼발이를 올려 물을 끓여요.
물이 뜨거워지면 삼발이 위에 ⑧을 올리고 뚜껑을 덮어
중간 불에서 끓이세요. 이때 몰드의 1/3 높이까지 물을
채웁니다. 10 거품이 생기며 물이 끓기 시작하면 약한
불로 줄여 1시간 정도 쪄요. 냄비의 물이 줄어드는지 확
인하며 중간에 물을 더 부으세요.
4 소스 만들고 올리기 11 냄비에서 꺼낸 푸딩 몰드를 식
힘망으로 옮겨 쿠킹호일과 유산지를 없앤 뒤 푸딩 몰드
에 넣은 채로 10분 정도 식히세요. 12 초콜릿을 잘게 잘
라요. 13 냄비에 휘핑크림, 물, 소금을 넣고 나무 주걱
으로 잘 저어가며 중간 불에서 끓여요. 거품이 생기기
시작할 때 불을 끄세요. 14 ⑬에 잘게 자른 초콜릿, 버
터를 넣고 잘 저어가면서 부드러워질 때까지 녹입니다.
15 몰드에서 푸딩을 꺼내 접시에 담고 ⑭에서 만든 소
스를 천천히 부어요.

pudding

뉴올리언스 브레드 푸딩
New Orleans Bread Pudding

푸딩 중에서도 가장 기본이 되는 푸딩이라고 할 수 있는 브레드 푸딩은 13세기에 처음 영국에서 알려지기 시작했다고 해요. 당시에는 전날 먹다가 남은 신선하지 않은 빵을 넣어서 만들었기 때문에 가난한 사람의 푸딩이라고 불리기도 했답니다.

잘게 자른 빵과 설탕, 향신료를 넣어 만든 영국식 브레드 푸딩이 미국으로 건너오면서 미국 남부 지역의 유명한 디저트가 되었어요. 특히 루이지애나 주에 있는 뉴올리언스에서는 버번위스키를 넣어 그 지역 고유의 브레드 푸딩을 만들었는데 그 맛이 달콤하고 향이 독특해 오랜 시간 많은 사람들의 사랑을 받아왔어요. 뉴올리언스 지역의 어느 레스토랑에 가더라도 디저트 메뉴에 빠지지 않는 것이 바로 버번 소스를 곁들인 뉴올리언스 브레드 푸딩이랍니다. 홈메이드 브레드 푸딩을 구워 집에서 뉴올리언스의 분위기를 느껴보세요.

+ 브레드 푸딩 9인분
+ 오븐시간 180℃ 20분+10분

+ **필요한 도구**
정사각형 케이크 팬(20×20cm), 직사각형 케이크 팬(33 ×23cm), 볼, 거품기, 쿠킹호일, 스푼, 냄비, 나무주걱

+ **재료**
건포도 1/4컵, 버번위스키 2Ts, 우유 1 1/4컵, 백설탕 1/2컵, 바닐라 익스트랙 1Ts, 시나몬 파우더 1/2ts, 넛멕 파우더 1/4ts, 소금 1/8ts, 달걀 3개, 잘게 자른 프렌치 브레드(바게트 종류) 4 1/2컵
소스: 백설탕 1/2컵, 물엿 1/4컵, 무염 버터 1/4컵, 버번위스키 1/4컵

+ *SWEET TIP*
• 기호에 따라 건포도에 다른 건과일을 섞어 넣어도 맛이 좋아요.
• 피칸을 살짝 구워 잘게 잘라 넣어도 좋아요.
• 버번위스키가 없을 경우에는 달지 않은 사과 주스로 대체해보세요. 버번위스키를 넣을 때와는 향이 다르지만 사과 주스를 넣어도 꽤 맛있답니다.
• 정사각형 케이크 팬 대신 같은 크기의 오븐용 접시를 사용할 수도 있어요.

+ **만드는 방법**
1 준비하기 1 볼에 건포도와 버번위스키를 넣고 30분 정도 두세요. 건포도를 건져 물기를 빼고, 건포도를 담근 위스키는 푸딩에 넣을 용도로 작은 볼에 따로 담아 둡니다. 2 프렌치 브레드를 사방 1.5cm 정도의 큐브 모양으로 잘게 잘라요. 3 케이크 팬에 버터로 기름칠을 하세요.

2 푸딩 만들기 4 다른 볼에 ①에서 남겨둔 건포도즙, 우유, 백설탕, 바닐라 익스트랙, 시나몬 파우더, 넛멕 파우더, 소금을 넣고 섞은 후 달걀을 풀어 넣고 거품기를 이용해 골고루 섞습니다. 5 ④에 ②의 빵을 넣고 반죽이 골고루 묻도록 섞어요.

3 팬닝하고 휴지시키기 6 ⑤를 준비해놓은 정사각형 케이크 팬에 천천히 부어요. 그 위에 ①의 건포도를 골고루 뿌리고 큰 스푼으로 살짝 눌러요. 7 쿠킹호일로 팬을 싸서 2~3시간 정도 냉장고에 넣어두세요.

4 굽기 8 오븐을 180℃로 예열하고 냉장고에 넣어두었던 케이크 팬을 꺼내요. 9 직사각형 케이크 팬에 ⑧의 케이크 팬을 올린 후 따뜻한 물을 절반 정도 담아요. 10 큰 직사각형 케이크 팬 전체를 쿠킹호일로 단단히 싼 후 예열된 오븐에 넣고 20분 정도 구우세요. 11 쿠킹호일을 없애고 10분 정도 더 굽습니다. 오븐에서 꺼낸 브레드 푸딩은 큰 스푼으로 한 스푼씩 떠서 접시에 담아되요.

5 소스 만들어 올리기 12 냄비에 설탕, 물엿, 버터를 넣고 나무 주걱으로 저어가며 중간 불에서 녹인 후 약한 불로 줄여 1분간 끓여요. 13 불을 끈 후 버번위스키를 넣고 저어요. 14 접시에 담은 각각의 푸딩 위에 ⑬의 소스를 1Ts씩 뿌립니다.

PAU

Chef Paul Prudhomme's Louisiana Kitchen

New Orleans Bread Pudding with
Lemon Sauc

Makes 8

Here f
ana is
creativ
extrac
Louis
years
regio
spon
nd
nhe
C
ro
e
t

buckle

블루베리 버클 Blueberry Buckle

전 세계적으로 유통되는 다양한 종류의 블루베리 대부분이 미국 북부 지방에서 재배된다는 사실 알고 있나요? 블루베리가 싱싱한 제철에는 블루베리를 넣어서 만들 수 있는 디저트의 종류가 참 많아요. 그중에서도 독특한 이름의 블루베리 버클은 케이크와 같은 형태랍니다. 단정하지 않은 모양의 버클은 오븐에서 굽고 난 후의 모습이 찌그러지고 제멋대로여서 케이크라고 부르지 않고 비틀렸다는 의미의 '버클(buckle)'이라는 단어를 붙여 불리기 시작했다고 해요. 오븐에서 구워지는 동안 베이킹 파우더가 반죽을 부풀게 하는데 그 위에 올린 블루베리와 토핑이 반죽을 일정하게 부풀어 오르지 못하게 하기 때문에 모양이 특이해진답니다. 케이크 팬에서 꺼냈을 때 모양이 엉망이라고 놀라지 마세요. 그게 바로 블루베리 버클이거든요. 제 멋대로인 모양 안에 숨겨진 놀라운 맛은 못생긴 모양을 말끔히 잊게 해줄 거예요.

+ 지름 20~23cm 블루베리 버클 1개
+ 오븐시간 190℃ 45~50분

+ 필요한 도구
원형 케이크 팬(지름 20~23cm), 볼, 핸드 믹서, 고무
주걱, 패스트리 블렌더, 식힘망, 나이프

+ 재료
중력분 2컵, 베이킹 파우더 2ts, 소금 1/2ts, 무염 버터
1/4컵, 백설탕 3/4컵, 달걀 1개, 바닐라 익스트랙 1ts,
우유 1/2컵, 블루베리 2컵
토핑: 무염 버터 1/4컵, 백설탕 1/2컵, 중력분 1/3컵, 시
나몬 파우더 1/2ts, 올스파이스 파우더 1/2ts

+ SWEET TIP
생블루베리가 없고 냉동 블루베리를 사용해야 하는 경
우 녹이지 말고 그대로 반죽에 넣으세요.

+ 만드는 방법
1 준비하기 1 오븐을 190℃로 예열하세요. 케이크 팬에
버터로 기름칠을 하고 밀가루를 살짝 뿌려 준비합니다.
2 반죽하기 2 볼에 밀가루, 베이킹 파우더, 소금을 넣고
섞어요. 3 다른 볼에 실온에서 말랑해진 버터와 설탕을
넣고 핸드 믹서를 이용해 부드럽게 풀어주세요. 4 ③에
달걀을 풀고 바닐라 익스트랙을 넣어요. 5 ④에 ②의 가
루와 우유를 세 번에 나누어 번갈아 넣으며 반죽합니다.
6 ⑤에 블루베리를 넣고 고무 주걱을 이용해 골고루 섞
어요. 블루베리가 으깨지지 않게 살살 저어주세요.
3 토핑 만들기 7 볼에 냉장고에서 바로 꺼낸 차가운 버
터와 나머지 토핑의 모든 재료를 함께 넣고 패스트리
블렌더로 잘라가며 부슬부슬한 상태가 될 때까지 골고
루 섞어요.
4 팬닝하고 굽기 8 ⑥의 반죽을 준비된 케이크 팬에 천천
히 붓고 그 위에 ⑦의 토핑을 골고루 뿌립니다. 9 예열
된 오븐에 넣고 토핑이 갈색이 될 때까지 45~50분 정도
구우세요. 10 오븐에서 꺼낸 블루베리 버클은 팬에 넣은
채로 15분 정도 식힌 후 얇은 나이프를 케이크 팬 가장
자리에 넣어 살살 돌려가며 꺼내세요. 식힘망으로 옮겨
충분히 식힙니다.

pudding

바나나 포스터 브레드 푸딩
Banana Foster Bread Pudding

바나나 포스터와 브레드 푸딩이라는 두 가지 전통 디저트가 만나 감미로운 바나나 포스터 브레드 푸딩이 되었어요. 바나나 포스터는 바나나에 설탕, 버터를 넣고 다크 럼을 끼얹어 불을 붙이는 방식으로 깊은 향이 배게 조리하는 디저트예요. 바나나 포스터는 1951년 뉴올리언스의 어느 레스토랑에서 처음 디저트 메뉴로 내놓기 시작하며 유명해졌어요. 남부 지방 사람들은 달콤한 바나나 포스터에 부드럽고 가벼운 질감의 엔젤 푸드 케이크 조각을 넣어 풍부한 맛의 바나나 포스터 브레드 푸딩을 탄생시켰답니다. 먹고 남은 엔젤 푸드 케이크(148페이지 참고)를 냉장고에 넣어두었다가 잘 익은 바나나와 함께 맛있는 푸딩을 만들어보세요. 바닐라 아이스크림을 한 스쿱 올린 달콤하고 부드러운 바나나 포스터 브레드 푸딩은 입 안에서 살살 녹을 거예요.

+ 바나나 포스터 브레드 푸딩 9인분
+ 오븐시간 180℃ 30분+20분

+ 필요한 도구
정사각형 케이크 팬(20×20cm), 베이킹 팬, 볼, 거품기, 고무 주걱, 쿠킹호일, 스푼, 체

+ 재료
잘게 자른 엔젤 푸드 케이크 6컵, 우유 2 1/4컵, 달걀 3개, 황설탕 1/2컵, 다크 럼 1/4컵, 바닐라 익스트랙 2ts, 바나나 3개
토핑: 슈거 파우더 1Ts

+ SWEET TIP
• 정사각형 케이크 팬 대신 같은 크기의 오븐용 접시를 사용할 수도 있어요.
• 바나나 포스터 브레드 푸딩은 바닐라 아이스크림과 곁들이면 맛있어요.

+ 만드는 방법
1 준비하기 **1** 오븐을 180℃로 예열합니다. **2** 엔젤 푸드 케이크를 사방 2.5cm 정도 큐브 모양으로 잘게 잘라요. **3** 베이킹 팬에 ②를 올리고 오븐에 넣어 20분 정도 구워요. 중간에 2~3회 정도 팬을 꺼내 케이크 조각을 뒤집으세요. **4** 바나나를 두께 1cm 정도로 잘게 잘라 준비합니다.
2 푸딩 만들기 **5** 볼에 우유, 달걀, 설탕, 다크 럼, 바닐라 익스트랙을 넣고 거품기로 골고루 섞어요. **6** ③에서 구운 케이크 조각과 ④의 바나나를 함께 ⑤에 넣고 고무 주걱으로 살살 저어요. **7** 케이크 팬에 ⑥을 부은 후 쿠킹호일로 싸서 실온에 30분 정도 둡니다. **8** 오븐을 180℃로 예열해요.
3 굽기 **9** 예열된 오븐에 ⑦을 넣고 30분 정도 구운 다음 쿠킹호일을 없애고 25분 정도 더 구워요. **10** 오븐에서 꺼낸 푸딩은 팬에 넣은 채로 10분 정도 식힌 후 큰 스푼으로 한 스푼씩 떠서 접시에 담으세요. **11** 토핑용 슈거 파우더를 체에 내려 푸딩 위에 뿌립니다.

2

4

6

10

+ 애플 덤플링 6개
+ 오븐시간 190℃ 35~40분

+ 필요한 도구
직사각형 케이크 팬(33×23cm), 냄비, 밀대, 패스트리
나이프, 쿠킹호일

+ 재료
더블 파이 반죽(207페이지 참고), 사과 6개
필링: 황설탕 1/2컵, 시나몬 파우더 1/2ts, 무염 버터
2Ts
시럽: 백설탕 1 1/2컵, 물 1 1/2컵, 시나몬 파우더 1/2 ts,
넛멕 파우더 1/2ts, 무염 버터 1/2컵

+ SWEET TIP
• 덤플링의 반죽을 밀대로 밀 때는 최대한 얇게 밀어야
모양을 내기에 편하답니다.
• 남은 반죽을 버리지 말고 작은 커터로 모양을 내 자른
뒤 덤플링 위에 올려 예쁘게 장식해도 좋아요.

+ 만드는 방법
1 **시럽 만들기 1** 냄비에 설탕, 물, 시나몬 파우더, 넛멕
파우더, 버터를 넣고 설탕과 버터가 녹을 때까지 중간
불에서 끓인 다음 불을 끄고 식혀두세요.
2 **필링 만들기 2** 황설탕, 시나몬 파우더를 섞어요. 3 필
링용 버터는 6조각으로 잘라둡니다.
3 **덤플링 만들기 4** 사과 껍질을 벗기고 중간 부분을 도
려내요. 5 오븐을 190℃로 예열하고 냉장고에 넣어둔
더블 파이 반죽을 꺼내두세요. 6 작업대에 밀가루를 뿌
린 후 밀대로 반죽을 두께 3~4mm 정도로 밀어요. 패
스트리 나이프를 이용해 20×20cm 정도의 정사각형 모
양으로 잘라 6개의 반죽을 만듭니다.
4 **시럽, 필링 올리기 7** 각 반죽의 중앙에 ④에서 준비한
사과를 1개씩 올립니다. 8 각 사과의 중간에 ②의 필링
을 나누어 넣고 ③의 버터를 하나씩 올리세요. 9 반죽
의 끝부분에 물 칠을 하고 반죽을 중간으로 모으며 접
어 올립니다. 반죽이 모이는 꼭지 부분을 손으로 꾹 눌
러 고정하세요.
5 **팬닝하고 굽기 10** 케이크 팬에 ⑨의 반죽 6개를 3cm
간격으로 올리고 ①에서 만든 시럽을 반죽 위에 부어
요. 11 예열된 오븐에 넣고 반죽이 노릇해질 때까지 35
~40분 정도 굽습니다. 중간에 오븐을 열어 확인한 뒤
덤플링의 윗부분이 노릇해져 있으면 타지 않도록 쿠킹
호일로 살짝 덮어주세요. 12 오븐에서 꺼낸 덤플링은
바로 접시로 옮겨 담아요.

dumpling

애플 덤플링 Apple Dumplings

덤플링은 우리가 흔히 알고 있는 만두와 같은 음식이에요. 덤플링은 전 세계 어디에나 있는 음식이지만 각 나라마다 형태나 조리 방식이 조금씩 다르답니다. 미국 사람들은 주로 과일을 얇은 밀가루 반죽 안에 넣고 오븐에 구운 덤플링을 사이드 디시나 디저트로 즐긴답니다. 만드는 방법은 만두를 빚는 방식과 비슷하지만 과일을 반죽 안에 넣고 달콤하게 만드는 것에 차이가 있어요. 덤플링 중에서도 미국 사람들이 가장 많이 즐기는 것은 사과를 넣어 만든 애플 덤플링이에요. 애플 덤플링은 반죽 안에 사과를 통째로 넣거나 큼지막하게 잘라 넣어 설탕이나 캐러멜, 시나몬 소스를 곁들여 만든답니다. 오븐 안에서 적당히 물러진 사과와 부드러운 반죽, 시럽이 함께 어우러져 환상적인 맛을 느낄 수 있어요. 만드는 즐거움이 있는 덤플링 반죽을 다양한 모양으로 만들어보세요.

pudding

구운 라이스 푸딩
Baked Rice Pudding

라이스 푸딩은 우리가 흔히 먹는 죽같이 보이지만 한 숟가락 떠먹어보면 죽과는 완전히 다른 맛의 반전이 있어요. 쌀과 우유를 섞어 만든 라이스 푸딩은 때에 따라 디저트나 식사로 먹지만 공통적인 것은 맛이 아주 달콤하다는 것이랍니다. 라이스 푸딩은 오래전에 아시아 지역에서 처음 알려지기 시작했고 유럽, 미국 등 전 세계로 퍼져 나갔다고 해요. 하지만 나라마다 재배되는 쌀의 종류도, 환경도 다르기 때문에 각 나라의 문화와 환경에 따라 다양한 종류의 라이스 푸딩이 탄생되었답니다. 미국은 유럽에서 이주해온 사람들에 의해 처음 라이스 푸딩 레시피가 전해졌어요.

이 책에서는 끓여서 만드는 라이스 푸딩이 아닌 오븐에서 굽는 라이스 푸딩 레시피를 소개할게요. 중탕으로 끓이듯이 큰 팬에 물을 담고 그 안에 푸딩 그릇을 넣어 오븐에서 굽는 방식이에요. 표면의 질감이 살아있어 먹음직스럽게 보이는 라이스 푸딩을 만들 수 있답니다.

+ 라이스 푸딩 6~8인분
+ 오븐시간 200℃ 15분+15분+15~20분

+ 필요한 도구
오븐용 볼(접시) 3개, 직사각형 케이크 팬(33×23cm), 냄비, 포크, 나이프, 볼, 고무 주걱, 식힘망

+ 재료
우유 4컵+2컵, 백설탕 1/2컵, 소금 1/4ts, 바닐라 빈 1개, 쌀 2/3컵, 달걀 1개, 달걀노른자 2개, 건포도 1/2컵
토핑: 시나몬 파우더

+ SWEET TIP
바닐라 빈이 없을 경우에는 바닐라 익스트랙 2ts으로 대체하세요. 대신 이 경우에는 레시피 ⑥의 과정에서 우유를 넣은 다음에 바닐라 익스트랙을 넣고 젓도록 합니다.

+ 만드는 방법
1 푸딩 끓이기 **1** 큰 냄비에 우유 4컵, 설탕, 소금, 바닐라 빈을 넣은 후 뚜껑을 덮고 끓이세요. **2** 끓기 시작할 때 쌀을 넣고 포크로 저어요. **3** 약한 불로 줄이고 뚜껑을 닫은 채 쌀이 부드러워질 때까지 40분 정도 끓입니다. 가끔씩 뚜껑을 열어 저어주세요. **4** 불을 끄고 바닐라 빈을 꺼낸 후 세로로 반을 갈라 씨를 꺼내요. 씨를 다시 ③에 넣고 저으세요.
2 준비하기 **5** 오븐을 200℃로 예열하고 오븐용 볼에 각각 버터로 기름칠을 해두어요.
3 푸딩 만들기 **6** 다른 볼에 달걀, 달걀노른자를 풀고 우유 2컵을 넣어 섞으세요. **7** ④에 ⑥과 건포도를 넣고 고무 주걱으로 저어요.
4 팬닝하고 굽기 **8** ⑦의 푸딩을 준비해놓은 오븐용 볼에 나누어 붓습니다. **9** 직사각형 케이크 팬에 오븐용 볼을 담고 그릇의 절반 정도가 잠길 수 있도록 따뜻한 물을 담아요. **10** 예열된 오븐에 ⑨를 넣고 15분 정도 구우세요. 오븐을 열어 포크로 살살 저은 후에 다시 15분 정도 굽습니다. **11** 다시 오븐을 열어 케이크 팬을 꺼낸 후 토핑용 시나몬 파우더를 푸딩 위에 살살 뿌리세요. 오븐에 다시 넣고 15~20분 정도 구워요. **12** 오븐에서 꺼낸 푸딩은 케이크 팬에서 꺼내 식힘망으로 옮겨 5분 정도 식힌 후 따끈한 상태에서 즐기세요.

4

pudding

베리 레몬 브레드 푸딩
Berry lemon Bread Pudding

혼합 베리와 레몬의 상큼한 향이 활기를 북돋아주는 베리 레몬 브레드 푸딩은 보통 식빵에 비해 설탕과 버터의 함량이 높은 브리오슈 빵을 넣기 때문에 질감이 부드러워요. 먹다 남은 브리오슈 빵을 잘게 잘라 싱싱한 블루베리, 블랙베리와 함께 넣어 간단하게 푸딩을 만들어보세요. 베리 레몬 브레드 푸딩은 주말 아침을 활기차게 시작할 수 있는 브런치 메뉴로 완벽한 메뉴랍니다.

종류에 상관없이 여러 가지 베리를 함께 넣고 만들어보세요. 다양한 베리와 브리오슈가 함께 푸딩의 맛을 풍부하게 만들 테니까요. 푸딩을 그대로 먹어도 좋고 기호에 따라 레몬 향이 가득한 레몬 글레이즈 토핑을 뿌릴 수도 있어요.

5

6

+ 블루베리 레몬 브레드 푸딩 6~8인분
+ 오븐시간 180℃ 40~45분

+ **필요한 도구**
정사각형 케이크 팬(20×20cm), 레몬 제스터, 볼, 거품기, 스푼, 비닐 랩, 쿠킹호일

+ **재료**
브리오슈 통식빵 1개
필링: 혼합 베리 2컵(블루베리, 라즈베리, 블랙베리 등), 달걀 6개, 달걀노른자 2개, 우유 3/4컵, 휘핑크림 3/4컵, 바닐라 익스트랙 1/2ts, 백설탕 3/4컵, 레몬 제스트 1ts
토핑: 설탕 1Ts

+ **SWEET TIP**
• 브리오슈가 없을 경우에는 달콤하면서도 부드러운 통식빵이나 크루아상으로 대체할 수 있어요.
• 기호에 따라 다음과 같이 만든 레몬 글레이즈 토핑을 올려도 좋습니다.
1. 레몬 제스터를 이용해 레몬 껍질을 갈고 레몬 스퀴저를 이용해 레몬즙을 냅니다.
2. 볼에 슈거 파우더 2컵, 레몬즙 1/3컵, 레몬 제스트 2ts을 넣고 고무 주걱을 이용해 골고루 섞어요.
3. 접시에 나눠 담은 푸딩 위에 ②를 뿌립니다.

+ **만드는 방법**
/ **준비하기 1** 오븐을 180℃로 예열하세요. **2** 레몬 제스터를 이용해 레몬 껍질을 갈아요. **3** 브리오슈 통식빵을 손으로 큼지막하게 찢어 준비합니다.
2 **필링 만들고 올리기 4** 볼에 달걀, 달걀노른자를 풀고 우유, 휘핑크림, 바닐라 익스트랙, 설탕, 레몬 제스트를 넣어 골고루 섞으세요. **5** ③에서 준비한 브리오슈를 케이크 팬 바닥을 채우듯이 올리고 혼합 베리를 올려요. **6** ⑤ 위에 ④를 붓고 브리오슈에 필링이 잘 스며들 수 있게 큰 사이즈의 스푼을 이용해 꾹 눌러요. **7** ⑥을 비닐 랩으로 싸서 15분 정도 냉장고에 넣어둡니다.
3 **토핑 뿌리고 굽기 8** 냉장고에서 꺼낸 ⑦의 필링 위에 토핑용 설탕을 골고루 뿌리세요. **9** 케이크 팬을 예열된 오븐에 넣고 40~45분 정도 구워요. 푸딩 윗부분이 타지 않도록 굽는 중간에 오븐을 열어 확인하세요. 표면의 색깔이 진해졌다면 쿠킹호일을 살짝 덮으세요. **10** 오븐에서 꺼낸 푸딩은 큰 스푼으로 한 스푼씩 떠서 접시에 담아요.

푸딩에 곁들여 먹는 커스터드 소스 만들기

커스터드 소스를 만들어 코블러나 푸딩에 곁들여 먹으면 맛이 더욱 부드럽고 풍부해져요.

바닐라 빈 1개, 우유 1/2컵, 휘핑크림 1/2컵, 백설탕 1Ts, 황설탕 1/4컵, 달걀노른자 3개,
바닐라 익스트랙 1ts, 당밀 1Ts, 얼음물 약간

1 바닐라 빈 껍질을 세로 방향으로 반을 자른 후 안쪽의 씨를 긁어내요. 2 바닐라 빈 씨와 껍질, 우유, 휘핑크림, 백설탕을 냄비에 넣고 저어가며 3~4분 정도 약한 불에서 끓입니다. 3 볼에 황설탕, 달걀노른자, 바닐라 익스트랙을 넣고 거품기로 풀어요. 4 냄비에서 끓인 크림을 ③에 붓고 골고루 섞은 후 다시 냄비에 담아요. 냄비 바닥에 달라붙지 않게 잘 저어가며 작은 거품이 생기기 시작할 때까지 약한 불에서 끓입니다. 5 ④를 체에 걸러 볼에 담은 뒤 당밀을 넣고 저어요. 6 얼음물에 볼을 담아 식히세요.

따뜻한 와인 소스 만들기

미국 남부 지방에서 유명한 와인 소스를 만들어 플레인 케이크나 푸딩에 곁들이면 색다른 맛을 느낄 수 있답니다. 와인을 넣어 따뜻하게 데워 만드는 와인 소스는 전통적으로 미국 식민지 시대 디저트 특유의 맛이라고 전해지지요. 드라이한 와인보다는 달콤한 와인을 넣어야 더 풍부한 맛의 소스를 만들 수 있어요. 단 한 가지, 와인 소스는 꼭 따뜻한 상태로 곁들이세요.

무염 버터 1/4컵, 백설탕 1/3컵, 레드 와인 1컵, 넛멕 파우더 1/8ts

1 실온에서 말랑해진 버터와 설탕을 핸드 믹서를 이용해 부드럽게 풀어요. 2 냄비에 와인을 붓고 1~2분 정도 약한 불에서 따뜻하게 데웁니다. 이때 불이 붙지 않게 주의하세요. 3 따뜻한 와인과 넛멕 파우더를 ①에 넣고 부드럽게 저어요.

 pudding

인디언 푸딩 Indian Pudding

겨울철 저녁 식사로 완벽한 인디언 푸딩은 매사추세츠 주의 유명한 디저트예요. 초기 식민지 시대의 음식 중 하나로 널리 알려진 인디언 푸딩은 옥수수 가루를 넣어 만들기 때문에 옥수수 가루 푸딩이라는 이름으로도 알려져 있어요. 초기 레시피를 보면 옥수수 가루가 냄비 바닥에 눌어붙지 않게 하기 위해 중탕으로 끓였지만, 크림이나 설탕을 넣어 만들기 시작하면서부터는 크림과 설탕이 옥수수 가루가 끈적이지 않게 도와주기 때문에 중탕으로 끓일 필요가 없어졌다고 해요. 보스턴에 있는 더긴-파크(Durgin-Park)라는 유명한 레스토랑은 1826년에 오픈한 이후 지금까지도 크림처럼 부드러운 인디언 푸딩을 내놓으며 오랜 전통을 유지하고 있답니다.

+ 인디언 푸딩 8인분
+ 오븐시간 150℃ 1시간+15~20분

+ **필요한 도구**
정사각형 케이크 팬(20×20cm), 냄비, 거품기, 스푼

+ **재료**
옥수수 가루 1/2컵, 시나몬 파우더 1ts, 클로브 파우더 1/4ts, 넛맥 파우더 1/4ts, 생강 가루 1ts, 소금 1/2ts, 우유 3컵, 무염 버터 1Ts, 메이플 시럽 1/2컵, 흑설탕 3Ts, 건크랜베리 2/3컵, 달걀 2개
토핑: 휘핑크림 1/3컵

+ **SWEET TIP**
• 푸딩을 냄비에 끓일 때 옥수수 가루가 냄비 바닥에 눌어붙지 않게 계속 저으세요.
• 인디언 푸딩 위에 바닐라 아이스크림을 올려 먹으면 맛의 궁합이 환상적이랍니다.
• 인디언 푸딩은 밀폐 용기에 담아 냉장고에서 3~4일 정도 보관이 가능해요.

+ **만드는 방법**
1 **준비하기 1** 오븐을 150℃로 예열하고 케이크 팬에 버터로 기름칠을 해둡니다.
2 **푸딩 만들기 2** 큰 냄비에 옥수수 가루, 시나몬 파우더, 클로브 파우더, 넛맥 파우더, 생강 가루, 소금을 넣고 거품기로 섞어요. **3** ②에 우유를 넣고 저으며 중간 불에서 끓여요. 냄비 바닥에 덩어리가 눌어붙지 않게 잘 저으면서 끈적일 때까지 끓이세요. **4** 불을 끄고 버터, 메이플 시럽, 흑설탕, 건크랜베리를 넣고 골고루 섞습니다. **5** 큰 볼에 달걀을 풀고 ④를 천천히 부어요. 이때 달걀노른자의 멍울이 생기지 않도록 거품기로 잘 저어가며 한 번에 조금씩 천천히 넣으세요.
3 **팬닝하고 굽기 6** ⑤를 준비해놓은 케이크 팬에 담아 예열된 오븐에 넣고 1시간 정도 굽습니다. **7** 케이크 팬을 오븐에서 꺼내 휘핑크림을 토핑으로 뿌린 후 케이크 팬을 살살 흔들어 골고루 퍼질 수 있게 합니다. **8** 다시 오븐에 넣고 15~20분 정도 더 구워요. **9** 오븐에서 꺼낸 후 식힘망으로 옮겨 15분 정도 식히세요. **10** 큰 스푼으로 푸딩을 떠서 작은 그릇에 담아요.

Any o can Bake

ALL ABOUT HOME BAKING

CAKES · COOK · PAS · B

Better Ho MAID BO CO TH SE

BETTER HOMES BOOK GREAT OKIES

내가 읽은
책들

그 외에 앤틱 샵과 벼룩시장에서 찾은
디저트 레시피가 실린 옛날 지역별
요리 책자, 브로슈어 등을 참고했습니다.

Classic Home Desserts (1994)
Richard Sax / Houghton Mifflin Harcourt

Baking in America (2002)
Greg Patent / Houghton Mifflin Harcourt

Baking across America (1998)
Arthur L. Meyer / University of Texas Press

Prairie Home Breads (2001)
Judith M. Fertig / Harvard Common Press

Grandma's wartime baking book (2003)
Joanne Lamb Hayes / St. Martin's Press

America's Bread Book (1992)
Mary D. Gubser / William Morrow Cookbooks

Heirloom Baking with the Brass Sisters (2006)
Marilynn Brass, Sheila Brass / Black Dog & Leventhal Publishers

Jim Fobel's Old-Fashioned Baking Book (1987)
Jim Fobel / Lake Isle Press

American Desserts: The Greatest Sweets on Earth (2003)
Wayne Brachman / Clarkson Potter

Pie Every Day: Recipes and Slices of Life (1997)
Pat Willard / Algonquin Books

The All-American Dessert Book (2005)
Nancy Baggett / Houghton Mifflin Harcourt

Baking for All Occasions (2008)
Flo Braker / Chronicle Books

Maida Heatter's Book of Great Cookies (1980)
Maida Heatter / Alfred A. Knopf

Southern Cakes (2007)
Nancie McDermott / Chronicle Books

The modern baker (2008)
Nick Malgieri / DK Publishing

The First American Cookie Lady (2005)
Barbara Swell / Native Ground Books & Music

Martha Stewart's Cupcakes (2009)
Martha Stewart Living Magazine / Clarkson Potter

브루클린의 연기 나는 집을 상상하며….

책 마무리 작업이 진행되는 동안 시카고에서 브루클린으로 이사하게 되었다. 덕분에 이 마지막 원고는 집 근처에 있는 자그마한 카페에 앉아 쓰고 있다. 책 출판을 위해 가장 바쁜 시기에 이사까지 겹쳐 여러 가지로 정신없이 시간을 보냈지만 이제 이삿짐 정리도 끝나가고 책의 마지막 페이지를 쓰고 있는 걸 보니 어떻게든 시간은 본래 템포대로 다시 흘러가고 벌써 2010년도 몇 달밖에 남질 않았다. 이렇게 책을 준비하며 1년을 보내고 나니 개운하기도 하고 내 손에 꼭 쥐고 있던 모든 데이터를 보내야 할 시기가 다가오고 있다는 게 묘하게 서운하기도 하다. 열 달을 보냈던 시카고의 집을 떠날 때는 더 아쉬운 마음이 많이 들었다. 시카고 공립 도서관에 콕 박혀 자료 검색하고, 감성 충전을 위해 카페와 집을 오가며 원고 쓰고, 오븐 앞에서 땀 삐질삐질 흘려가며 베이킹하고, 거실 한가운데에 DIY 조명 설치해가며 매일 밤 사진 촬영하고, 주위 사람들과 정성스럽게 만든 디저트를 함께 나누고…. 이 책과 연결된 많은 추억들을 시카고에 남기고 다른 곳에 와서 그때를 떠올려보니 불과 몇 달 전인데도 불구하고 비현실적인 시간과 공간이었던 것만 같다. 한동안 온도가 오락가락해서 날 애먹였던, 이젠 우리의 옛날 집이 된 시카고 집의 오븐이 벌써부터 그립다.

책의 시작은 시카고에서, 책의 마무리는 브루클린에서. 그리고 이젠 뉴욕에서 새로운 시작이다. 책 준비하는 동안 하루에도 몇 번씩 디저트를 만들고 맛보았으니 잠깐 동안이라도 먹는 게 질릴 만도 한데, 난 여전히 입 안에서 달콤하게 감기는 디저트가 좋다. 이 카페에서는 내 주먹보다 큰 블루베리 파인애플 머핀을 파는데 이 머핀을 보며 반죽의 질감이 어떻게 이렇게 나왔을까 관찰하고 있는 나를 보면…. 아직은 정리가 덜 된 우리의 브루클린 집은 곧 오븐이 쉴 새 없이 돌아가는 연기 나는 집이 될 것 같다. 이 책을 쓰는 동안 찾아낸 더 많은 옛날 레시피들이 나의 달콤한 레시피 상자 안에서 나를 기다리고 있다. 새 주방에서 아직은 예열 온도가 낯선 새 오븐과 함께 시작할 디저트 레시피는…. 지금 먹고 있는 블루베리 파인애플 머핀이 될지도 모르겠다.

이 책을 기다리고 있는 사람들이 많다. 내 인생에서 한 번에 이렇게 많은 사람들에게 감사의 인사를 전했던 적이 한번이라도 있었을까? 이 자리를 빌려 그들에게 인사를 전하고 싶다.
"매일 같은 시간, 시카고의 오후 6시 30분(이제는 뉴욕의 오후 7시 30분), 한국의 오전 8시 30분마다 나의 일상이 되어준 우리 엄마. 매일같이 따뜻한 목소리로 토닥토닥해준 엄마가 아니었으면 책을 준비하는 동안 굉장히 힘들었을 것 같아. 고마워요! 그리고 몇 달 동안 전쟁터 같았던 부엌 정리를 묵묵히 도와준, 언제나 듬직한 내 남편 마이클, I am very lucky to have you. I couldn't go through all this without your strong support. 존재만으로도 힘이 되는 나의 또 다른 두 남자, 사랑하는 아빠와 준영이. 그리고 포비. 다들 많이 보고 싶어! 말이 필요없는, 아주 오랜 시간 나의 공식적인 베스트 프렌드, 진민. 열심히 할 수 있게 따뜻하게 채찍질 해줘서 고마워. 마이클만큼 책 준비의 모든 과정을 함께해준 고마운 희진. 자주 통화할 수 있었던 두 시간 시차가 얼마나 다행이었는지 몰라. 처음 책 기획 단계부터 많은 힘이 되어주고 명쾌한 조언을 아끼지 않은 효정, 승은, 엠마 언니, 사빈 언니, 세라 고마워. 준비하는 동안 내내 힘찬 기운을 불어넣어준 경은, 지현, 현수, 아빈 언니, 주현언니 고마워.
나에게 처음 레시피 상자의 따뜻함을 전해준 Della 아줌마, Kay 아줌마. I learned a lot of things from you. Thank you so much. 기꺼이 나의 실험 대상이 되어주었던 시카고 친구들 Jenny, Andy, Cara, Jay 그리고 Fullerton Tower 아파트 이웃들, Georgia 아줌마와 Hale 아저씨. Thanks, everyone!
우리 '정'씨 집안 사람들 모두 감사해요. 다들 보고 싶어요. 내년 여름 휴가때는 동참하도록 노력해볼게요.
나의 또 다른 가족이 된, 함께 앤틱 샵에 가면 취향은 반대지만 책 준비한다는 나를 위해 요리책이나 레시피 발견하면 무조건 구해다주신 어머님 Betty. 그리고, 아버님 Jim. Thanks for everything.
그리고…. 공간이 모자라 더 이상 언급하지 못한 가족들, 친구들 모두 감사합니다.
마지막으로, 인자한 편집장님의 전모를 보여주신 전희경 편집장님. 경험 없는 저를 전적으로 믿고 맡겨주셔서 감사합니다."

2010년 가을, 브루클린의 한 카페에서
정재은